JN300759

坂出 健 著

イギリス航空機産業と「帝国の終焉」

軍事産業基盤と英米生産提携

京都大学
経済学叢書
12

有斐閣

目　次

序　章　帝国の終焉とイギリスの「衰退」―――――――――――1
　1　はじめに ……………………………………………………………1
　2　3つの論点 ………………………………………………………4
　3　軍事産業基盤――イギリス帝国と海上覇権,「20世紀的世界」と航空覇権……8
　4　航空機産業研究史とイギリス衰退論争 ………………………12

第Ⅰ部　帝国再建期のイギリス航空機産業（1943-1956年）

第1章　戦後イギリス航空機産業と帝国再建（1943-1956年）―――25
　はじめに ………………………………………………………………25
　第1節　ブラバゾン計画と大英帝国再建 ………………………………26
　　1　戦時中の米英航空機生産協定（アーノルド＝タワーズ＝スレッサー協定）　26
　　2　戦時中における民間機開発決定　27
　　3　米英の旅客機の比較検討　29
　第2節　アトリー労働党政権と「フライ・ブリティッシュ政策」の動揺……31
　　1　「フライ・ブリティッシュ政策（イギリス機運航政策）の確立　31
　　2　フライ・ブリティッシュ政策の動揺　34
　第3節　チャーチル保守党政権のイギリス空軍近代化計画とアメリカの軍事援助…36
　　1　イギリス空軍（Royal Air Force）近代化計画（「プランK」）とアメリカの軍事援助　36
　　2　1950年代初頭におけるイギリス・ジェット旅客機の成功――ブラバゾン機の明暗　41
　第4節　アメリカの対英軍事援助停止 ……………………………43
　　1　米議会1955年財政年度英援助予算の紛糾　43
　　2　ジェット旅客機市場における米英逆転　44
　　3　アメリカ軍事援助停止とイギリス航空機産業の危機　46
　おわりに ………………………………………………………………47

目　次

第2章　アメリカ航空機産業のジェット化をめぐる米英機体・エンジン部門間生産提携の形成（1950-1960年） —— 53

はじめに ……………………………………………………………………… 53

第1節　軍用機のジェット化をめぐる機体・エンジン生産提携 ………… 55
1　機体生産とエンジン生産　55
2　戦闘機契約の集中とエンジン部門の再編　57
3　軍用機のジェット化を継起とする機体・エンジン生産提携の形成　58

第2節　機体・エンジン生産提携と旅客機市場のジェット化 …………… 61
1　旅客機のジェット化の3つの選択肢　61
2　ジェット獲得競争と旅客機市場のジェット化　64

第3節　ジェット世代の市場・生産構造と機体・エンジン部門間関係の変化 … 68
1　旅客機市場の集中化による機体・エンジン部門間関係の変化　68
2　米機体部門の旧英連邦諸国への進出における英エンジン部門の位置　70

おわりに——ジェット化による航空機産業の構造変化 ……………………… 73

第II部　スエズ危機後における帝国再編策とイギリス航空機産業（1957-1965年）

第3章　スエズ危機後におけるイギリス航空機産業合理化（1957-1960年） —— 79

はじめに ……………………………………………………………………… 79

第1節　サンズ国防白書とイギリス航空機産業の危機 …………………… 80
1　イギリス航空機産業の危機　80
2　O.R.339契約（後のTSR2戦闘爆撃機）　83

第2節　ジョーンズによるイギリス航空機産業再建政策の展開——産業合理化政策 … 84
1　BEA中距離ジェット旅客機発注問題　85
2　航空機産業作業部会報告の承認　87
3　民間機部門の危機　89

第3節　サンズによるイギリス航空機産業再建政策の展開——1960年政策 …… 90
1　ヴィッカーズ社の民間部門からの撤退危機　90
2　政府援助の導入と合理化完成　92

おわりに ……………………………………………………………………… 100

目　次

第4章　BOAC経営危機とフライ・ブリティッシュ政策の終焉（1963-1966年） ────── 105

 はじめに …………………………………………………………… 105
 第1節　BOAC経営危機 ………………………………………… 106
  1　北大西洋航路をめぐるBOAC（コメット4）対パンナム（ボーイング707）　106
  2　BOAC経営危機　108
  3　『BOACの経営問題』公表　112
 第2節　ガスリー・プラン ……………………………………… 113
  1　ガスリー・プラン対エイメリー航空相案　113
  2　エイメリー航空相案対モールディング蔵相案　118
 第3節　次世代長距離機種発注とフライ・ブリティッシュ政策の終焉 …… 127
  1　残るスーパーVC10のキャンセル　127
  2　ボーイング747の発注　129
 おわりに …………………………………………………………… 131

第5章　イギリス主力軍用機開発中止をめぐる米英機体・エンジン間生産提携の成立（1965-1966年） ────── 135

 はじめに …………………………………………………………… 135
 第1節　次世代戦闘爆撃機開発・販売をめぐる米英関係 …… 137
  1　マクミラン政権におけるTSR2計画　137
  2　マクマナラ改革と対外販売政策　137
  3　オーストラリア空軍をめぐるF111とTSR2の販売競争　140
 第2節　プロジェクト・キャンセル …………………………… 141
  1　労働党政権の登場とTSR2計画再検討　141
  2　TSR2開発中止決定　144
 第3節　イギリス航空機産業の2つの選択肢──欧州共同開発対英米提携 … 148
  1　ウィルソン＝ドゴール会談　148
  2　プルーデン委員会とアメリカ国防省との討議　148
  3　英仏ディフェンス・パッケージ　150
 第4節　米英V/STOLエンジン共同開発とF111購入決定 ……… 152
  1　米英V/STOLエンジン共同開発　152
  2　サウジ国防パッケージ　155

目　次

　　　3　F111購入決定　156
　おわりに …………………………………………………………………… 158

第Ⅲ部　帝国からの撤退期における国際共同開発先のアメリカかヨーロッパかの選択（1966-1971年）

　第6章　帝国からの撤退期におけるイギリス軍用機国際共同開発の特質
　　　　──プルーデン委員会を中心に（1965-1969年）──────────167
　　はじめに …………………………………………………………………… 167
　　第1節　イギリス航空機国際共同開発の2つの路線 ………………… 169
　　　1　1950年代から1960年代前半にかけての米英独仏の軍事費　169
　　　2　イギリスの主要軍用機開発中止　170
　　　3　米独 V/STOL 戦闘機との提携　171
　　　4　英仏ディフェンス・パッケージ　171
　　第2節　プルーデン委員会の米仏政府との折衝 ……………………… 173
　　　1　対仏折衝──パリ訪問（4月7〜9日）　173
　　　2　対米折衝──ワシントン訪問（5月12〜14日）　174
　　　3　ジョーンズからプルーデン委員長への書簡（5月24日）　176
　　　4　プルーデン委員会本委員会（5月31日）　177
　　第3節　主要航空機メーカーへのヒアリングとボン訪問（7〜8月） ……… 178
　　　1　BAC（British Aircraft Corporation）社へのヒアリング　178
　　　2　ボン訪問（7月21〜23日）　178
　　　3　仏スネクマ社社長ブランカード（M. Blancard）のプルーデン委員長訪問（7月23日）　180
　　　4　ロウルズ-ロイス社へのヒアリング（7月26日）　180
　　　5　ブリストル・シドレー・エンジン社へのヒアリング（本委員会，8月12日）　181
　　　6　プルーデン報告の作成──「ジョーンズ修正」　181
　　第4節　英仏 AFVG 機から英独トルネード戦闘機へ ………………… 183
　　　1　AFVG 開発合意　183
　　　2　フランスの AFVG からの撤退　186
　　　3　英独オフセット新方針　187
　　　4　MRCA（トルネード）計画　188
　　おわりに …………………………………………………………………… 192

目　次

第 7 章　ワイドボディ旅客機開発をめぐる米英航空機生産提携の展開（1967-1969 年） ─────────── 197

はじめに ……………………………………………………………………… 197

第 1 節　A300 搭載エンジンをめぐる英仏交渉と 1967 年了解覚書 ………… 198
 1　「エアバス戦争」の背景　198
 2　欧州エアバス A300 エンジン選定をめぐる英仏対立　200
 3　欧州エアバス 1967 年了解覚書をめぐる英仏間交渉　202
 4　BEA による BAC211 購入問題　205

第 2 節　ロッキード社トライスター・エンジン搭載をめぐるロウルズ−ロイス社の経営戦略 … 206
 1　アメリカ市場をめぐるロッキード社トライスター対マグダネル・ダグラス社 DC10　206
 2　アメリカ国際収支問題とロッキード社のオフセット提案　207
 3　トライスター──RB211 搭載契約　209

第 3 節　A300 設計変更とイギリス政府のエアバス脱退 …………………… 210
 1　A300 研究段階延長問題　210
 2　A300 の 250 席クラスへの設計変更　214
 3　イギリス政府のエアバス脱退　215

第 4 節　英独オフセット協定と A300B エンジン選定 ……………………… 216
 1　欧州市場をめぐるロッキード社・ロウルズ−ロイス社の経営戦略　216
 2　英独オフセット提案と A300B エンジン選定　218

おわりに ……………………………………………………………………… 220

第 8 章　ロウルズ−ロイス社・ロッキード社救済をめぐる米英関係（1970-1971 年）─────────── 227

はじめに ……………………………………………………………………… 227

第 1 節　1970 年秋 6000 万ポンド救済パッケージ ………………………… 229
 1　6000 万ポンド流動性危機　229
 2　政府の対応──10 月 15 日・19 日閣議　231
 3　ヒース首相・シティ代表者会談　234

第 2 節　ロウルズ−ロイス社破産決定 ……………………………………… 237
 1　ロウルズ社取締役会（1 月 28 日）　237
 2　緊急閣僚委員会　238
 3　ホートン─イギリス側協議　240

v

目次

  第3節　ロウルズ-ロイス社・ロッキード社救済交渉……………………244
   1　イギリス政府の再検討　244
   2　イギリス政府修正提案　248
   3　キャリントン交渉団体訪米　249
   4　アメリカ銀行団・ロッキード社・米財務相合意（6月4日）　252
  おわりに………………………………………………………………………255

終　章　イギリスの「新しい役割」……………………………………………261
  1　各章の要約と時期区分……………………………………………261
  2　結　論……………………………………………………………………268

補　論　核不拡散レジームと軍事産業基盤──1966年NATO危機をめぐる
   米英独核・軍事費交渉（1966年3月～1967年4月）──────277
  はじめに──核拡散レジームと「ドイツ問題」………………………277
  第1節　1966年NATO危機と核・軍事費問題……………………279
  第2節　LBJ＝エアハルト・サミット（1966年3月～10月）………283
  第3節　米英独3国交渉（1966年11月～1967年4月）……………286
  おわりに──「ハードウェア」をめぐる攻防………………………293

参考文献────────────────────────────299
おわりに──飛べなかった翼，TSR2とFSX──────────────311
索　引──────────────────────────────315

序　章

帝国の終焉とイギリスの「衰退」

1　はじめに

　本書は，「20世紀的世界」をどのようにとらえるかという問題関心に基づき，戦争・覇権の軍事産業基盤（Defence Industrial Base）である航空機産業の研究を通じて，「20世紀的世界」の大きな転換点の1つであるイギリス帝国の終焉の特質を把握しようとする試みである。「20世紀的世界」は，さしあたり，次の3つの文脈からとらえることができる。第一に，米ソ冷戦体制の展開と終結，第二に，パクス・ブリタニカからパクス・アメリカーナへの覇権の交替，アメリカによる覇権の確立，第三に，ドイツ統一を究極的課題とする米ソ欧州諸国間の多様な争点の総体であるドイツ問題の解決，である。米ソ冷戦期においては，第一の論点である，米ソ冷戦の特質と起源が関心を集めたが，米ソ冷戦終結後の歴史研究を管見するところ，トラクテンバーグによる『構築された平和』の出版（1999年）が契機となり，第三の論点であるドイツ問題に，研究関心はシフトしているといえる。本書は，第三の論点であるドイツ問題を念頭に置きつつ，第二の論点であるパクス・ブリタニカからパクス・アメリカーナへの覇権の交替をイギリス帝国の終焉と結びつけながら考察することとしたい。

　交通機関の生産の経済的編成の発展の分析は，経済史・経営史において，1つの問題領域の系譜を形づくってきた。それは，交通機関が，経済発展のインフラストラクチュアの機能を果たすと同時に軍事力の中核を担うものであり，最新の交通機関の生産を掌握することが国家間の覇権の盛衰の鍵を握ることに

序　章　帝国の終焉とイギリスの「衰退」

なるという理由によるものである。鉄道の発達は，19世紀の経済発展の本質的契機の1つであり，シュムペーターが，駅馬車から鉄道への発展をモデルとして経済発展の理論を構築した点については周知のとおりである。チャンドラーは，19世紀後半における鉄道の発達をアメリカ経済発展の中心的問題として提起した。そして，第二次大戦後には，航空機が新たな交通機関として，また，国家の覇権の源泉として発展した。しかるに，航空機は社会に登場して日が浅く，航空機産業の歴史，とりわけ戦後の歴史は，その重要性は意識されながらも，いくつかの端緒的な研究を除けば，あまり研究されていないといってよい。そこで本書では，第二次大戦後から1960年代にかけての航空機産業の発展を，ジェット化（レシプロ推進からジェット推進への発展とジェット技術の世代交代）をめぐる英米の航空機産業の展開に焦点を当て，機体部門とエンジン部門の関係に着目しつつ，分析する。そして，イギリスを軸とした米欧の航空機産業史研究を通じて，第二次大戦後の米欧帝国主義体制の再編過程を論ずることとしたい。航空機産業は，第二次大戦以後，軍事的覇権の主要な産業的基盤として，また，国家的威信・先端技術開発・輸出産業としての役割から各国政府から特別に重視されてきた。19世紀における鉄道・船舶の生産，20世紀前半の自動車生産に引き続いて，第二次大戦以降は，航空機産業が国家間の軍事的・経済的覇権の盛衰を担うキー・インダストリーとして登場してきており，この産業の分析が大西洋同盟の特質を解明するための新たな手がかりになると考えるからである。

　第二次大戦後の米欧帝国主義体制の特質を，アメリカを頂点とした「共同防衛体制」としてとらえたのが島恭彦『軍事費』(1966年)である。島は，第二次大戦後の資本主義の世界では，「戦略も軍事技術も軍事調達も軍需産業も，すべてアメリカを中心とした国際的連関の中に織り込まれている。諸要因の国際的な相互作用の中で，各国の軍事費と軍事生産がどのように拡大し，どのような国際経済上の影響をうみだしているのか」という第二次大戦後の米欧帝国主義体制を分析する基本的な視座を打ち出している。島はまた，「軍需産業の国際的な連関から見るならば，高い軍事技術と豊富な資本をもったアメリカの軍需産業は，ヨーロッパ諸国や日本の軍需産業に資本を投下し，技術や部品を輸出して完成兵器こういう形で一国の軍需産業が外国の軍需産業に支配される

ようになると，一国の軍事費の利益はその国の軍需産業に入るだけではなく，外国の軍需産業もまたその大きな分け前にあずかるようになる」と述べている。ここで，島は軍事費の国際的な連関の下で進むアメリカ軍需産業の欧州軍需産業支配をめぐる相克を指摘している。この視点は，米欧帝国主義体制の特質という点で，坂井昭夫『軍拡経済の構図』(1984年)，とりわけ同書「第4章 NATOの実態と経済学」に引き継がれている。坂井は，軍事費の国際的連関を重視する見地から，NATOの軍事戦略，アメリカの軍事費「肩代わり」要求，NATO兵器標準化などのトピックを扱っている。本書は，「20世紀的世界」の焦点である米欧帝国主義体制の研究を，島・坂井の軍事経済論の基本的視座を引き継ぎつつ，産業史研究の立場から発展させることとしたい。[7]

　第二次大戦後の米欧帝国主義体制を検討するにあたっては，「欧州統合と大西洋同盟」の交錯という視点が重要である。その交錯する地点に位置したのがイギリス帝国の帰趨であった。アメリカは第二次大戦直後の時点までは，イギリス帝国の解体を志向したが，米ソ冷戦がエスカレートしてくるとイギリス帝国の戦略的価値を再認識した。しかし，スエズ危機とスプートニク・ショックは，「3つの円環」論とも呼ばれるイギリス戦後外交戦略の根幹を揺るがした。ウィンストン・チャーチル (Sir Winston S. Churchill) は，第二次大戦後，大英帝国・英米特殊関係・対欧州関係という密接に関連しあう「3つの円環」をイギリスが大国としての地位を保持するための最重要外交目標ととらえ，歴代政府もこの構想を継承してきた。しかし，1956年のスエズ出兵失敗と1957年のソ連によるスプートニク打ち上げは，もはやイギリスが米ソと並ぶ大国の地位に止まり得ないことを内外に明らかにした。スエズ危機後の大英帝国解体・再編の過程は，イギリスに欧州統合への参加を促すが，この針路すら核管理問題をめぐるアメリカと欧州との対立，とりわけ欧州のリーダーを自認するフランスとの対立の狭間で複雑な軌跡を描くことになる。帝国を喪失しつつあるイギリスが亀裂の生じた大西洋同盟内部でどのような「新しい役割」を担うことになるか。そこにおいて，イギリス製造業は再生の活路をどこに見出すのか。ここに著者の主たる関心は据えられる。

2　3つの論点

上記課題の検討を開始するにあたって，本書の論旨に関わる次の3つの問題を提起したい。第一に，英米間覇権移行の画期は第二次大戦期か？第二に，イギリスは，欧州統合という船に乗り遅れたのか？第三に，帝国の終焉とともに，イギリスは帝国からヨーロッパへシフトしたのか？これらの言説群から戦後イギリス像を描けば，次のようになる。戦後イギリスは，第二次大戦を機に覇権を喪失したにもかかわらず，帝国に固執し，また，その帝国維持の重荷で経済的に衰退し，本来主導権を握るはずだった欧州統合にも，帝国（英連邦）・英米関係への固執から「船に乗り遅れた」が，帝国の終焉後は，ECに加盟し，「ヨーロッパの一員」として経済再生の軌道に乗った，というストーリーテリングとなる。

第一の，英米覇権移行の画期・アメリカが覇権を確立させた時期について，マコーミックは，「第一次大戦から第二次大戦のあいだにイギリスからアメリカへの覇権の移動が始まり，第二次大戦をつうじてアメリカの覇権が確立した」としている。覇権移行の画期を考察するには，「覇権」の定義を検討することが必要となるであろう。キンドルバーガーの『大不況下の世界──1929-1939』（1973年）による1930年代の「覇権の空位」の指摘に始まり，ギルピンによる覇権安定論の提唱により確立をみた「覇権」論は，オブライエンによれば，「戦争を回避して，地球的規模での経済的な安定と通商活動を促進するために支配的国家が行使する権力と影響力」と解される。つきつめれば，国際経済と国際政治の安定という国際公共財を提供する支配的国家ということになろう。その解釈については，覇権をより平和的に理解するか，より軍事的に理解するかのグラデーションはあるが，著者は，本書で，ミアシャイマーの論ずる攻撃的リアリズム（offensive realism）の立場を採用したい。攻撃的リアリズムの諸仮定によると，国際社会は無政府状態であり，その国際社会の中で，すべての国家は攻撃的軍事能力を保有し，覇権の最大化を図るとされる。この極端に軍事的な国際社会観によれば，大国間で戦争の起こっていない冷戦期においても，同盟国間においてさえ，軍事遂行能力をめぐるせめぎ合いがあったこと

が浮き彫りになる。英米間の覇権交替についていえば，第二次大戦期における通貨・財政の領域における覇権移行は，英米覇権交替の重大な画期ではあったが，「終点」ではなかった。第二次大戦後においても，イギリスは軍事遂行能力の基礎である軍事産業基盤においてアメリカとの対抗を企図していたのである。英米覇権交替の「終点」とアメリカの覇権の確立を考察するには，このイギリスの軍事産業基盤の維持の志向がいかなる展開をとげたかが検討されなければならない。また，第二次大戦後におけるイギリスの軍事産業基盤保持の志向は，ドイツ問題の解決との関連からは，「欧州軍事産業基盤」確立の行方という観点から問題となる。ドイツ問題の根底には西ドイツ核武装問題が横たわっていたが，西ヨーロッパの復興と仏独枢軸の台頭は，「アメリカから独立した欧州軍事産業基盤」志向を促した。英仏航空機産業の共同に基づき，西ドイツ航空機産業が参画する形での欧州軍事産業基盤が確立されるかどうか，ここにおいて，イギリス航空機産業が米欧の狭間でどのような選択をするのか，本書では第Ⅲ部において，取り扱う。

　英米覇権交替の画期とイギリス帝国終焉の画期は相互に連関した問題である。イギリス帝国終焉の画期としては，従来，大きく，第二次大戦とスエズ危機が着目されてきた。まず，イギリス帝国は，第二次大戦をもって終焉し，アメリカに覇権を譲り渡したとの見解がある。代表的な著作であるルイス『追い詰められた帝国主義――イギリスの脱植民地化とアメリカ，1941-1945年』(1977年) は，第二次大戦中のイギリスの脱植民地化とアメリカの関与を描いた。坂井昭夫は，武器貸与援助受け入れを通じて，イギリスはアメリカの「ジュニア・パートナー」となったと論じた。油井大三郎は，英米金融協定が帝国主義世界体制の再編につながったと論じた。両者は，武器貸与援助・英米金融協定受け入れ条件である帝国・スターリング圏解体の受け入れという道筋から，第二次大戦とイギリス帝国終焉を説いた。第二次大戦後のイギリス帝国について，ケイン＝ホプキンスの「ジェントルマン資本主義論・イギリス帝国論」は，サービス・金融部門の利害に着目することで，イギリス帝国の終焉時期について，第一次大戦を画期としてとらえる従来の見方を批判し，「帝国主義と帝国は衰退するどころか，戦争 (第二次大戦) 中，さらに戦争につづく再建期に再活性化していた」と述べ，第二次大戦後におけるイギリス帝国の再活性化の試みに

序　章　帝国の終焉とイギリスの「衰退」

着目した。こうしたイギリス帝国終焉時期についての再検討は，イギリスからアメリカへの覇権交代の画期と内容についても新たな問題を投げかけている。英米金融協定の条件であったイギリスによる帝国・スターリング地域解体の約束はその後果たされず，アメリカもソ連との冷戦エスカレーションのプロセスで帝国解体先延ばしを容認した。

　イギリス帝国終焉のもう 1 つの画期であるスエズ危機をめぐっては，この危機を契機として，イギリス帝国が断絶したと主張する断絶説と，帝国が連続性を持つと主張する連続説との対立が，争点となっている。佐々木雄太は，断絶説に立ち，A. N. ポーターらを批判した。これら断絶説の議論に対して，著者は連続説の立場から，1968 年のスエズ以東撤退まで，イギリスが第二次大戦後・スエズ危機後も帝国を再編し維持する意思を継続したことに着目する。イギリスが，本格的に英帝国・スターリング地域解体を実行するのは，1956 年スエズ危機後に始まり，1967 年ポンド切り下げ，1968 年スエズ以東撤退にいたるプロセス（「脱植民地化」"decolonisation"）であったと著者はとらえ，上記の問題に，軍事力とその産業的基盤の視点から，米欧の航空機産業の産業史的考察を通じて接近を試みたい。

　第二の問題は，「イギリスは（欧州統合という）船に乗り遅れたのか？」という問いである。益田実は，この点に関する研究史を整理し，1950 年 6 月のシューマン・プラン不参加と 1955 年 11 月の共同市場不参加を挙げ「なぜイギリスは機会を与えられながら統合に参加しなかったか」という問題意識に収斂するとまとめている。益田が指摘するように，ミルウォードは，イギリスの統合への不参加はイギリスが保有する政治的・経済的・軍事的資産を最大限活用した合理的戦略であったととらえた。航空機産業もまた，イギリスにとって「失われた（欧州統合参加の）機会」であった。リンチ＝ジョーンマンが分析したように，1969 年 4 月，イギリスはそれまで自らが提唱者であった欧州エアバス計画から離脱し，1970 年代，欧州エアバスは仏独の共同計画として運営された。イギリスは，1978 年に欧州エアバスに復帰したものの，エアバスの新規開発計画の生産分担において有利な交渉を進めることができなかった。イギリスにとって欧州エアバスは「失われた機会」だったのか？この点について，本書では，帝国の終焉後，欧州統合と英米関係の選択で揺れるイギリスに

焦点を当てて分析する。こうした米欧の狭間で揺れるイギリス外交について，橋口豊は，1970年代のイギリス外交について「ヨーロッパになりきれないイギリス」像を指摘している[18]。

第三の，帝国の終焉とともに，イギリスは帝国からヨーロッパへシフトしたのか，という問題は，第二の問題とも関連する。「帝国からヨーロッパへ」というイギリス像は，経済史家サイド・外交史家サイドともに有力な論調である。経済史における代表的な論者はオーウェン『帝国からヨーロッパへ』(1999年)である。航空機産業にも1章が割かれているこの書は，各産業の事例研究を通じて，総じて，イギリス製造業が帝国市場からヨーロッパ市場へシフトすることで，再生の道を辿ったと論じている。外交史の分野では，サキ・ドクリルが1968年のスエズ以東撤退をめぐる政府の意思決定過程を詳細に論ずる中で，イギリスが世界的パワーからヨーロッパの一員に方向転換していった姿を描いている[19]。小川浩之は，第一次EEC加盟申請にいたるマクミラン政権による「3つの円環」政策の再編を分析する中で，イギリス外交の方向性がイギリス帝国からヨーロッパ統合へシフトしていった事実を明らかにしている[20]。「ヨーロッパの一員」としてのイギリスとは異なる見方としては，ギャンブルが，米欧間で揺れるイギリスを描いた[21]。こうした論調の中で，著者は，帝国の終焉後における「3つの円環」において，ヨーロッパ統合と並ぶもう1つの要素である「英米特殊関係」が持つ意味を対置することとしたい。

英米特殊関係は，何よりも，軍事的な協力関係にあった。ベイリスは，『同盟の力学』(1981年)で，第二次大戦中の「コモン・ロー同盟」以来，米ソ冷戦激化とともに，不和を伴いながら英米の軍事協力関係が継続したこと，1960年代以降そうした軍事協力関係が風化していったことを述べている。ドブソンも，1960年代とりわけ，1961年から1968年のイギリスのスエズ以東撤退の時期において，イギリスのアメリカにとっての戦略的位置は薄れたと指摘している。他方，バートレットは，イギリスのスエズ以東撤退は英米関係に大きな打撃を与えたが，アメリカは1970年代以降もイギリスとの親密な関係を保つことに意義を見出したと述べている。サンダースは，スエズ危機後の英米関係を，修復期(1956-63年)・衰退期(1964-79年)・復活期(1980-88年)に区分し，戦後期を通じて，英米特殊関係は継続したととらえている。また，ダンブレルは，

序　章　帝国の終焉とイギリスの「衰退」

英米関係におけるアメリカとイギリスの非対称性，あるいはイギリスのアメリカに対する依存を指摘した。総じて，戦後史における英米特殊関係は，1956年のスエズ危機による突発的な打撃を乗り越えたものの，1968年のイギリスのスエズ以東撤退は，ヴェトナム戦争を遂行しようとするアメリカとの協調関係を損なうものであった点については意見の一致をみているといえよう。帝国の終焉後のイギリスの2つの路線である「ヨーロッパの一員」と「英米特殊関係」のいずれかを選択するのか，本書では軍事産業基盤（航空機産業）の分析を通じて明らかにしたい。[22]

3　軍事産業基盤——イギリス帝国と海上覇権，「20世紀的世界」と航空覇権

パクス・ブリタニカが，イギリスの海上覇権に支えられていたことは周知の通りである。リヒトハイムは，18世紀にホイッグ寡頭政がイギリス「海上帝国」を樹立したとみる。オブライエンは，1805～1914年の1世紀以上にわたって，イギリスは海洋における優越的地位を保持したと指摘している。イギリスは「二国標準」といわれる，潜在的な2つの敵国艦隊を打破できる大規模な海軍力を実戦配備していた。この海洋支配が，パクス・ブリタニカとよばれる世界的規模での通商の自由という公共財を提供した。帝国以外の地域で，パクス・ブリタニカの制裁能力はほぼ完全に海軍力に依存していた。[23]

こうしたイギリスの海上覇権は，イギリスの造船業の建艦能力と軍需企業の大砲製造能力を軍事産業基盤としていた。19世紀後半から第一次大戦にいたるまで，イギリスは世界最大の造船業・最大の商船隊・最大の海軍を有していた。オーウェンの指摘によれば，イギリス造船業は，アメリカ・ドイツにはない2つの有利な点をもっていた。第一に，産業革命の始まりから蓄積された製鉄と蒸気機関に関する深い知識であった。第二に，1849年の航海法の廃止にもかかわらず著しく躍進したイギリス海運業とイギリス海軍がもたらす巨大な国内市場であった。この国内市場という基盤に立って，イギリス造船業は国際市場においても成功をおさめた。[24]

「20世紀的世界」においては，海上覇権に代わって，航空覇権が覇権間競争の対象となった。第一次大戦の結果，航空機が戦争において革新的な手段とな

3　軍事産業基盤

図1　英国海外航空のルートの推移（第二次大戦前）

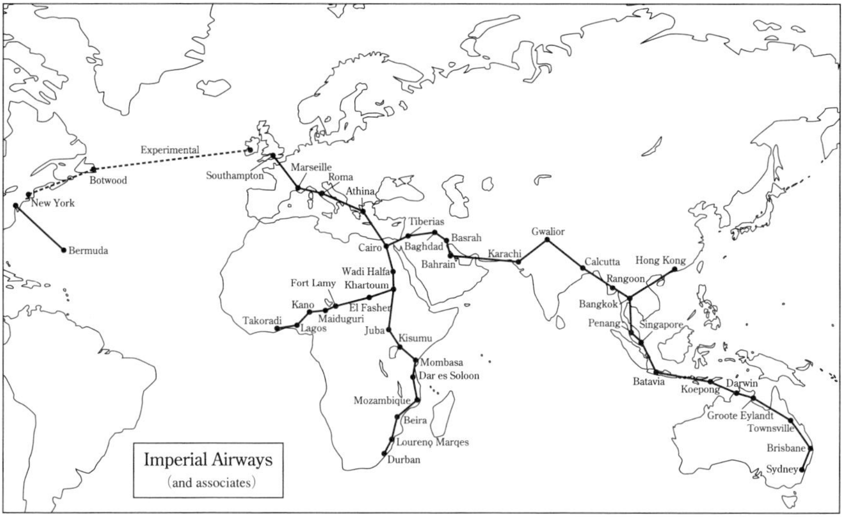

出所）Davis, R. E. G., *A History of the World's Airlines*, (London: Oxford Universiy Press, 1964), p.178.

りうることが明らかになり，戦間期においては，大国は自国と植民地を国営エアラインで連結することに傾注した。図1は，第二次大戦前の国営インペリアル・エアウェイズの航路網である。インペリアル・エアウェイズ（Imperial Airways）はロンドンを起点に，カイロを中継し，アフリカ・インド・オーストラリア・香港を結ぶエンパイア・ルート（帝国航空路網）を運航した。第二次大戦を通じて，戦争の帰趨を決するのが，制海権でなく，制空権であることが決定的に明らかになった。図2は第二次大戦中における，インペリアル・エアウェイズの後身である British Overseas Airways Corporation（英国海外航空，以下，BOAC）の航路網である。BOACは，ナチス・ドイツの中央ヨーロッパ支配の情勢下で，アフリカ西海岸からアフリカ中央の航路を経由することで，エンパイア・ルートを確保したのである。

　第二次大戦後には，新たな覇権国として登場したアメリカは航空力を覇権の基礎に据えた。1947年7月18日，米ソ冷戦開始と並行して，トルーマン（Harry S. Truman）大統領は，後に初代空軍長官となるフィンレター（Thomas

9

序　章　帝国の終焉とイギリスの「衰退」

図2　英国海外航空のルートの推移（1943年）

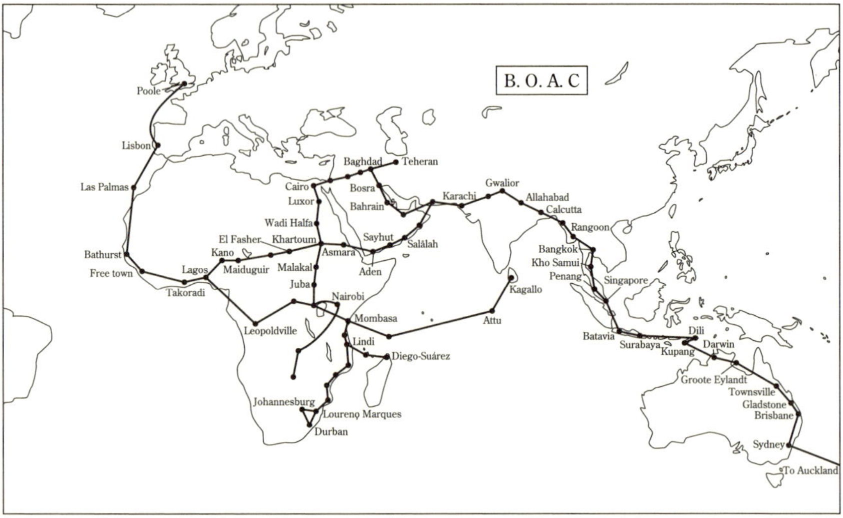

出所）　Davis, R. E. G., *A History of the World's Airlines, op. cit.*, p.228.

K. Finletter）を議長とする大統領航空政策委員会（通称，フィンレター委員会）を任命し，冷戦下におけるアメリカの航空力の位置づけについて調査を求めた。フィンレター委員会，1947年12月30日に，『航空時代における生き残り（Survival in the Air Age）』と題する報告書をトーマン大統領に提出した。報告書は，アメリカの防衛を，航空力を基礎に置くことと航空力を支える航空機産業強化を大統領に勧告した。[25]

　こうしたアメリカの航空力強化策・米ソ連冷戦の状況下で，イギリスは，航空覇権によるイギリス帝国の維持を追求した。図3は，1953年時点におけるBOACによる世界初のジェット旅客機コメットを機材とする航空路網を図示したものである。イギリスは，第二次大戦後においても，イギリスが優位を持つジェット技術の先進性を梃子に世界の航空界をリードしようとしたのであった。BOACの航空路網整備に対抗したのが，アメリカのパンナムであった。パンナムは，第二次大戦背前後を通じて，民間会社でありながら「選ばれた手段（chosen instrument）」としてアメリカの外交政策を支えたエアラインである。[26] 図4は，パンナムの1960年におけるジェット旅客機サービス網である。

3　軍事産業基盤

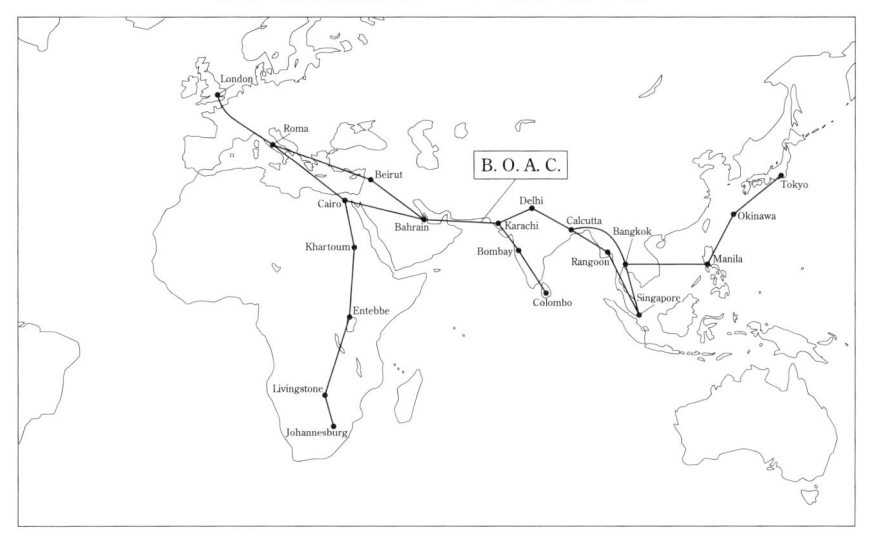

図3　英国海外航空のルートの推移（1953年）

出所）Davis, R. E. G., *A History of the World's Airlines, op. cit.*, p.453.

　パンナムは，アメリカを中心に，南北アメリカ大陸・太平洋・ヨーロッパ・アジアへと世界大の航空路網を構築し，パクス・アメリカーナの主柱の1つとなった。世界の航空界をめぐるBOACとパンナムの競争は，米英の航空覇権をめぐる競争の1つの要素であった。
　米英の角逐は，イギリスの旧英連邦諸国への軍用機輸出に対するアメリカの介入にも現れた。その重要な事例は，かつての大英帝国の最重要植民地であったインドの軍用機市場をめぐる米英の競争である。横井勝彦は，1950～1960年代，イギリス航空機産業の顧客であったインド空軍が国産戦闘機の開発を通じて自立化する過程を分析することで，南アジアにおける帝国の終焉の特質を検討した。[27]イギリス航空機産業の重要な顧客であった英連邦諸国・旧植民地に対して，アメリカは財政援助を通じて侵入を図った。アメリカは，インドに対しては，1960年，小麦の援助と現地通貨で積み立てられた小麦の見返り資金による航空機工場の建設の申し入れにより，インド航空機産業自立化を支援した。インドというイギリス帝国の最重要拠点の航空機産業へのアメリカの影響力の浸透は，従来，インドに小麦を供給していたオーストラリアの反発を惹起

11

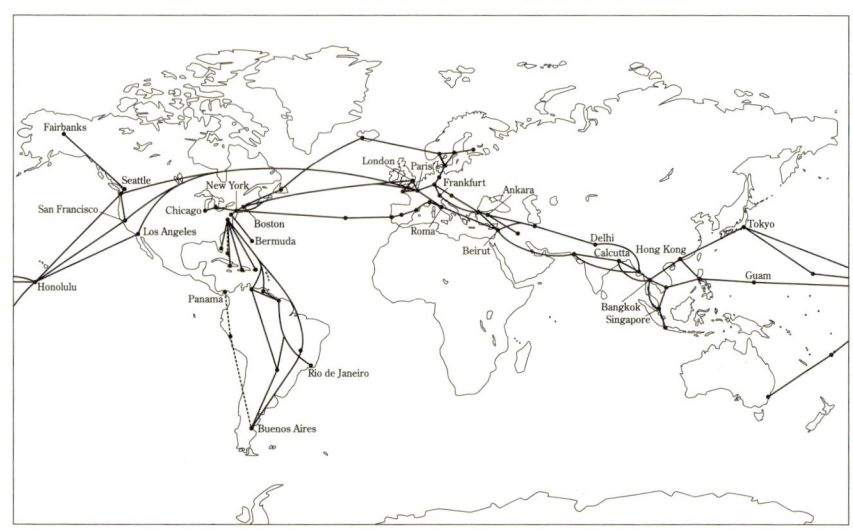

図 4　パンナムのジェット・サービス網（1960 年 10 月）

出所）　Davis, R. E. G., *A History of the World's Airlines, op. cit.*, p.482.

するものであり，イギリスの帝国内分業の解体を迫るものであった。イギリス[28]にとって，周辺国にアメリカ軍用機に比肩する軍用機を供給する能力の維持は，帝国の維持にとって譲れない生命線であった。

4　航空機産業史研究とイギリス衰退論争

　航空機産業の研究は，大きく分けて次の 2 つの見方のいずれかに属している。第一の見方は，航空機企業を，超過利潤を貪る特権企業とみる見方であり，パーロ『軍国主義と産業——ミサイル時代の軍需利潤』（1963 年）などがその代表例である。[29]この見方は，さらにアメリカ航空機産業を「アメリカ軍産複合体」の総本山としてとらえる多分にバイアスのかかった見方の派生もみられる。もう一方の見方としては，航空機産業を，政府需要の急変動と急速な技術革新にさらされる利潤率の低い産業とみる見地で，スローン『GM とともに』（1964 年）が代表である。第二次大戦中航空機生産にコミットした GM 社の第二次大戦戦後計画を立案する際に，スローンは，航空機産業は，技術革新が早

く，モデルチェンジが頻繁で，政府需要が不安定であるとして，航空エンジン部門を残して航空機（機体）生産から撤退する判断を下した[30]。これらの相反する2つの見方に対して，西川純子『アメリカ航空宇宙産業——歴史と現在』（2008年）は，航空機企業を軍需産業としての特殊性と企業としての一般性の双方から把握し，下請生産システム・国防生産基盤・軍産複合体の視角から20世紀のアメリカ航空機産業史を追跡した。この点，西川著作により，航空機産業に初めて本格的産業史研究のメスが入ったといえる。本書は，西川著作ではあまり重点が置かれていなかったといえる国際関係（国際競争・国際共同開発）・民間機部門に着眼している。また，西川以前に航空機産業に着目した研究として，南克巳と松井和夫を挙げることができる。南は，アメリカ帝国主義・国家独占資本主義論的視角による研究から，「冷戦」帝国主義の基軸として，原子力産業・コンピュータ産業とならぶ「IIB部門」として航空宇宙産業に着目した。いわば「帝国主義」視点による航空機産業への着目の嚆矢といえるであろう。松井は，金融資本グループ（独占的銀行資本と独占的産業資本の結合体）視角による第二次大戦後のアメリカ経済分析の1つの中心として航空宇宙産業・空輸産業と主要銀行の財務的・人的結合関係を検討した。いわば「金融資本」視点による航空機産業研究といえるだろう。また，佐藤千登勢『軍需産業と女性労働——第二次大戦下の日米比較』（2003年）は，ジェンダーの視点から，第二次大戦における航空機戦時生産での女性労働を位置づけた[31]。

以上の研究は，アメリカ航空機産業を対象とした研究であるが，イギリス航空機産業を対象とした研究としては，ヘイワードの2著作『政府とイギリス民間機産業』（1983年）および『イギリス航空機産業』（1989年）が傑出している。また，イギリス航空機産業の主要企業である航空エンジンメーカー・ロウルズ－ロイス社の倒産に至る経緯を描いた経営史的著作として，大河内暁男『ロウルズ－ロイス研究』（2001年）が挙げられる。これらの著作により，本書が対象とした時期におけるイギリス航空機産業の概観図は既に描き出されているが，本書は，ヘイワード・大河内の著作が利用していないイギリス国立公文書館資料を一次史料として使用することで，イギリス航空機産業史研究に新たな貢献をしたいと考えている[32]。

また，航空機産業を分析するにあたっては，他の製造業には見られないこの

序　章　帝国の終焉とイギリスの「衰退」

産業の特有のコスト特性——規模と範囲の経済性——を考慮に入れなければならない。航空機産業における巨額の開発コスト・製作を通じての習熟効果，同一機種群・派生品での設計の共通性は，生産数が増大するとともに生産性が増大する規模の経済性と，企業が複数の製品を生産する場合に生産性が増大する範囲の経済性を発生させる。規模と範囲の経済性は，「暗黙の産業政策（アメリカ軍の調達による航空機企業支援）」に支えられたアメリカ航空機メーカーに，ヨーロッパ航空機メーカーに対する有利な位置を与えた。アメリカ軍の調達により，多数の生産数を確保し，習熟効果も得られ，生産コストが低下したアメリカ軍用機に対して，自国軍の調達数の少ないイギリスを含むヨーロッパ機は，国際市場において競争劣位に置かれた[33]。こうした状況が進行した1960年代における米欧航空機産業において現れたのが2つの路線——ヒッチ＝マッキーン理論と欧州軍事産業基盤論である。ヒッチ＝マッキーンは，兵器生産の専門化によって相互利得が生じる余地が大きいと考えた。第一に各国はさまざまな生産分野に比較優位を追求することが可能になる，第二に一国あるいは数カ国の供給国に生産部門が集中すれば，規模の経済性（scale economies）および習熟効果（learning curve）を通じ，生産機数が多いほど1機当たりのコストは低減するという利益が見込めるからであった。そしてヒッチ＝マッキーンは，1つ以上の国が同一の装備品を生産できる場合，どの国で生産されるかを決める最大の基準は，どの国で最も安く生産できるかということにあるとした。価格競争力では大規模な生産機数を有するアメリカ・メーカーが有利になり，少ない生産機数しかないヨーロッパ・メーカーは不利になる。そのため費用対効果分析のフィロソフィーの俎上では，ヨーロッパ諸国は自国市場の一定分野を価格競争力の高いアメリカ・メーカーに明け渡し，ヨーロッパ・メーカーは比較優位を追求できる専門化された分野の生産に特化せざるをえなくなるのである[34]。このヒッチ＝マッキーン分析に対して，欧州軍事産業基盤論は，欧州軍需メーカーがアメリカ・メーカーの下請にならず，欧州諸国が共同で軍用機を調達して，規模と範囲の経済性を発揮しうる最低限度の生産機数を確保しようとした。これら2つの路線のどちらをイギリスが選択するのかが，米欧関係の帰趨を占う鍵となるのだが，この点を考える分析視角として，本書は航空機産業のもう1つの特性である，機体部門とエンジン部門の相互依存性と相対的独自性を検

討したい。航空機の生産過程は，異なる産業分野にまたがる多くの部位・部品が，機体に組み立てられていく，アセンブリーの過程である。航空機の生産過程においては，完成生産物である航空機を製作するために，多くの製造業者が協力して作業し，生産提携関係を取り結んでいる。そのような製造業者の中でも，機体メーカーとエンジンメーカーは，サブ・コントラクターの生産過程を指揮・監督し，サブシステムの統合をおこなうプライム・コントラクターという特別の役割を担っている。つまり，航空機という最終製品を生産するためには，機体メーカーとエンジンメーカー（サプライヤー）という異なる経済主体が存在するのである。両者は基本的に協力関係にあるが，両者の技術的競争力が非対称的に推移する場合がある。その代表的な事例が，本書で検討するイギリス機体メーカーの競争力低下と航空エンジンメーカー・ロウルズ-ロイス社の競争力維持の例である。この事例の研究は，戦後イギリスの衰退の象徴として描かれたイギリス航空機産業史を違った角度から描く手がかりを与える。

　第二次大戦後のイギリス航空機産業を検討するにあたっては，この産業が，イギリス衰退論争の1つの焦点であったことに注目しなければならない。20世紀のイギリス経済の軌跡を「衰退」のプロセスとして描くのか，「反衰退」の像としてとらえるのかというイギリス衰退論争が1970年代以降活性化した。「衰退論者（Declinist）」としては，ウィーナ『英国産業精神の衰退』（1981年）・サンプソン『最新英国の解剖』（1992年）・バーネット『戦争の監査報告』（1986年）『失われた勝利』（1995年）・ハリソン『産業衰退の歴史的考察』（1998年）などが挙げられる。帝国への固執と欧州統合運動からの離脱が第二次大戦後のイギリス経済の停滞を招いたという論調を形作っている。これに対して，「反衰退論者（Anti-Declinist）」としては，エジャートン，トムリンソンが代表的である。[35]衰退論と反衰退論との間の論争の争点は第一に，「文化」に関わるもので，「産業精神・企業家精神の衰退」，「エリート層の文化の特性」などが焦点となっていた。論争は，第二の争点である「経済の重心のシフト」に移行した。ルービンステインは，『衰退しない大英帝国』（1993年）で，製造業ではなく金融・サービスにイギリスの経済の重心がシフトしたことをもってイギリスが衰退していないことを立証しようとした。彼は，「イギリスのいわゆる産業の『衰退』は商業・金融経済の比較優位を示す」と考えた。こうした論争の

シフトに対して，本書は，金融・サービスでなく，基幹産業を検討することによって，衰退論争の元来の争点であるイギリス製造業の衰退，あるいはその復活を検討したい。衰退論争の元来の争点であるイギリス製造業は，第二次大戦後，衰退したのか？否か？この問題について，繊維・造船・自動車各産業業の国際競争力低下については，研究者間で，ある程度の了解が成立しているように見受けられる。では，18・19世紀のイギリス帝国の覇権（海上覇権）を支えた造船業と対比して，20世紀の覇権（航空覇権）を支える基幹産業・軍事産業基盤である航空機産業は，第二次大戦後においていかなる軌跡を描いたか，本書は，この点の分析をもってイギリス衰退論争に一石を投ずることを試みたい。航空機産業への着目は，ヴィッカーズ社（造船）・ロウルズ－ロイス社（自動車）等19世紀におけるイギリスの覇権絶頂期を支えたイギリス機械工業のメインプレーヤーの主要な事業転換先であるだけに重要である。

　国内経済停滞と脱植民地化をもって第二次大戦後のイギリス経済の展開を特徴づけようとするイギリス「衰退論」の文脈において，イギリス航空機産業の戦後の歩みは，象徴的な意味あいをこめて語られてきた。戦後の経済復興の切り札として期待されたイギリス航空機産業は，世界初のジェット旅客機コメット，超音速旅客機コンコルドを開発したことにみられるように高い技術力を有しながら，商業的にはアメリカ航空機産業に敗北し規模を縮小していった。このプロセスが，イギリス経済の停滞とかさねあわせて思いおこされるからである。バーネットは『失われた勝利』（1995年）において，イギリス航空機産業維持は，散り散りになったコモンウェルスを政治的・経済的に結合する新エドワード朝の（neo-Edwardian）夢であった断じている。衰退論の文脈からすると，「イギリスは帝国維持という過大な目標を追求したために経済的に衰退した」そして，航空機産業は，「国家的威信をかけた産業（"prestige" industry）」であり，民生分野に国内資源（国家予算・資本・技術者）を配分したほうが国民経済にとって良い結果を生み出したであろうということを含意している。他方，エジャートンは，航空機産業を，戦後イギリス産業再生の柱と位置づけている。エジャートンは近年の著作『軍事国家』（2009年）においても，20世紀のイギリスが「福祉国家」であっただけでなく，『軍事国家』でもあったことを論証し，軍事セクターがイギリス経済に果たした役割を強調し，「衰退論争後」に

おける 20 世紀イギリス史像を提起している[36]。このイギリス航空機産業の衰退は，アメリカの側からみると，アメリカ航空機産業が第二次大戦直後，唯一最大の競争相手であったイギリス航空機産業との競争に勝利し，一産業部門として産出額・輸出額・雇用者数ともにアメリカ国内において最大規模の産業に成長していった過程は，戦後アメリカ経済の成功の代表例であった[37]。現代の航空機産業におけるアメリカ・メーカーの独占的な地位確立の直接的な起源をなす，朝鮮戦争期から 1960 年代にいたる米英航空機産業間の関係は，研究史をひもとけば，上のような，アメリカの「勝利」とイギリスの「敗北」の軌跡として描かれているといってよいだろう。

しかし，第二次大戦後から 1960 年代の米英航空機産業間の関係をこのように，アメリカの「勝利」とイギリスの「敗北」としてだけとらえるならば，1970 年代以降の軍民航空エンジン市場におけるイギリス・メーカー（ロウルズ–ロイス社）の高い技術開発力と販売力の持続の根拠をとらえきれないであろう。機体部門においては，イギリス・メーカーはアメリカ・メーカーから遠く離されているものの，エンジン部門においては，ロウルズ–ロイス社が，1970 年代・80 年代を通じて，アメリカのプラット・アンド・ホイットニー社（以下，P&W 社）・GE 社とならぶ世界の三大エンジンメーカーの一角の地位を保持し続けた。なぜ，イギリス航空機産業が全体としてアメリカ航空機産業との競争戦に敗れたにもかかわらず，イギリス・エンジンメーカーのみがその後長期にわたって国際市場での競争力を保持しえたのか？本書はこの問題に，さきに米英の「勝利」と「敗北」として描かれる，第二次大戦後から 1960 年代にいたる約 30 年間の米英航空機産業間の国際市場支配をめぐる対抗過程を，企業レベルでの競争と協調の視角から分析することを通じて接近し，現代の航空機産業の構造とその確立過程を把握する手がかりとしたい。第二次大戦後から 1960 年代にいたる約 30 年間の時期は，航空機産業においては軍用機・民間機ともに，推進力がレシプロからジェットへと転換していく，ドラスティックな技術革新の時期にあたる。技術体系のレシプロからジェットへの転換を背景として，アメリカ航空機産業と，当面の競争相手でありジェット技術においてはむしろ先行するイギリス航空機産業の民間機分野・軍用機分野双方にわたる競争戦がどのように展開し，その競争関係が何をもたらしたかを，行論をつうじ

序　章　帝国の終焉とイギリスの「衰退」

て明らかにしたい。

　史料としては，イギリス国立公文書館（The National Archives, Kew. 以下，TNA），アメリカ国立公文書館（United States National Archives, College Park, Maryland. 以下，USNA）文書およびケンブリッジ大学チャーチル・アーカイブ・センター・エドウィン・プルーデン関係文書（Edwin Plowden Papers, Churchill Archives Centre, Cambridge, U.K. 以下，PLDN）を検討の対象とした。

1　渡辺昭一は，パクス・ブリタニカ体制を特徴とする 19 世紀的世界と区別されるパクス・アメリカーナ体制を表現する用語として「20 世紀的世界」ではなく，「20 世紀的世界」という用語を用いている。本書もこの用語法を踏襲している。渡辺昭一「帝国の終焉とアメリカ」（渡辺昭一編『帝国の終焉とアメリカ——アジア国際秩序の再編』山川出版社，2006 年，序章）。

2　Trachtenberg, Marc, *A Constructed Peace: The Making of the European Settlement, 1945-1963* (New Jersey: Princeton University Press, 1999).

3　シュムペーター（塩野谷祐一・中山伊知郎・東畑精一訳）『経済発展の理論——企業者利潤・資本・信用・利子および景気の回転に関する一研究』（岩波書店，1977 年）。

4　アルフレッド・D. チャンドラー, Jr.（鳥羽欽一郎・小林袈裟治訳）『経営者の時代——アメリカ産業における近代企業の成立（上・下）』（東洋経済新報社，1979 年）。

5　T. サンドラー＝K. ハートレー（深谷庄一監訳）『防衛の経済学』（日本評論社，1999 年），186-187 頁。Taylor, Trevor and Keith Hayward, *The UK Defence Industrial Base: Development and Future Policy Options* (London: Brassey's, 1989), p.1. トッドの定義によれば，軍事産業基盤は，明らかな軍事品を製造する工業部門だけでなく，民生部品を製造する部門を含む。本書では，民間航空機（旅客機）製造業も軍事産業基盤に含めて考える。その理由としては，第一に，民間航空機エンジンがしばしば直接的に軍事転用可能であること，第二に，民間航空機・エンジンを製造する企業が売り上げの大部分を軍需に依存するメーカーであることである。Todd, Daniel, *Defense Industries: A Global Perspective* (London: Routledge, 1988).

6　Louis, William Roger, *Imperialism at Bay: The United States and the Decolonization of the British Empire, 1941-1945* (London: Oxford University Press, 1978). 坂井昭夫『国際財政論』（有斐閣，1976 年）。油井大三郎「帝国主義世界体制の再編と『冷戦』の起源」『歴史学研究』（別冊，1974 年）。

7　島恭彦「軍事費」（島恭彦『国家独占資本主義論』島恭彦著作集第 5 巻，有斐閣，1983 年）222 ページ，292 ページ。島の「共同防衛体制」理解については，藤木剛康「冷戦論研究と軍事経済：島恭彦『軍事費』の検討」（和歌山大学経済学部『現代資本主義の多様化と経済学の効用』和歌山大学経済学部，1998 年）を参考にした。坂井昭夫『軍拡経済の構図』（有斐閣選書 R, 1984 年）。

8　トマス・マコーミック（松田武訳）「アメリカのヘゲモニーと現代史のリズム——1914-2000」（松田武・秋田茂編『ヘゲモニー国家と世界システム』山川出版社，2002 年，第 3 章）。油井大三郎「アメリカン・ヘゲモニー論への疑問」同上書，309 ページ。

9 Kindleberger, Charles P., *The World in Depression, 1929–1939*（London: Allen Lane, 1973）．チャールズ・P. キンドルバーガー（石崎昭彦・木村一朗訳）『大不況下の世界——1929–1939』（東京大学出版会，1982年）．Gilpin, Robert, *The Political Economy of International Relations*,（Princeton: Princeton University Press, 1987）．R. ギルピン（大蔵省世界システム研究会訳）『世界システムの政治経済学——国際関係の新段階』（東洋経済新報社，1990年）．パトリック・カール・オブライエン（秋田茂訳）「パクス・ブリタニカと国際秩序1688–1914」（松田武・秋田茂編『ヘゲモニー国家と世界システム』前掲，第2章）．
10 Mearsheimer, John J., *The Tragedy of Great Power Politics*（New York, London: W.W. Norton, 2001）, pp.2–5. ジョン・J. ミアシャイマー（奥山真司訳）『大国政治の悲劇——米中は必ず衝突する！』（五月書房，2007年），17–21ページ．
11 坂井昭夫『国際財政論』（有斐閣，1976年）．
12 Cain, P. J. and A. G. Hopkins, *British Imperialism: Crisis and Deconstruction 1914–1990*（Longman,1993）, p.290. P. J. ケイン＝A. G. ホプキンス（木畑洋一・旦祐介訳）『ジェントルマン資本主義の帝国II——危機と解体1914–1990』（名古屋大学出版会，1997年），199ページ．
13 *Ibid*, pp.277–278.
14 佐々木雄太『イギリス帝国とスエズ戦争——植民地主義・ナショナリズム・冷戦』（名古屋大学出版会，1997年），257–259ページ．Porter, A. N. and A. J. Stockwell, *British Imperial Policy and Decolonization, 1938-64, Volume 2, 1951–64*（London: Macmillan, 1989）, p. 32.
15 益田実『戦後イギリス外交とヨーロッパ政策』（ミネルヴァ書房，2008年），9–10ページ．益田実「超国家的統合の登場 1950–58年——イギリスは船に乗り遅れたのか？」（細谷雄一編『イギリスとヨーロッパ』勁草書房，2009年，第3章）．Milward, Alan, *The Rise and Fall of a National Strategy, 1945–1963*（London: Whitehall History Publishing in association with Frank Cass, 2002）.
16 Francis, Lynch, and Lewis Johnman, "Technological Non-Co-operation: Britain and Airbus, 1965–1969," *Journal of European Integration History*, 12:1, 2006.
17 Newhouse, John, *The Sporty Game*（New York: Alfred A. Knopf, 1982）, p. 210. ジョン・ニューハウス（航空機産業研究グループ訳）『スポーティゲーム——国際ビジネス戦争の内幕』（学生社，1988年），478ページ．
18 橋口豊「米欧間での揺らぎ——1970–79年」（細谷雄一編『イギリスとヨーロッパ』前掲，第6章）．橋口豊「苦悩するイギリス外交1957〜79年」（佐々木雄太・木畑洋一編『イギリス外交史』有斐閣，2005年）．
19 Owen, Geoffrey, *From Empire to Europe: The Decline and Revival of British Industry since the Second World War*（London: Harper Collins, 1999）．ジェフリー・オーウェン（和田一夫監訳）『帝国からヨーロッパへ——戦後イギリス産業の没落と再生』（名古屋大学出版会，2004年）．Dockrill, Saki, *Britain's Retreat from East of Suez: The Choice between Europe and the World?*（Basingstoke: Palgrave Macmillan, 2002）．
20 小川浩之『イギリス帝国からヨーロッパ統合へ』（名古屋大学出版会，2008年）．小川浩之「第一次EEC加盟申請とその挫折——1958–64年」（細谷雄一編『イギリスとヨーロッパ』前掲，第4章）．
21 Gamble, Andrew, *Between Europe and America: The Future of British Politics*（Basingstoke; New York: Palgrave Macmillan, 2003）．

序　章　帝国の終焉とイギリスの「衰退」

22　Baylis, John, *Anglo-American Defence Relations 1939–1980: The Special Relationship* (London: Macmillan, 1981). ジョン・ベイリス（佐藤行雄訳）『同盟の力学：英国と米国の防衛協力関係』（東洋経済新報社，1988年）。Dobson, Alan, "The Years of Transition: Anglo-American Relations 1961–67," *Review of International Studies*（1990），16; Bartlett, C. J., *The Special Relationship: A Political History of Anglo-American Relations since 1945*（London; New York: Longman, 1992）; Sanders, David, *Losing an Empire, Finding a Role: British Foreign Policy since 1945*（Basingstoke: Macmillan, 1990），p.195; Dumbrell, John, *A Special Relationship: Anglo-American Relations in the Cold War and after*（New York: St. Martin's Press, 2001），pp. 222–223.

23　G. リヒトハイム（香西純一訳）『帝国主義』（みすず書房，1980年），51ページ。パトリック・カール・オブライエン（秋田茂訳）「パクス・ブリタニカと国際秩序 1688–1914」前掲書，99–104ページ。

24　ジェフリー・オーウェン（和田和夫訳）『帝国からヨーロッパへ——戦後イギリス産業の没落と再生』（名古屋大学出版会，2004年），76–78ページ。

25　The President's Air Policy Commission, *Survival in the Air Age*（Washington, D.C.: USGPO, 1948）pp. II, V, 10, 70.

26　Bender Marylin, and Selig Altschul, *The Chosen Instrument: Pan Am, Juan Trippe, the Rise and Fall of an American Entrepreneur*（New York: Simon and Schuster, 1982）.

27　横井勝彦「南アジアにおける武器移転の構造」（渡辺昭一編『帝国の終焉とアメリカ——アジア国際秩序の再編』山川出版社，2006年，第3章）。横井勝彦は，第二次大戦期最強の戦闘機フォッケウルフTa152を設計したクルト・タンク（Kurt Tank）率いる技術チームが設計した超音速ジェット戦闘機HF-24マルートのインド航空機工業による開発を，インド航空機産業の自立化の1つの指標としてあげている。しかし，マルートのエンジンは，英ブリストル・シドレー社オルフェウス・エンジンであり，インドは，アフターバーナー（再燃焼装置）付きのオルフェウス・エンジンを入手できなかったことにより，マルートは超音速戦闘機ではなく亜音速の対地攻撃機として使用された（鈴木五郎『フォッケウルフ戦闘機』光人社NF文庫，2006年，251ページ）。こうした航空エンジンの対英依存という点からすると，インド航空機産業のイギリスからの自立化の画期については再考の余地があるだろう。

28　TNA, PREM11/2898, Sir Roy Dobson to the Minister of Aviation, June 16, 1960; TNA, PREM11/2898, Reginald Maudling to Prime Minister, June 24, 1960.

29　V. パーロ（清水嘉治・太田譲訳）『軍国主義と産業——ミサイル時代の軍需利潤』（新評論，1967年）。

30　A. P. スローン, Jr.（田中融二訳）『GMとともに——世界最大企業の経営哲学と成長戦略』（ダイヤモンド社，1967年）。

31　西川純子『アメリカ航空宇宙産業——歴史と現在』（日本経済評論社，2008年）。南克巳「戦後世界資本主義世界再編の基本性格——アメリカの対西欧展開を中心として」（『経済志林』第42巻第3号，1974年）。松井和夫「航空宇宙産業・空輸産業」（松井和夫『アメリカの主要産業と金融機関』日本証券経済研究所，1975年）。佐藤千登勢『軍需産業と女性労働——第二次大戦下の日米比較』（彩流社，2003年）。

32　Hayward, Keith, *Government and British Civil Aerospace: A Case Study in Post-war Technology Policy*（Manchester: Manchester University Press, 1983）; Hayward, Keith, *The*

British Aircraft Industry (Manchester: Manchester University Press, 1989). 大河内暁男『ロウルズ-ロイス研究』(東京大学出版会, 2001 年)。

33 Tyson, Laura D'Andrea, *Who's Bashing Whom?: Trade Conflict in High-technology Industries* (Washington, D.C.: Institute for International Economics, 1992), pp. 165, 184–185. ローラ・D. タイソン (竹中平蔵監訳, 阿部司訳)『誰が誰を叩いているのか——戦略的管理貿易は, アメリカの正しい選択?』(ダイヤモンド社, 1993 年)。

34 Hitch Charles J., and Roland N. McKean, *The Economics of Defense in the Nuclear Age*, (Cambridge: Harvard University Press, 1960), pp.290–293. ヒッチ=マッキーン (前田寿夫訳)『核時代の国防経済学』(東洋政治経済研究所, 1967 年), 413–416 ページ。Hartley, Keith, *NATO Arms Co-operation: A Study in Economics and Politics* (London: George Allen & Unwin, 1983), pp.42–43.

35 マーティン・J. ウィーナ (原剛訳)『英国産業精神の衰退——文化史的接近』(勁草書房, 1984 年)。アンソニー・サンプソン (広淵升彦訳)『最新英国の解剖——民主主義の危機』(同文書院, 1993 年)。ロイドン・ハリソン (松村高夫・高神信一訳)『産業衰退の歴史的考察——イギリスの経験』(こうち書房, 1998 年)。Barnett, Correlli, *The Audit of War: The Illusion & Reality of Britain as a Great Nation* (London: Macmillan, 1986); Barnett, Correlli, *The Lost Victory: British Dreams, British Realities, 1945–1950* (London: Macmillan, 1995); Edgerton, David, *Science, Technology and the British Industrial "Decline", 1870–1970: The Myth of the Technically Determined British Decline* (Cambridge: Cambridge University Press, 1996); Tomlinson, Jim, "The Decline of Empire and the Economic 'Decline' of Britain," *Twentieth Century British History*, Vol. 14, No. 3, 2003.

36 Edgerton, David, *England and the Aeroplane: An Essay on a Militant and Technological Nation* (London: Macmillan Academic and Professional Ltd, 1991), p.XV; Edgerton, David *Warfare State: Britain, 1920–1970* (Cambridge, U.K.: Cambridge University Press, 2006).

37 Mowery, David and Nathan Rosenberg, "The Commercial Aircraft Industry," in Richard Nelson, ed., *Government and Technical Progress: A Cross-Industry Analysis* (New York: Pengamon Press, 1982).

第Ⅰ部

帝国再建期のイギリス航空機産業

(1943-1956年)

第 1 章

戦後イギリス航空機産業と帝国再建
――1943-1956 年――

はじめに

　イギリス帝国は、第二次大戦をもって終焉し、アメリカに覇権を譲り渡したとの一般的な理解がある。こうした見解の代表的な著作として、ルイス『追い詰められた帝国主義――イギリスの脱植民地化とアメリカ、1941-1945 年』(1978 年) が挙げられる。同書は、第二次大戦中のイギリスの脱植民地化とアメリカの関与を描いた。坂井昭夫は、武器貸与援助受け入れを通じて、イギリスはアメリカの「ジュニア・パートナー」となったと論じた。油井大三郎は、英米金融協定が帝国主義世界体制の再編につながったと論じた[1]。坂井と油井は、武器貸与援助・英米金融協定受け入れ条件である帝国・スターリング圏解体の受け入れという道筋から、第二次大戦とイギリス帝国の終焉を説いた。

　他方、ケイン＝ホプキンスの「イギリス帝国主義」論・「ジェントルマン資本主義」論は、「帝国主義と帝国は衰退するどころか、戦争中、さらに戦争につづく再建期に再活性化していた」と述べ、第二次大戦後の英帝国の再建過程へ着目した[2]。本章は、ケイン＝ホプキンスの第二次大戦を通じたイギリス帝国継続の視点にたち、帝国存立の軍事産業基盤である航空機産業を考察の対象としたい。

　「第二次大戦後のイギリス帝国」という問題については、上記ケイン＝ホプキンスをはじめ、ポンド・スターリング圏の分析が主流であるが、通貨ポンドと並び、帝国を支える軍事力の基盤である航空機産業も一定の関心を集めてい

る。1952年に世界で初めて就航したジェット旅客機コメットや超音速旅客機コンコルド開発に見られるような世界をリードする技術的優位とコメットの墜落に見られるその商業的失敗が戦後イギリスの軌跡を象徴していたことによるものであろう。航空機産業という「栄誉ある産業（prestige industry）」の産業維持をイギリスの国力に比して過大な負担と見るか，産業技術立国イギリスに不可欠の要素と見るか，イギリス衰退論に対するスタンスにより大きな違いが見受けられる。衰退論者バーネットの『失われた勝利』（1996年）は，帝国への固執が第二次大戦後のイギリス経済の停滞を招いたという論調に立つ代表的な著作であり，本書は航空機産業に1章を割いている。他方，反衰退論者エジャートンは，産業・技術立国としてのイングランドを航空機産業の展開から検討する『イングランドと航空機』（1991年）を著している。

本章は，第一に，イギリスが，第二次大戦戦時中から，戦後においてアメリカに伍する航空機生産国として存続し，帝国再建の基盤としようとしていたことを実証的に明らかにする。第二に，戦後チャーチル政権期の帝国維持のための重要な手段であった航空力構築がアメリカの財政援助に依存しており，したがってイギリス・ジェット旅客機に警戒心をもつアメリカ議会に制約されており，帝国再建が対米脆弱性を内包していたことを指摘したい。

第1節　ブラバゾン計画と大英帝国再建

1　戦時中の米英航空機生産協定（アーノルド＝タワーズ＝スレッサー協定）

1942年6月21日，ワシントンで締結されたアーノルド＝タワーズ＝スレッサー協定（Arnold-Towers-Slessor agreement）において，アメリカとイギリスは，戦時中の航空機生産の分担を取り決めた。本協定の下，イギリスは戦闘機・爆撃機の開発・生産に専念し，アメリカが連合国の輸送機生産を一手に引き受ける分担となっていた。

この分担によると，戦争終結後最初の世代の民間旅客機市場（4発レシプロ機市場）はアメリカ航空機産業のほぼ完全な独占となることが想定された。そのため，チャーチル戦時内閣は，戦闘機・爆撃機生産への専門化により，旅客機技術が失われることを恐れ，イギリス政府は戦後の国産旅客機の仕様を選定す

表1　航空機生産の対米依存

重爆撃機・中型爆撃機	2%
軽爆撃機	68%
戦闘機	7%
フライング・ボート	61%
輸送機	ほぼ100%

出典）　TNA, CAB66/30/16, W.P. (42)486(Revised), "Visit of the Minister of Production to America," October 29, 1942.

るためにブラバゾン卿を委員長とする諮問委員会——ブラバゾン委員会——を招集し，第1回ブラバゾン委員会は，1942年12月23日に開催された。ブラバゾン委員会は1943年2月に最初の答申を内閣に対して行った。答申は，戦争終結後イギリス航空機産業界が，十分な民間旅客機計画を有していない事態の深刻さを指摘し，開発計画の基本案として，大型長距離機・大西洋横断可能な高速郵便機・支線用の双発機など5種類の開発仕様を提案した。

2　戦時中における民間機開発決定

航空相シンクレア（Sir Archibald Sinclair, Secretary of State for Air）と航空機生産相クリップス（Sir Stafford Cripps, Minister of Aircraft Production）は，1943年2月24日付けの「民間航空輸送」と題するメモランダムを戦時内閣に提出した。シンクレアとクリップスは，メモランダムで，ブラバゾン計画について次のように説明した。「我々は，最近，ブラバゾン卿（Baron Brabazon of Tara）を議長とする省庁横断的な委員会を任命した。目的は，戦後航空輸送に必要な新型の航空機の仕様と，暫定的用途として，現存するタイプの転換の検討にある。ブラバゾン委員会は，以下のタイプの迅速な設計措置が必要であると勧告した。①北大西洋航路向け複数エンジン機，②欧州航路・支線向け中型双発エンジン機，③帝国輸送航路（Empire Trunk Routes）向け4発エンジン機，④北大西洋航路向けジェット推進郵便用機，⑤イギリス・自治領・植民地国内航路向け小型双発エンジン機の5機種である。これら新型機に加え，ブラバゾン委員会は，新型機就航までのギャップを埋める『暫定機（interim types）』の開発を勧告した。ヨーク（York）爆撃機の追加生産，空軍が発注した新型フライング・ボート・シェトランド（Shetland）の輸送機バージョンの生産，ハリ

表2　ブラバゾン計画

タイプ1	Bristol社 Brabazon	ピストンエンジン大西洋横断旅客機
タイプ2A	Airspeed社 Ambassador	短距離ピストンエンジン旅客機
タイプ2B	Vickers社 Viscount	短距離ターボプロップ旅客機
タイプ2B	Whitworth社 Apollo	短距離ターボプロップ旅客機
タイプ3A	Avro社 693	短距離ターボプロップ旅客機
タイプ3B	Avro社 TudorII	短距離ターボプロップ旅客機
タイプ4	de Havilland社 Comet	ジェット推進大西洋横断郵便機
タイプ5A	Miles社 Marathon	ピストンエンジン支線用旅客機
タイプ5B	de Havilland社 Dove	ピストンエンジン支線用旅客機

出典）Hayward, K., *The British Aircraft Industry* (Manchester: Manchester University Press, 1989), p.40.

ファクス (Halifax) 爆撃機の輸送機型の設計などである。ブラバゾン委員会は，戦後世界において，イギリスが価値ある貢献をするためには，開発を今すぐに開始する必要があると強調した。2月22日に開催された再建問題委員会民間航空小委員会では，戦後のイギリス航空輸送は，イギリスの世界的地位にふさわしい規模と質で行われねばならず，新型民間機の開発と現行爆撃機の転用は，戦争遂行を損なうことなく，推進される必要があろうと結論づけた。我々，シンクレアとクリップスは，内閣に対して，さし迫った戦後期において，必須最小限の航空機を供給するのに十分な財政的承認を与えることを求める。」[7]

1943年2月25日，戦時内閣の閣議が行われ，シンクレアとクリップスの戦後民間航空に関するメモランダムを検討した。両者のメモランダムは，ブラバゾン委員会の勧告として，第一に，戦後民間航空に必要な新型民間機の開発，第二に，暫定的用途での現行軍用機の民間機転用，第三に，戦時生産を妨げない範囲での部品使用，設計開発能力の利用を挙げた。内閣は次の3点を決定した。第一に，戦争遂行を損なわない範囲で，新型の民間航空機開発に着手し，現行の軍用機の民間機への転用を進めること。第二に，政府の目的は，戦後期において，イギリスの輸送機が，民間機・軍用機において，イギリスの世界的地位にふさわしい生産を可能にするための準備的作業をアレンジすることにあること。第三に，政府は戦後期における最低限必要な機種開発についての準備作業をすすめる上での財政的責任を引き受けるが，新型機のプロトタイプを超えた出費については，蔵相との相談が必要であることであった。[8]

これらの計画を具体化するため，1943年5月には第二次ブラバゾン委員会が開催され，表2に見るように9つの計画が準備された[9]。

3　米英の旅客機の比較検討

シンクレア航空相とクリップス航空機生産相は，1943年11月22日付けのメモランダムWP（43）532で，戦後民間航空機開発の進捗状況を内閣に次のように報告した。「民間機開発の閣議決定後，政府は，いくつかのメーカーに，ブラバゾンの5種の設計を提出することを打診した。第一に，北大西洋航路（ロンドン―ニューヨーク無着陸）複数エンジン機については，ブリストル社が選定された。ペイロード（有効積載量）240,000lbs，巡航速度250mph，寝台席50人仕様（あるいは100座席）という仕様であった。アメリカではコンソリデーディッド社が265,000lbsの爆撃機を開発中で，6ヵ月前にモックアップ（模型）段階に到達した。アメリカには他にB29爆撃機が120,000lbs，C69輸送機が940,00lbsである。[10]」

ビーバーブルック国璽尚書（Lord Beaverbrook, Lord Privy Seal）は，1943年12月3日付けのメモランダムで，シンクレアとクリップスのメモランダムの不十分さを指摘した。ビーバーブルックは次のように指摘した。「シンクレアとクリップスのWP（43）532は不十分である。というのは，航空機が実用化されるまでに6年はかかるが，アメリカに対抗できる航空機が現在存在しない。とりわけ，アメリカ・ダグラス社C54A・C54B（民間バージョンはDC4）に対抗しなければならない。C54Aは，北大西洋を6,000lbの推力で航行可能，C54Bは，9,000lbの推力で航行可能である。したがって，ランカスターIV（Lancaster IV）の民間バージョンであるチューダー（Tudor）の開発が必要である。チューダーならば，6,000lbのペイロードで大西洋横断が可能である。ヨーク爆撃機は，必要性を満たさない。大西洋航路の運航に適さないからである。航行距離を延長するために胴体タンクが必要だが，そうすると，ペイロードは4,000lbsで，C54Bの半分にしかならない。選択が今なされなければならないことを理解しなければならない。現在，戦後においてイギリスが民間航空を放棄するかどうかの瀬戸際にある。もし我々が航空機を供給できなかったら，我々は航空運航サービスを確立できないであろう。適した機材を有しているア

メリカが運航サービスを奪取することになるであろう。そして，一度，彼らの地上組織・補修サービス・備品サービスが導入されたら，我々はそれを除去するのは不可能であろう。もし，我々が戦争終了時においてイギリス製航空機とエンジンを，自治領に供給することができなければ，帝国航路網の主導権はアメリカに移ることになる。」[11]

1943年12月8日，閣議が開催され，シンクレア航空相とクリップス航空機生産相のメモランダムWP（43）532とビーバーブルック国璽尚書のメモランダムWP（43）537が検討された。内閣は，シンクレア航空相とクリップス航空機生産相のメモランダムでの複数エンジン旅客機の進捗状況を承認し，ビーバーブルック国璽尚書のメモランダムにおけるチューダーの設計・プロトタイプ製作・準備を承認した。ただし，この旅客機の生産発注の前に蔵相の承認が必要であるとした[12]。

1944年9月1日の閣議では，イギリスの戦後民間旅客機開発状況に対する懸念が表明された。閣僚は，民間機の開発の重要性，ブラバゾン機に対する不満，アメリカ機使用の可能性などの意見を表明した。討議を終え，内閣は，シンクレア航空相とクリップス航空機生産相に対して，戦時内閣にイギリス旅客機とアメリカ旅客機を比較した報告を提出することを求めた。その報告は，イギリスの設計が充分であるかどうか疑問を取り扱い，BOACのブラバゾン機に対する見解を含めることとした[13]。

9月1日の閣議決定を受けて，シンクレア航空相とクリップス航空機生産相は，イギリス旅客機とアメリカ旅客機を比較する報告をまとめた。報告は，米英の旅客機を，次の5つのカテゴリー――（a）ロンドン―ニューヨーク直行便（5,000法定マイル），（b）ニューファンドランド経由大西洋横断（4,000法定マイル），（c）中距離帝国航空路（2,400法定マイル），（d）欧州・支線航路（1,000法定マイル），（e）短距離航路（500法定マイル）――に分けて比較した。報告は次のように記した。「これら5つのカテゴリーにおいて，ブラバゾン機群は設計変更の必要がない。しかし，アメリカ機は，我々よりさらなる改良が進んでいる点を認識するべきであろう。」また，BOACの見解は次のようであった。ジェット推進のブラバゾン・タイプIV（後のコメット）は，新分野での主導権の確立のため，可能な限り早く開発されるべきであろう。報告を要約すると次

の通りであった。第一に，5つのカテゴリーを通じて，ブラバゾン機は，現在アメリカで開発されている機種と比肩しうる。第二に，アメリカ機は，我々の機種より急速に進歩することは確かであろう。したがって，ブラバゾン機の開発は我々の戦争遂行能力が許容する範囲内で最大限で加速する必要がある。[14]

クリップス航空機生産相は，1944年11月27日付けのメモランダムWP（44）690で，さらに米英の旅客機の比較を試みた。イギリス旅客機からは，ヨーク（York），チューダーI（Tudor I），チューダーII（Tudor II），ヘルメス（Hermes），アヴロXXII（Avro XXII）を，アメリカ旅客機からは，C54B，コンステレーション（Constellation），DC4A，DC4B，DC4C（4基のロウルズ-ロイス社マーリン〔Merlin〕エンジン搭載），DC6を選び比較した。メモランダムは，比較した結果，北大西洋航路を含む長距離路線にTudor I，1,850マイルまではチューダーII，1,350マイルまではヘルメスが適しているので，これらの機種を緊急に生産する必要があると記した。[15] 1944年12月21日の閣議は，シンクレアとクリップスによる米英旅客機比較WP（44）649とクリップスによる旅客機開発方針WP（44）690を承認した。[16]

ブラバゾン委員会は，開発の重点を，アメリカの優位が確定的なレシプロ推進旅客機ではなく，アメリカメーカーが着手していないジェット旅客機開発に置いた。タイプ2Bのヴィッカース社のヴァイカウント旅客機，タイプ4のデハビランド社コメットがブラバゾン委員会の仕様のなかから有力なジェット旅客機として生き残った。タイプ4のデハビランド社コメットは当初高速郵便機として設計されたが，ジェット旅客機として設計を変更された。BOACは，コメットをブラバゾン計画の中でも真に革命的な機体であり，アメリカの航空界支配に挑戦することが可能な機体であると認め，デハビランド社の開発を支援した。[17]

第2節　アトリー労働党政権と「フライ・ブリティッシュ政策」の動揺

1　「フライ・ブリティッシュ政策（イギリス機運航政策）」の確立

戦時内閣の民間航空機開発政策は，アトリー労働党政権にも引き継がれ，フライ・ブリティッシュ政策を柱とした航空機産業育成策が遂行された。育成手

段としては，『1945年航空白書』に明記された「フライ・ブリティッシュ」原則によるものであった。『1945年航空白書』は次のように記している。「イギリス政府がBOACにイギリス製旅客機を使用することを要求することが全般的な方針である。戦時中における同盟国との合意によって，輸送機はイギリスでは生産されなかった。それによって，イギリスの旅客機の開発は1938年以来中断されている。現時点において我が国は多大な不利を被っている。民間航空サービスは，近い将来においては，軍用機から転用した機種を使用しなければならない。これらに，ブラバゾン委員会が開発を推奨した機種が続く。イギリス政府は，イギリスのエアラインへの供給と外国への輸出に向けて，旅客機の生産を加速せねばならない。[18]」

しかし，この原則に反して，イギリス政府は，戦争終結早々に，アメリカ機購入を余儀なくされた。1946年8月のボーイング社ストラトクルーザー購入問題がそれである。1946年8月2日付けのウィルモット（John Wilmot）供給相とウィンスター（Reginald Winster）民間航空相の共同メモランダムCP(46) 317は次のように記している。「アメリカとの競争が激化している。1950年以降は，デハビランド社D.H.106（ブラバゾンIV），ブリストル167（ブラバゾンI），サンダーズ・ロウ社サロ45（Saro 45）フライング・ボートが就航する予定だが，問題は，1948年から1950年にかけての北大西洋航路と帝国航路である。1947年秋から，北大西洋航路の競争者であるスウェーデン，そしておそらくはオランダ・フランスもボーイング社ストラトクルーザー60を導入するであろう。イギリスに対抗できる機種はない。次の問題は帝国航路である。オーストラリアの意見は，シドニー―ロンドン路線で，イギリス機より優秀なアメリカ機を使いたいというものである。オーストラリアが，アメリカ機を使用したら，共通機材での運航という基盤を損なう。これらの困難は，戦時中，イギリスが，爆撃機と戦闘機の生産に特化し，アメリカが軍用輸送機の生産を担っていたことに起因する。これから10年のうちに，世界大でのイギリス航空網を構築しなければならない。我々は，その際，ジェット推進の商業的可能性を追求しなければならない。」

共同メモランダムは，内閣に対して，アメリカ機の購入を提案した。北大西洋航路・帝国航路での競争力のあるイギリス機の欠如が理由であった。購入す

第 2 節　アトリー労働党政権と「フライ・ブリティッシュ政策」の動揺

るアメリカ機の候補はボーイング社ストラトクルーザーとリパブリック社レインボーであるが，ストラトクルーザーの方が種々の点で望ましく，6機のストラトクルーザーの購入を提案した。他方，設計・開発能力の配分として，次の機種に最高度の優先度を置くことを提案した。Bristol Brabazon I（8 レシプロエンジン），de Havilland DH-106（4 ジェットエンジン）Brabazon IV，Avro Brabazon III（4 レシプロエンジン），Brabazon III 補完機，Armstrong-Whitworth Brabazon IIB（4 ターボプロップエンジン），Vickers-Armstrong VC2（4 ターボプロップエンジン）Brabazon IIB（後のヴァイカウント（Viscount）），Miles Marathon II（2 レシプロエンジン），Sunders Roe SR45 Flying Boat（プロペラタービンエンジン）がそれである。

　民間航空機の仕様についての省庁間委員会は，内閣に次のように報告した。第一に，イギリスの旅客機で，1948-50 年の北大西洋航路・帝国航路において昨今のアメリカ機に性能・経済性で対抗しうる機種はない。BOAC の Avro 社チューダー I，ロッキード社コンステレーション，1948 年以降に北大西洋航路で次々と就航するボーイング社ストラトクルーザー，リパブリック社レインボーに対抗し得ないであろう。第二に，アメリカのロッキード社コンステレーション II，ダグラス DC6，リパブリック社レインボー，ボーイング社ストラトクルーザーに，1948-50 年にかけて対抗できるイギリス機は存在しない，第三に，デハビランド DH106，ブリストル・ブラバゾン I，サンダー・ロウ SR45 フライング・ボートは，北大西洋航路・帝国航路での見込みは確かだが，これらの機種は，設計段階であり，就航には遅延が起こりうるだろう。[19]

　1946 年 8 月 7 日の閣議は，ボーイング社ストラトクルーザー購入問題を検討した。閣議では，1948-50 年の北大西洋航路用に 6 機のボーイング社ストラトクルーザーを購入すべきこと，設計・開発資源を 8 機種に集中させるべきとのウィルモット供給相とウィンスター民間航空相の共同メモランダムが検討された。アトリー首相は，議論を総括して，北大西洋航路におけるイギリスのシェアを確保するため，アメリカ機の購入はいたしかたないと結論づけた。[20]

　1947 年 4 月には，引き続いて，ロッキード社コンステレーション追加購入問題が起こった。[21] 1947 年 4 月 17 日の閣議では，民間航空省と供給省の間で，BOAC がイギリス製エンジンを搭載したコンステレーションを購入するかど

うかをめぐって，意見が衝突した。民間航空省は賛成し，供給省は反対の立場をとった[22]。この問題については，4月24日の下院討議前に結論を出す必要があった。4月21日付けのアディソン自治領相（Viscount Addison, Secretary of State for Dominion Affairs）のメモランダムCP（47）134は，アメリカ機購入はイギリスの国益に適わないと主張した[23]。4月22日の閣議は，BOACの帝国航路と北大西洋路線のために追加のコンステレーションを発注する提案を却下した。また，内閣は帝国航路を現存するイギリス機で効率的に運航するための報告を民間航空相が検討することを要請した[24]。

2　フライ・ブリティッシュ政策の動揺

ロッキード社コンステレーション追加購入問題は，引き続き，アトリー政権のフライ・ブリティッシュ政策を揺さぶった。1948年4月29日の閣議で，再びコンステレーション購入問題が俎上に上がった。アディソン国璽尚書は，BOACに対する5機のコンステレーションの購入許可を次のように要請した。「コンステレーションを導入すれば，オーストラリア航路は，現在の100万ポンドの損失から10万ポンドの利益へ転換することが見込まれる。BOACとオーストラリア航路を共同運航しているQuantas Empire Airwaysは既にコンステレーションを運航している。新型機を入手しうるまでの4年間，BOACがLancasterians（暫定機）へ依存することは不利益である」と述べた。フリーマン（J. Freeman）供給相は，「フライ・ブリティッシュ政策からのさらなる逸脱となる」として反対した。他方，ナザン（Lord Nathan）民間航空相は，「現存するイギリス機でコンステレーションに対抗しうる機種はないし，あと数年，開発もできないであろう」と主張した。こうした討論の結果，内閣は，BOACに5機のコンステレーションを購入する許可を与えた[25]。

コンステレーション追加購入問題に引き続いて，DC4M購入問題が起こった。1948年7月9日付けのメモランダムCP（48）179で，アディソン国璽尚書は，BOACは，暫定機チューダーでなく，カナディアDC4M（ダグラス社DC4のカナダでのライセンス生産）を購入すべきだと訴え，次のように記した。「アトリー内閣は，1945年の白書，1946年8月7日の閣議決定（C.M.（46）77th Conclusions），1947年4月22日の閣議決定（C.M.（47）38th Conclusions）

第2節　アトリー労働党政権と「フライ・ブリティッシュ政策」の動揺

と，フライ・ブリティッシュ政策を堅持してきた。しかし，近年，フライ・ブリティッシュ原則から逸脱してきた。まず，6機のコンステレーションの購入，BOAC の大西洋路線のための6機のストラトクルーザーの購入，続いてオーストラリア路線のための5機のコンステレーションの購入である。イギリスの民間航空機開発は，長期計画としては，①ブラバゾン1，②コメット，③ブリストル中距離機，④中距離フライング・ボート，⑤ SR45 が策定されている。暫定計画としては，北大西洋路線は，外国機に依存せざるを得ない。帝国路線については，現在西インドへは，ヨークとチューダー IV が就航している。BOAC は，16機のチューダー IV と 25 機のハンドレー・ページ社エルメスを発注している。民間航空委員会（Civil Aviation Committee）は，さらなるフライ・ブリティッシュ原則からの離脱に懸念をしめしている。メモランダムの結論は次のようであった。ブラバゾン1・コメットらの開発は進められるべきである。しかし，チューダー II，その派生型であるチューダー V は運航されるべきではない。代替機として，BOAC は 22 機のカナディア DC4M の購入を許可されるべきである。この購入はドル支出を要しない。」[26]

　アディソンの議論に対して，ストラウス（George Strauss）供給相は，1948年7月10日付けのメモランダム CP（48）182 で次のように反論した。「私は，チューダー IV の代わりに北大西洋航路・帝国航路に 22 機の DC4M を購入するという提案に反対する。DC4M のエンジンは英ロウルズ−ロイス社マーリンだが，機体・プロペラ，その他の機材すべてアメリカ製の機体である。BOAC がチューダーの運航を放棄し，アメリカ機を運航することは次の3点の見通しに深刻な影響を与える。第一に，イギリス航空機産業の技術的発展の可能性，第二に，イギリス機の輸出可能性，第三に，潜在的戦争遂行能力である。」[27]

　1948年7月15日の閣議では DC4M 購入問題が検討された。BOAC の暫定的要求は，カナディア（DC4M）で達成されるか，それとも，チューダー IV で達成されるかが検討の対象となった。カナディア賛成論者は，ペイロードその他すべての点で，チューダー IV よりカナディア DC4M が優れていると主張した。カナディア反対論者は，DC4M 購入はイギリス航空機産業の威信へのダメージが深刻であり，そのダメージは疑いなくイギリス航空機産業の海外での売り上げに影響を与えると主張した。内閣は，アディソン覚書の DC4M

購入許可を要求する段落を承認した。[28]

アトリー労働党政権下では,公式の政策としてのフライ・ブリティッシュ政策は貫徹できず,アメリカ機の購入を余儀なくされた。

第3節　チャーチル保守党政権のイギリス空軍近代化計画とアメリカの軍事援助

1　イギリス空軍（Royal Air Force）近代化計画（「プランK」）とアメリカの軍事援助

1951年10月に,チャーチル（Sir Winston Churchill）率いる保守党が政権に復帰した。チャーチルは首相に復帰し,イーデンが外相に就いた。両者は,イギリスが米ソと並んで「三大国」の一国として国際政治において認知されることを目標に掲げた。その発言権の基礎としてチャーチルが重視したのが航空力の整備であった。チャーチルは,1951年12月,議会での国防政策討議で空軍に資金・資源を最優先に割り当てる旨を発言し,空軍を中心に核抑止力建設を進める姿勢を明確にした。[29]

他方,米トルーマン政権は,NSC-68に基づく西側再軍備を推進し,ジェット戦闘機配備についてのリスボン目標を策定した。しかし,米英両国のジェット戦闘機配備計画は遅延していた。そのため,トルーマン政権は,イギリス空軍近代化計画（プランK）に対して相互安全保障援助（Mutual Security Aid, MSA）を通じて財政支援するとともに,西側第二の航空機生産国であるイギリスのジェット戦闘機を,域外調達を通じて購入することにした。

1952年1月10日,ウィルソン（Charles E. Wilson）国防長官オフィスでの会議には,ハリマン（William A. Harriman）MSA局長,ドレーパー（William H. Draper）MSAヨーロッパ局長・駐欧アメリカ特別大使らが出席し,チャーチル訪米とそこでの対英援助問題を検討した。[30]そこで,イギリスのドル準備を支えるための軍事援助の必要性について討議し,その後のチャーチル訪米を経て対英援助が開始された。その後,イギリスでは,原爆中心への戦略理論の見直し,1952年初夏には,イギリス三軍参謀長による「世界戦略文書」を作成し,戦後イギリス帝国の再編戦略を構築した。[31]イギリスの直面する問題は,イギリス空軍（Royal Air Force,以下,RAF）の近代化と拡張により,自国防衛と海

第3節 チャーチル保守党政権のイギリス空軍近代化計画とアメリカの軍事援助

外領土配備を達成することにあった。1952年3月5日，チャーチルは，下院国防討議（Defense Debate in H.C.）で，イギリス空軍近代化計画を発表した。これを受けて，3月26日には，サンズ（Duncan Sandys）供給相が「最優先（Super Priority）航空機計画」を公表した。プランKは，イギリスが，アメリカ・ソ連とともに三大国として国際政治に参与することを目的として，第一に，スウィフト，ハンター，キャンベラなどの新鋭戦闘機配備計画と，第二に，ヴァルカン，ヴァリアント，ヴィクターからなるV型爆撃機による戦略爆撃兵力（原爆搭載）の構築を内容としていた。[32]

1952年2月には，リスボンでNATO第9回理事会が開催され，NATO成立以来最初の重要な計画を決定した。また，EDC（European Defense Community, 欧州防衛共同体）の基礎となるEDC条約の原則を承認した。NATO理事会は，「12人委員会」の計画を承認し，航空機4,000機以上の整備（リスボン目標）を決定した。トルーマン政権は，リスボン計画下の航空機調達計画費用の過半を分担することを約束した。調達の中心は，アメリカのF86戦闘機で，アメリカ・カナダ・オーストラリアで生産することになった。オーストラリア機には，イギリス，ロウルズ－ロイス社のエンジンが搭載されることになった。[33]

アメリカによる対英財政援助は，MSA（相互安全保障援助）の一環として実施された。MSAは，英米財政関係史において，武器貸与法・英米金融協定・マーシャル援助に続く最後の本格的対英財政援助という性格を有している。イギリス空軍近代化に対する財政支援は1952年に交渉が開始された。アメリカから国務省，MSA（Mutual Security Agency, 相互安全保障局），MAAG（Military Assistance Advisory Group, 軍事援助顧問団）の代表が，イギリスの軍備計画について協議した。イギリスの直面する問題は，自国防衛と海外領土配備のための英空軍の近代化と拡張にあること，NATOへの最大限の貢献を図る義務があることが確認された。[34]

アメリカ製戦闘機をNATO諸国に配備するにあたっては，修繕維持と部品交換の問題があったのに対し，欧州製航空機の配備を進める域外調達計画（Offshore Procurement Policy）には，アメリカ製より安い単価で調達できる，アメリカ製部品の補給の必要がないなどの利点があった。当時欧州諸国で要求にかなう戦闘機生産が可能であったのはイギリスとフランスのみであり，なか

表3　NATO 域外調達（1952年）

国	機体（開発国）	生産機数
イギリス	Swift（イギリス）	220
オランダ	Swift（イギリス）	500
フランス	M.D.452（フランス）	300
フランス	Sea Venom（イギリス）	40
イタリア	Venom AWF（イギリス）	400
フランス	Venom Trainer（イギリス）	200
イタリア	Jet Trainer（イタリア）	100
オランダ	Jet Trainer（オランダ）	100

出典）　Leigh-Phippard, Helen, *Congress and US Military Aid to Britain: Interdependence and Dependence, 1949-56*（New York: St. Martin's Press, 1995), p.102. より。

でもイギリスが調達の中心であった。

　1952年6月25日付けの内閣に対するイーデン（Anthony Eden）外相のメモランダムは，アメリカから1億5000万ポンドを越える域外調達を受注する見込みがあることを報告し，また，また，アメリカに対して，欧州での域外調達を実施しなければ，航空機の生産は不可能だということを伝えるべきであると勧告した。[35] 6月26日の閣議でも，イーデン外相は，アメリカ政府は欧州でのNATO向け戦闘機の生産について資金を供給する提案を行ったと報告した。内閣は，イーデン覚書にあるアメリカの域外調達政策の一定の割合をイギリスが担うことを承認すると閣議決定した。[36]

　1952年7月北大西洋審議会（NAC, North Atlantic Council）で，1,700機の戦闘機配備計画（約4億ドル）が決定され，1,700機のうち，アメリカ機はF86を中心に950機（2億2500万ドル）調達し，残りを英仏機で調達することに決めた。こうした直接的財政援助以外に，域外調達政策を通じても，アメリカはイギリスの軍事生産を支援した。[37]

　イギリスの政府，航空機産業は，アメリカの財政資金に依存しながら，航空戦力の近代化，ジェット化を推進した。イギリス空軍近代化計画の総費用の実に約20パーセントがアメリカの財政資金によって賄われることになったと推定されている。イギリス政府にとって，アメリカの財政援助は，財政危機の進行という状況下でイギリス空軍近代化を推進するうえで決定的な意味をもって

第3節　チャーチル保守党政権のイギリス空軍近代化計画とアメリカの軍事援助

いた。[38]

　アイゼンハワー共和党政権においても，トルーマン政権期に議論が開始されたイギリス空軍近代化計画に対する財政援助の予算措置化が進められた。プランK援助の起源は，1954会計年度での軍事援助計画に際しての空軍キャラハン（Callahan）将軍らの着想に始まる。1953年4月パリでのNATO理事会は，共和党政権最初のNATO会合であったが，そこで，NATO軍の短期および長期計画が立案された。ダレス国務長官が主宰するタリーランド・ホテルでのアメリカ側会議がもたれた。その場で，キャラハン将軍は，プランK援助の重要性を指摘した。スタッセンMSA局長は，航空機特別計画を提起した。彼によれば，プランKの費用の中心は原子爆弾を搭載した戦略爆撃攻撃力（V型爆撃機隊）の構築にあるとされた。これに対する財政援助は，イギリスの戦略爆撃攻撃力構築をアメリカが財政的に支援することを意味したが，ダレス国務長官はニュールック戦略（即時大量核報復戦略）を補完する手段としてRAFの近代化計画を認識した。

　1953年4月23日，パリのジョージ5世ホテルにおいて米英首脳会談が開催された。アメリカ側は，スタッセン（Harold Stassen）相互安全保障局局長，ゴードン（Lincoln Gordon）MSAロンドン代表が，イギリス側は，サンズ供給相，プルーデン（Sir Edwin Plowden）大蔵省主任計画官（Chief Planning Officer）が出席した。[39] NATO会議に先立ち，アメリカの対英援助に関する米英の閣僚レベルの非公式での合意がなされ，1954・55会計年度において，域外調達（2億1000万ドル）・電子機器等の支援（4310万ドル）・経済援助（2億7500万ドル）が約束され，イギリスの2年間の（航空）軍備計画に約5億ドルの支援（域外調達，軍事支援，航空機特別計画）がなされることになった。[40]

　NATO各国が財政難で苦しむ中，アメリカの域外調達計画は，イギリス軍用機の輸出を支えた。アメリカ政府は，アメリカ航空機産業のジェット戦闘機開発の遅延を背景として，1950〜54年にかけて，ヨーロッパにおいて総計約7億5000万ドルにおよぶ膨大な航空機現地調達計画を実施した。この大半は，イギリス製戦闘機の生産に向けられ，イギリス航空機産業は，朝鮮戦争期，主にアメリカの軍事援助に依存しつつ，オランダ，イタリアなどを中心にハンター，ベノムなどの戦闘機を輸出した。イギリス航空機産業は，米英両政府の支

表4 1954-1955会計年度におけるアメリカの対英援助
(単位:百万ドル)

	1954 財政年度	1955 財政年度
航空機特別計画	85	75
域外調達その他	103	150
計	188	225

出典）USNA, RG56, Office of the Assistant Secretary for International Affairs, UK9/11, "Agreed Minutes of a Meeting held at George V Hotel Paris on 23rd April, 1953."

表5 イギリスの軍事生産能力の拡大
1953/54 米財政年度における援助に基づき以下の生産が可能に

	(単位:百万ポンド)	(単位:百万ドル)
航空機	275	770
その他	176	495
合計	451	1265

価額から見た生産計画

	1953/1954 財政年度		1954/1955 財政年度	
	(単位:百万ポンド)	(単位:百万ドル)	(単位:百万ポンド)	(単位:百万ドル)
航空機（部品以外）	135	378	170	476
部品	100	280	125	350
合計	235	658	295	826

出典）USNA, RG59, E1548, Box2, Duncan Sandys to MSA, April 25, 1953.

持の下，朝鮮戦争再軍備計画の需要にこたえ，ヨーロッパ諸国への軍事輸出を拡大したのである[41]。

　1954会計年度の対英援助は，アメリカ議会に対して軍事支援の情報等が公開されないまま以下のように議会に要求された。域外調達（1億1200万ドル），電子機器等（4300万ドル），MSA予算による経済援助（2億ドル），そのうち1億ドルが航空機特別計画に，1億ドルが商品支援にあてられた。これらの政府の要求に際して，議会には，この計画の詳細な説明と2年計画の最初の1年目であることの説明がないままであった。経済援助と航空機特別計画については減額して議会を通過した[42]。これにより，1950年から1954年にかけて，国防省 (DoD)，経済協力局 (ECA)，相互安全保障局 (Mutual Security Agency, 以下，

MSA),対外活動局(Foreign Operation Administration,以下,FOA)を通じて,イギリスの航空計画に対して約7億5000万ドルの財政資金が支援された[43]。

1953年における5億8300万ドルの共同調達計画では,イギリス機が,ハンター920機,スウィフト250機,シーホーク112機,フランス機がミステール393機,アメリカ機が50機のF86が調達されることになった。また,オランダなどの有力な航空機産業を持たない国もイギリス機を調達した。このように,アメリカの域外調達政策下でイギリス航空機産業は自国での生産,西欧各国への輸出を拡大した[44]。

2 1950年代初頭におけるイギリス・ジェット旅客機の成功――ブラバゾン機の明暗

ブラバゾン委員会が提案した旅客機のうち当初最も重視されたのは,ブリストル社が開発メーカーに選定されたブラバゾンで,ロンドン―ニューヨーク間をノンストップ飛行できる大型機となる予定であった。タイプ2(ブラバゾンII)の契約は,エアスピード社とヴィッカーズ社,後にアームストロング・ウィットワース社と結ばれた。ヴィッカーズ社とアームストロング・ウィットワース社は,ジェットエンジンでプロペラを回転させるターボ・プロップ機の設計を進めた[45]。タイプ3のアブロ社チューダーは戦争終結後就航したが,連続事故により少数の生産で終わった[46]。

ブリストル社ブラバゾン及びサウンダー・ロウ社プリンセス(SR45)は,イギリスの戦後航空機産業における主導権を握る計画の一環として出発した。しかし,小型でジェット推進のコメットは成功しつつあるが,大型機の開発は予想より長期の時間と多額の費用がかかりそうである。さらには,民間のエアラインは両機に対する関心を失い,前労働党政権も1950年に,BOACに対して両機の採用を求めない決定を下した。したがって,ブラバゾン2型機,プリンセス2型機・3型機の作業は停止されるべきであるとされた[47]。しかし,ブラバゾンは,プロペラ・マウント回りを中心とする疲労破壊が多発し,正規の耐空証明書が交付されず,最終的に,1953年7月9日,サンズ供給相がブリストル・ブラバゾン計画の中止を公表した[48]。

他方,世界初のジェット旅客機コメット(ブラバゾンIV)の就航,ターボプ

ロップ機ヴァイカウント（ブラバゾン IIB）がアメリカのエアラインにより購入され、イギリス・ジェット旅客機は、アメリカ航空機産業に対してリードしていた。

1952年5月、BOACは世界初のジェット旅客機であるイギリス・デハビランド社のコメットをロンドン―ヨハネスブルグ間に就航させた。序章図3に見られるように、BOACはその後、極東路線にもコメットを就航させ、ジェット旅客機によるイギリス連邦航空路網を実現した。1952年、BOACが「民間航空にジェット時代を創始する」として世界初のジェット旅客機デハビランド社コメットの運航を始めた。1952年10月には、アメリカのフラッグ・キャリアとして、BOACと競争していたパンナムもコメット購入の契約を結んだ。パンナムのコメット購入は、アメリカ・エアラインの第二次大戦後初の外国機輸入であり、ジェット技術によるイギリス航空機産業の国際市場進出をアメリカ航空界に印象づけた。[49]

コメットの成功には、ヴィッカーズ社のターボプロップ旅客機ヴァイカウントがこれに続いた。運航コストと購入価格の安さをセールス・ポイントとするターボプロップ旅客機ヴァイカウントは、輸出市場における第二次大戦後のイギリス航空機産業の最大の成功となった。ヴァイカウントはBEA、エールフランス、トランスカナダ航空、トランスオーストラリア航空への販売に成功した。[50]

チャーチル保守党政権期、アメリカの財政援助を受けながら、航空機産業振興政策が進展した。その下で、コメット、ヴァイカウントといった旅客機は、ジェット推進を売り物にしてアメリカを含む海外への輸出を伸ばしていった。また、軍用機輸出も、アメリカの域外調達政策の下、順調であった。つまり、民需においては、ジェット旅客機開発により国際市場で一定の地歩築いた時期であり、軍需においても、朝鮮戦争勃発による西欧各国再軍備の下で成長期であったといえる。

第4節　アメリカの対英軍事援助停止

1　米議会 1955 年財政年度英援助予算の紛糾

　デハビランド社のジェット旅客機コメットがパンナム，エールフランスなどと販売契約を結んだ。続いて，ヴィッカーズ社のターボプロップ旅客機ヴァイカウントを米キャピタル航空が大量購入した[51]。これは，イギリス製旅客機が戦後初めてアメリカ市場へ進出したことを意味した。ジェット技術を競争力にイギリス製旅客機はアメリカ市場・国際市場進出を進めた。しかし，こうした成功は，アメリカ議会のイギリス航空機産業に対する危機意識を呼び起こした。この危機意識は，対英航空機財政援助問題（1955財政年度予算審議）に結びついた。1954年3月1・2日，ブリッジ＝サイミントン両上院議員（歳出委員会）は，イギリスを訪問し，イギリス航空機産業に対する調査を実施した。

　1954年7月2日に議会で報告された『イギリス航空機計画へのアメリカの援助』は，次のような論点でアメリカ政府のイギリス航空機計画に対する財政援助を批判した。第一に，米国納税者の税金がイギリス政府の補助金によって手厚く保護されているイギリス航空機産業を直接・間接に支援するために使われている。イギリスが所得税減税，自国航空機産業に対する補助金を支出しているにも関わらず，アメリカの財政資金が用いられている。第二に，この計画（イギリス航空機産業支援計画）は，エンジンメーカー・機体メーカー・エアラインからなるアメリカ航空機産業全体に深刻な脅威を与えている。対外援助が他国の産業基盤を強化するために使われ，それゆえ，アメリカの戦略的産業である航空機産業が損害を受けている。第三に，イギリス空軍に対する財政支援がもたらすイギリス財政の余裕は民間ジェット旅客機開発支援継続を可能にしている，などの諸点である。つまり，イギリス航空機産業支援計画は，エンジンメーカー・機体メーカー・エアラインからなるアメリカ航空機産業全体に深刻な脅威を与えていると結論づけた[52]。

　1954年9月3日付けのアメリカ相互安全保障局イギリス代表からFOA（対外政策局）への長文電報は，対イギリス航空計画援助問題に対するMSA（相互安全保障局）の見解と対応が集約された政府レベルでの合意形成文書であった。

この電報は,「アメリカのイギリス空軍財政援助によって,イギリス政府は民間ジェット航空機開発への補助金支給が容易になった」との論点について,ブラバゾン委員会の方針は,戦時中はアメリカとの合意によりイギリスは戦闘機・爆撃機生産に集中し,戦後の民間航空機市場はアメリカの独占となる,したがって,イギリスはターボジェット,ターボプロップの開発に専念するべきというもので,イギリスの民間航空機開発は戦時中からのものであり,今回の援助とは関連がないことを明確にした。また,イギリスの軍事費は朝鮮戦争前の2倍の規模になっているとして,イギリス空軍援助計画の意義を説明した[53]。

1954年9月29日,MSAイギリス代表ゴードンは,ブリッジ＝サイミントン報告に次のようにコメントした。第一に,「アメリカの援助がイギリス民間ジェット航空機開発の補助金に使われている」という点について,アメリカの援助にはそのような意図はないし,そのような事実もないとして反論した。第二に,「1954財政年度においてFOAは議会の意図した額を越えてイギリスに対する援助を実施した」という点については,1953年7月に議会を通過した予算編成過程にそのような事実はない,と述べた[54]。

2　ジェット旅客機市場における米英逆転

ジェット技術における対米優位を競争力としたイギリス航空機産業の国際市場進出は,1953年から1954年にかけてのBOACが運航するデハビランド社コメットの相次ぐ墜落を契機として暗転する。コメットの事故原因は,金属疲労による胴体破断と判明し,BOACを始め各エアラインはコメットの運航を停止した。この事故は,BOACとデハビランド社の経営悪化を招いただけでなく,ピュアジェット旅客機に対する技術的信用を失墜させ,イギリス航空機産業政策の方向を大きく変容させた。コメット墜落事故まで,BOACはコメットの後継機には,より大型で高速のヴィッカース社のピュアジェット旅客機を予定していた。しかし,1954年以降,BOACは,コメットの相次ぐ墜落により,ピュアジェット旅客機は時期尚早だったのではないかとの懸念から,検討していたヴィッカーズ社のピュアジェット旅客機V1000の購入をキャンセルし,長距離線の主力機材としてブリストル社のブリタニア・ターボプロップ機を就航させることを決定した。BOACのこの調達方針の転換は,メーカー

第 4 節　アメリカの対英軍事援助停止

側の開発にも大きな影響を与えた。ヴィッカース社は，主力機としてヴァイカウントを大型化したヴァンガードに，ブリストル社もブリタニアの大型化を進め，ターボプロップ機に，それぞれ開発の主力を置いた。[55]

こうしたイギリス製ジェット旅客機開発の後退を背景に，1955 年，パンナムのボーイング 707 とダグラス DC8 の大量発注を契機として，アメリカ国内線エアラインだけでなく，ヨーロッパの国際線のエアラインもアメリカ製ジェット旅客機購入に踏み切った。パンナムは，ボーイング 707 とダグラス DC8 を 1958 年中に主要路線である北大西洋路線に就航させることを予定していた。そのため，ヨーロッパ諸国のエアラインは，パンナムに対抗するため先を争ってボーイング 707 とダグラス DC8 を発注した。長距離線の主要機材として，エールフランス（フランス）・サベナ航空（ベルギー）はボーイング 707 を，KLM（オランダ）・スイス航空（スイス）・SAS（スカンジナビア三国）はダグラス DC8 をそれぞれ発注した。米欧エアラインのボーイング 707 とダグラス DC8 の発注により，旅客機分野における技術的・商業的優位は，再びイギリスからアメリカに移行した。[56]

ボーイング 707 とダグラス DC8 による長距離旅客機市場制圧のインパクトはこれにとどまるものではなく，イギリス航空機産業政策の根幹であるフライ・ブリティッシュ政策をも揺るがした。さきに見たように，コメット事故の経験から，BOAC は，ピュアジェット機は時期尚早と考え，ヴィッカース社のピュアジェット旅客機の発注をキャンセルしていた。そのため，国際線で競争する米欧の他のエアラインが，1958 年以降アメリカ製ジェット旅客機を就航させることを予定していたのに対し，BOAC には，これらのエアラインと競争可能な，イギリス製の適当なジェット旅客機がなかったのである。そこで，BOAC は，政府に対して，ボーイング 707 発注の許可を求めた。BOAC のアメリカ製旅客機購入はイギリス議会の反対にあったが，政府は事態の重要性に鑑み，1956 年 11 月，ボーイング 707 へのロウルズ-ロイス・エンジン搭載を条件として，イギリス・メーカーがピュアジェット旅客機を開発するまでの一時的な措置としてではあるが，これを認めた。ロウルズ-ロイス社がヴィッカース社のピュアジェット旅客機 VC10 用に開発したコンウェイ・エンジンを搭載したならば，ボーイング 707 のアメリカ機という印象も薄まるであろうと考

えたのである。[57]

3　アメリカ軍事援助停止とイギリス航空機産業の危機

　上院歳出委員会による批判が契機となり，アメリカ政府のイギリス空軍支援政策は転換していった。アメリカ議会による予算審議の結果，当初の航空機特別計画の要求7500万ドルに対して，最終的に歳出が認められたのは3500万ドルとなった。[58] 1955年，1956会計年度MSA予算審議においても対英援助をめぐって議会が反発し，自国産業保護の観点からの制約が強化されていった。政府活動に対する調査委員会であるフーバー委員会は，イギリス製戦闘機の審査を開始した。フーバー委員会は，イギリスからの域外調達を非難した。[59] フーバー委員会が域外調達契約に指定されていたイギリス戦闘機を審査した結果，アメリカ軍の要求水準に達しないと判断され，イギリス製ジャベリン戦闘機に対するアメリカからの支払いが停止された。1956年2月には，ジャベリン戦闘機に対する支払い拒否が通告され，アメリカによるイギリス戦闘機調達支援は停止された。

　アメリカからの財政援助がこの時期のイギリス経済および再軍備にもった意味は次のようである。1億800万ドル（3900万ポンド）のプランK援助削減は，イギリスの15億ポンドの軍事予算からすれば小さいようにもみえるが，イギリスの金外貨準備23億ポンドからすると20分の1にあたる。軍事援助がなければ，国際収支は，1954年は1億6000万ポンドの黒字，1955年は1億3300万ポンドの赤字となる。プランK援助は，イギリス経済の3つの根本的弱点である，①主に政府支出を要因とするインフレ傾向，②不十分な生産投資─防衛・輸出・投資間の競合が見られる，③不安定な国際収支，を補うものであった。1億800万ドルは次の3つの要素からなる。第一に，当初ジャベリンⅣ購入用予算であった6400万ドル，第二に，コーポラル・ミサイル購入用予算である3000万ドル，第三に，イギリス空軍用ハンター戦闘機購入用予算である1400万ドルである。プランK援助続行をアメリカに求めるには，2つの障害がある。第一に，アメリカの軍事技術要求を納得させられる近代的に発達した兵器を生産する能力がイギリスにはないことであり，第二に，イギリスの軍事予算が削減されるとアメリカ側に伝えられていることである。[60]

1956年10月，マクミラン（Harold Macmillan）蔵相は，イーデン首相に次のように伝えた。アメリカ政府はプランK援助の残額1億800万ドル（3900万ポンド――内訳はジャベリン戦闘機6400万ドル，未決定分4400万ドル）の支払い拒否を検討している。ジャベリン戦闘機についてはキャンセルを考えている。拒否の理由は2つある。第一に，ジャベリン戦闘機がアメリカの要求水準に合致するかどうかの疑いがあり，第二に，イギリスが，軍事費をこの援助を正当化できないほどに削減するという見込みである。ジャベリン戦闘機の契約は，それ自身にとどまらず，ベルギーへの売り込みにおいても重要である[61]。

　こうした状況下で，スプートニク・ショックが起こり，米ソはミサイル開発競争に乗り出した。スエズ危機後発足したマクミラン内閣は，財政危機・国際収支危機のさなか，緊急のミサイル開発の必要性に迫られた。しかし，アメリカが現在の規模の軍事援助を停止した場合，イギリスは，1958年以降現在の軍事戦略を継続できないことを空軍省は認識していた[62]。

　スエズ危機後に成立したマクミラン保守党政権は，アメリカの軍事援助停止という条件下で帝国の軍事産業基盤を維持するため，『1957年国防白書』という新軍事戦略およびそれを支える軍事産業基盤としての航空機産業の再編・合理化に取り組まなければならなかった。

おわりに

　イギリスは第二次大戦戦時中から戦後を視野に民間航空機開発を進め，軍事・民間の航空機産業育成を図った。第二次大戦中に策定されたブラバゾン計画は，航空機産業を軍事産業基盤として維持し，帝国航空路をイギリス製輸送機によって運航する意志を示した計画で，イギリス帝国再建の方向性を位置づけるものであった。イギリスは第二次世界大戦後も帝国再建・維持の意図を保持しつづけ，その中核が航空機産業育成であった。しかし，戦後，アトリー労働党政権の下で当初の公式の政策とされたフライ・ブリティッシュ政策は，アメリカ機の優越性により動揺した。チャーチル保守党政権は，空軍近代化計画（プランK）を軍事戦略の中心に据えたが，その軍事的基礎（核抑止力）であったV型爆撃機（ヴァルカン，ヴァリアント，ヴィクター）は，アメリカの軍事援

助により支えられていた。MSA 援助と域外調達政策は，財政危機にあったイギリス再軍備・空軍近代化計画の梃子であった。1950 年代前半，軍用機部門においては，アメリカの軍事援助の下で，空軍中心の核抑止力建設，域外調達政策による軍事輸出を行った。民間機部門では，ジェット技術における優位性を武器に競争力を回復した。

しかし，アメリカ政府のプラン K 援助は，イギリスのジェット旅客機がアメリカのレシプロ旅客機に対して一定のリードをするようになると，アメリカ議会の反発を受けた。アメリカ議会はアメリカ政府に対して，イギリスへの軍事援助がイギリス旅客機支援に使用されていると理由づけて非難をした。その後，フーバー委員会（元大統領フーバーを委員長とする政府活動調査委員会）によるイギリス製戦闘機ジャベリンに対する審査が行われ，プラン K 援助は停止された。チャーチル＝イーデン保守党政権の帝国再建策はアメリカの軍事援助に依存していた点で脆弱性を有していたといえよう。1950 年代後半には，軍用機部門ではアメリカの対英軍事援助停止により軍事予算が危機に陥り，民間機部門ではボーイング 707・ダグラス DC8 などアメリカ・ジェット旅客機が商業覇権を奪還した。アメリカの対英軍事援助の停止は，帝国再建政策再編をうながし，サンズによる『1957 年国防白書』公表にいたった。この白書は，ミサイル開発を進め，そのために有人軍用機の開発を中止することを内容としていた。マクミラン政権は，航空機産業政策として，機体メーカー，エンジン・メーカーは各 2 社に統合し，軍民にわたる開発計画を開始した。ここから，イギリス航空機産業のアメリカ航空機産業からの自立をめぐる最終局面が始まっていった。

---

1 Louis, William Roger, *Imperialism at Bay: The United States and the Decolonization of the British Empire, 1941-1945* (New York: Oxford University Press, 1978). 坂井昭夫『国際財政論』（有斐閣，1976 年）。油井大三郎「帝国主義世界体制の再編と『冷戦』の起源」『歴史学研究』別冊，1974 年。

2 Cain, P. J. and A. G. Hopkins, *British Imperialism: Crisis and Deconstruction 1914-1990* (London and New York: Longman, 1993). ケイン＝ホプキンス（木畑洋一・旦祐介訳）『ジェントルマン資本主義の帝国 II』（名古屋大学出版会，1997 年），199 ページ。

3 Barnett, Correlli, *The Lost Victory: British Dreams, British Realities 1945-1950* (London:

Pan Books, 1996); Edgerton, David, *England and the Aeroplane: An Essay on a Militant and Technological Nation*（London: Macmillan Academic and Professional Ltd, 1991）.
4 Australian Government, Department of Foreign Affairs and Trade, Historical Publications, 28 Curtin to Churchill, http://www.info.dfat.gov.au/info/historical/HistDocs.nsf/(LookupVolNoNumber)/6~28（2009年7月30日取得）. USNA, RG59, E1548, Box3, "Memorandum of Government Assistance to Commercial Aircraft Production in the United Kingdom," April 1, 1954. Slesser, John, *The Central Blue: Autobiography of Sir John Slesser, Marshall of RAF*（New York: Frederick A. Praeger, 1957）, pp. 409-410.
5 Phipp, Mike, *The Brabazon Committee and British Airliners, 1945-1960*（Gloucestershire: Tempus Publishing, 2007）, p. 15.
6 Hayward, Keith, *The British Aircraft Industry*（Manchester, 1989）, pp.39-40.
7 TNA, CAB66/34/33, WP（43）83, "Civil Air Transport," February 24, 1943.
8 TNA, CAB65/33/35, WM（43）35th Conclusions, February 25, 1943.
9 Hayward, *Industry, op. cit.*, pp.39-40. 石川潤一『旅客機発達物語』（グリーンアロー出版社, 1993年）, 93ページ。
10 TNA, CAB66/43/32, WP（43）532, "Design and Construction of Post-War Civil Aircraft," November 22, 1943.
11 TNA, CAB66/43/37, WP（43）537, "Post-War Civil Aviation," December 3, 1943.
12 TNA, CAB65/36/35, WM（43）167th Conclusions, December 8, 1943.
13 TNA, CAB65/43/30, WM（44）114th Conclusions, September 1, 1944.
14 TNA, CAB66/57/11, WP（44）611, "Comparative Performances of British and American Civil Transport Aircraft," November 1, 1944.
15 TNA, CAB66/58/40, WP（44）690, "A Comparison of British and American Transport Aircraft," November 27, 1944.
16 TNA, CAB65/44/43, WM（44）173rd Conclusions, December 21, 1944.
17 Hayward, *Industry, op. cit.*, p.41.
18 Ministry of Civil Aviation, *British Air Services*（London: HMSO, 1945）, Cmnd. 6712.
19 TNA, CAB129/12, CP（46）317, "Civil Aircraft Requirement," August 2, 1946.
20 TNA, CAB128/6, CM（46）77th Conclusions, August 7, 1946.
21 BOACは，1945年2月，北大西洋航路用に5機のロッキード社コンステレーションを購入していた。TNA, CP（46）317, "Civil Aircraft Requirement." August 2, 1946.
22 TNA, CAB128/9, CM（47）37th Conclusions, April 17, 1947.
23 TNA, CAB129/18, CP（47）134, April 21, 1947.
24 TNA, CAB128/9, CM（47）38th Conclusions, April 22, 1947.
25 TNA, CAB128/12, CM（48）30th Conclusions, April 29, 1948.
26 TNA, CAB129/28, CP（48）179, "The Civil Aircraft Programme," July 9, 1948.
27 TNA, CAB129/28, CP（48）182, "Future of the Tudor Aircraft and of the 'Fly British' Policy," July 10, 1948.
28 TNA, CAB128/13, CM（48）51st Conclusions, July 15, 1948.
29 *Aviation Week,* January 21, 1952, pp.15-16.
30 RG59, E1548, Box2, "Subject: Meeting 500 PM. 10 January in Mr. C. E. Willson's office

第1章　戦後イギリス航空機産業と帝国再建

with U.K. Representatives to Discuss Operation Dovetail."
31　Baylis, John, *Anglo-American Defence Relations, 1939-1984* (London; Marmillan 1981), p. 50.
32　USNA, RG59, E1548, Box3, "British 'Super-Priority' Aircraft Program," April 8, 1952; USNA, RG59, E1548, Box3,"The United Kingdom 'Super-Priority' Scheme for Armament Production."
33　*Aviation Week*, March 10, 1952, pp.13-14
34　U.S. Congress, Report of the Senate Appropriations Committee, *United States Aid to British Aircraft Program*, 83d Cong., 2nd Sess. (Washington D.C.: GPO, 1954, 以下, *US Aid*), p.13.
35　TNA, CAB129/53, C (52) 214, "Aircraft for North Atlantic Treaty Forces: Offshore Purchases by the United States in Europe," Memorandum by the Secretary of State for Foreign Affairs (A.E.), June 25, 1952.
36　TNA, CAB128/25, CC (52) 63rd Conclusions, June 26, 1952.
37　*US Aid*, p.21.
38　*Ibid.*, p.19.
39　USNA, RG56, Office of the Assistant Secretary for International Affairs, UK9/11, "Agreed Minutes of a Meeting held at George V Hotel Paris on 23rd April, 1953."
40　*US Aid*, p.14
41　*US Aid*, p. 1.
42　*US Aid*, pp. 14-15.
43　*US Aid*, p. 1.
44　*Aviation Week*, September 14, 1953 pp.22-24; May 4, 1953, p. 17.
45　Hayward, *Industry, op cit.*, p.41.
46　石川潤一『旅客機発達物語』(前掲), 101 ページ。
47　TNA, CAB129/50, C (52) 58, "Brabazon and Princess Aircraft," Memorandum by the Minister of Supply, March 3, 1952.
48　田村俊夫「大西洋にかけた夢――ブリストル・ブラバゾン」『航空情報』1975年5月号, 91ページ。
49　*Aviation Week*, October 27, 1952, pp.13-14, March 2, 1953, p.251.
50　*Aviation Week*, March 2, 1953, pp.250-251; September 13, 1954, pp.99-101; Hayward, *Industry, op cit.*, p.54.
51　USNA, RG59, E1548, Box2, "Capital Airlines $45 Million Purchase of British Commercial Transports."
52　*US Aid*, p.30.
53　USNA, RG59, E1548, Box3, "Mission Comments on Senate Appropriations Committee Staff Report 'United States Aid to British Aircraft Progrm,'" September 3, 1954.
54　USNA, RG59, E1548, Box3, "USOM/UK Comment on Senate Committee Report on Aid to UK Aircraft Industry," September 29, 1954.
55　*Aviation Week*, June 22, 1953, pp.91-92; Hayward, Keith, *Government and British Civil Aerospace: A Case Study in Post-War Technology Policy* (Manchester: Manchester Universi-

ty Press, 1983), pp.22–23.
56   *Aviation Week*, November 4, 1957, p.41; Haywayd, *Government, op cit*., p.21.
57   Hayward, *Government, op cit.*, pp.23–24
58   TNA, T225/1566, "U.S. Aid."
59   USNA, RG59, E1548, Box2, "American Aviation Daily," August 25, 1955.
60   TNA, AIR2/12871, "Plan K Aid."; TNA, AIR2/12871, "Aide-Memoire on Plan K Aid."; USNA, RG56, UK9/14, American Embassy, London to the Department of State, Washington, October 25, 1956.
61   TNA, PREM11/1276, Harold Macmillan to Prime Minister, "Plan K Aid." October 30, 1956.
62   TNA, AIR2/12871, "The R.A.F. Programme in relation to American Aid," January 13, 1956.

第2章

アメリカ航空機産業のジェット化をめぐる米英機体・エンジン部門間生産提携の形成
―― 1950-1960 年 ――

はじめに

　アメリカ航空機産業が，1950年代後半から1960年代前半にかけて大きな変貌を遂げたことは，一般に知られている。この問題は，軍産複合体の形成，スプートニク・ショックからキューバ危機にかけての米ソの軍事的緊張といった戦後アメリカ史を考えるうえでの中心的なテーマと深く関わるだけに，とりわけ重大な意味をもつといえる。そこで，本章は，第二次大戦後の航空機産業の展開を，ジェット化（レシプロ推進からジェット推進への移行）をめぐる米英の航空機産業の展開に焦点を当てて分析することとする。

　研究史をふりかえると，第二次大戦後のアメリカ航空機産業の発展は，主に朝鮮戦争後における冷戦のエスカレーションの中でのアメリカ航空機産業の航空宇宙産業への構造変化という問題意識から，軍産複合体の形成に関する議論と重なり合いながら，産業組織論，経済史，経営史の分野でなされてきた。朝鮮戦争後のアメリカ航空機産業の構造変化は，①ステクラー（Herman O. Stekler）によれば，主に航空機をつくっていた段階から，エレクトロニクス生産を含む多様な活動（ミサイル・宇宙計画）をする段階への移行と，製品製造から研究開発への活動重点の移動という2点によって特徴づけられ，②シモンソン（G. R. Simonson）によれば，ミサイル・ショックと宇宙計画によって引き起こされた航空機メーカーの「創造的破壊（Creative Destruction）の過程とし

て描かれ，③レイ（John B. Rae）によれば，「航空から航空宇宙へ」として，製品の重点の，航空機からミサイル・宇宙計画への移行として説明されている。[1]

航空機産業の構造変化の内容としては，(a) 政府調達（軍需）の戦闘機・爆撃機からミサイル・宇宙計画への急激なシフト，(b) 民間旅客機市場のジェット化，(c) 製品全体に占めるエレクトロニクス部分の増大，という生産される製品の3つの質的変化によって特徴づけられる。また，当時の航空機産業の売り上げに占める (a) 軍需の割合が90％以上と突出していることをもって，(a) 政府調達の戦闘機・爆撃機からミサイル・宇宙計画への急激なシフトを，この時期の航空機産業の構造変化の決定的な契機と見なしていることについて，ステクラー，シモンソン，レイの3者は，意見が一致している。

しかし，著者は，朝鮮戦争後における航空機産業の構造変化──(a)・(b)・(c)──のその後の連関を明らかにするためには，軍需のミサイル・宇宙計画化を中心とした従来の研究に対し，(b) 民間旅客機市場のジェット化が，航空機産業における軍需と民需の関係・アメリカ航空機産業とイギリス航空機産業の関係の変化にとってもった意義を分析することとしたい。

ジェット化に関する従来の経営史・産業史的研究，社史をふりかえると，[2]ジェット化に逡巡して乗り遅れたダグラス社・ロッキード社と，ジェット化に成功し，新たに形成されたジェット旅客機市場を制圧したボーイング社を対比的に論じ，そうした対照を引き起こした経営陣の意思決定過程を重視しており，ボーイング社に優位をもたらした背景となるボーイング707とKC135（ボーイング707と同型の軍用輸送機）の相関関係が重視されてきた。

以上の研究をふまえ，著者は，第一に，技術的・商業的ジェット化は，アメリカ航空機産業とイギリス航空機産業との世界市場の再分割競争の過程であり，第二に，ジェット化をめぐる競争は，機体メーカーとエンジンメーカーとの生産提携関係を契機として争われたものであって，機体メーカーだけでなくエンジンメーカーも能動的な役割を果たしたのである，という2点を明らかにしたい。こうした分析を通じて，ジェット化を契機としたアメリカ航空機産業の構造変化というテーマへの考察を加えたい。以下，第1節では，軍用機契約のジェット化をめぐる機体部門・エンジン部門のメーカーの再編と機体・エンジン生産提携の形成過程を検討する。第2節では，軍用機契約における機体・エン

ジン生産提携を契機として旅客機市場のジェット化がどのように進展したか考察する。第3節では，ジェット世代の民間旅客機市場の生産構造とそこでの機体・エンジン部門間関係を考察し，その新たな構造の下でのイギリス・エンジン部門の新たな役割について検討する。なお，本章は，アメリカ航空機産業の動態については業界雑誌『アビエイション・ウィーク』年次特集『航空力年次報告』各年度版とアメリカ議会資料，エンジンメーカーの動向については機械振興協会経済研究所『世界航空用エンジンの歴史と現況』に主に依拠した。[3]

第1節 軍用機のジェット化をめぐる機体・エンジン生産提携

1 機体生産とエンジン生産

　航空機の生産過程は，異なる産業分野にまたがる多くの部位・部品が，機体に組み立てられていく，アセンブリーの過程である。航空機の生産過程においては，完成生産物である航空機を製作するために，多くの製造業者が協力して作業し，生産提携関係を取り結んでいる。そのような製造業者の中でも，機体メーカーとエンジンメーカーは，サブ・コントラクターの生産過程を指揮・監督し，サブシステムの統合をおこなうプライム・コントラクターという特別の役割を担っている。航空機の生産は個別受注による多品種少量生産方式が一般的であり，部品は小ロットサイズのロット生産でつくられ，機体の組立には連続生産方式が適用されている。生産にあたっては部品点数と種類が多く，使用材料，および加工法も多岐にわたり，受注から出荷までの期間が長いことにより厳密な生産計画に基づく工程管理，日程管理，品質管理が必要とされる。

　機体メーカーとエンジンメーカーは，上記のような，生産過程の技術的編成の側面における指揮・監督者の地位に基づいて，生産過程の経済的編成の側面においても，サブ・コントラクターを統轄する役割を担っている。生産過程の経済的編成とは，なによりも機体・エンジンという完成生産物の販売を掌握することにより，サブ・コントラクターには，製品の購入者として相対し，引渡価格・納期・性能などの契約条件において有利な立場に立つとともに，新機種・新エンジンの開発計画を主導することにより，参加企業の選定・開発部分の割り振り・開発資金の分担において，サブ・コントラクターに対して統括者

第2章 アメリカ航空機産業のジェット化をめぐる米英機体・エンジン部門間生産提携の形成

として振る舞うのである。航空機の生産過程においては，最終組立者である機体メーカー・エンジンメーカーが，完成生産物である機体・エンジンを開発・生産・販売するために，他の製造業者を，技術的・経済的に編成することが，特徴的である。生産過程における企業間の提携関係は，部分生産物を機械的に組み立てるタイプの製造業では一般に見られる現象である。

　航空機は，その歴史を通じて，より速く，より高く，より遠くに，より大量に運ぶことを技術的進化の基本線としながら，絶えざる技術革新を経験してきた。航空機の技術革新の過程においては，日々の製品改良に基づくプロセス・イノベーションと，複葉機から単葉機への，レシプロ推進からジェット推進への，というような技術体系の根底的な変革をもたらすようなプロダクト・イノベーションが，手を携えて進行した。後者のプロダクト・イノベーションは，一方では，必要資本量の増大と企業数の減少・集中化をもたらし，他方では，技術体系の変革を伴う，産業部門内部での企業の地位と産業部門相互の関係変化をもたらしてきた。製品の技術的構成の変化が引き起こす生産過程における産業部門間関係の変化，これが航空機産業の経験したプロダクト・イノベーションの特徴である。

　ジェット化に際しては，機体部門とエンジン部門は，製品の性質に基づく，以下のような生産提携関係を結んだ。機体とエンジンはセットになっていないと航空機という完成生産物として機能しないという点で，部分生産物として，相互に補完的な性質をもっている。このため，ジェット導入期においては機体に対するエンジンの互換性が成立していないという条件のもとに，機体メーカーとエンジンメーカーは，技術的協力関係を取り結びながら，ジェット化に乗り出した。機体の性能はエンジンに，エンジンの性能は機体に制約されるという技術的関係を前提として，機体メーカーとエンジンメーカーは，政府・エアラインへの航空機売り込みに，利益共同体として関係を結びながら，注力した。機体の売り込みに際しては，エンジンメーカーがどのような販売条件・融資条件をアレンジすることができ，エンジンがどの程度，エアラインが要求する性能を満たすかが，受注の成否を決することになったし，エンジンの販売量はそれが搭載された機体の市場での成功の度合いに規定された。機体メーカーとエンジンメーカーは，生産過程において——エンジンの生産過程が機体の生産過

表1　アメリカ空軍戦闘機契約の集中化

機体		エンジン		朝鮮戦争期				朝鮮戦争後				
メーカー	機種	メーカー	機種	1953	54	55	56	1957	58	59	60	61
リパブリック	F84	ライト	J65	○	○	○	○					
ノースアメリカン	F86	GE	J47	○	○	○	○					
ノースロップ	F89	GM	J35	○	○	○	○					
ロッキード	F94	P&W	J48	○	○							
ノースアメリカン	F100	P&W	J57			○	○	○	○	○		
マクダネル	F101	P&W	J57					○	○	○		
コンベア	F102	P&W	J57			○	○	○	○	○		
ロッキード	F104	GE	J79									
リパブリック	F105	P&W	J57					○		○	○	○
コンベア	F106	P&W	J75							○	○	○

注）年は，財政年度。1953財政年度までは朝鮮戦争の戦時調達期。
出典）『アビエイションウィーク』（『航空力年次報告』各年度版）。

程に包摂される形態で——提携関係を結びつつ，軍用機・民間旅客機のジェット化に乗り出していった。

2　戦闘機契約の集中化とエンジン部門の再編

表1は朝鮮戦争期から戦後にかけてのアメリカ空軍戦闘機契約の集中化の過程を『航空力年次報告』各年度から作成したものである。まず目につくのは，ノース・アメリカン，ノースロップなどの第二次大戦期・朝鮮戦争期までの伝統的な戦闘機メーカーが空軍の主契約者から脱落し，下請化していく機体メーカーの集中であろう。ただし，民間ジェット旅客機開発との関連で見過ごしてはならないのは，表1に見られる朝鮮戦争後の戦闘機エンジン契約の集中化である。この集中化の特質を，遠心式から軸流式へのジェットエンジンの技術革新との関連において検討しよう。

表2は，遠心式（推力1万ポンド未満）から軸流式（推力1万ポンド以上）にかけての各エンジンメーカーの主力エンジンを示した表である。レシプロエンジンが主流の第二次大戦期までは，アメリカのエンジン開発・生産において，カーチス・ライト社とP&W社の二大メーカーが支配的な地位を占めていた。しかし，朝鮮戦争が勃発し，戦闘機・爆撃機のジェット化が始まると，ジェットエンジン技術で先行するGE社がアメリカ空軍の主力戦闘機であったF86に

第2章　アメリカ航空機産業のジェット化をめぐる米英機体・エンジン部門間生産提携の形成

表2　各メーカーの遠心式・軸流式の主力ジェット・エンジン

メーカー	遠心式エンジン		軸流式エンジン	
	エンジン名	ライセンス元	エンジン名（軍用）	民間バージョン
カーチス・ライト	J65	ブリストル・シドレー（英）サファイア		
P&W	J48	ロウルズ－ロイス（英）ニーン	J57	→ JT3
GE	J47	自社開発	J79	→ CJ805
GM	J35	GE J35	T56	→ 501

出典）　機械振興協会経済研究所『世界航空用エンジンの歴史と現況』5-44ページ。

搭載するJ47の契約を獲得するなど，軍用ジェットエンジン契約の有力メーカーに成長した。朝鮮戦争期の戦闘機・爆撃機のジェットエンジン需要は膨大であったため，ジェットエンジン技術を持っていなかったカーチス・ライト社とP&W社はイギリス・メーカーからのライセンス供与によりJ65・J48を生産した。また，GM社がGE社のJ35をライセンス生産しジェットエンジン技術を急速に習得した。

朝鮮戦争期には，1万ポンドクラスの推力の出力が可能な軸流エンジンの開発をめぐって各メーカーが技術開発競争を繰り広げた。P&W・GEはそれぞれJ57・J79を開発し，表1に見るようにジェット戦闘機エンジンの二大メーカーとして支配的地位を確保した。これに対して，カーチス・ライト社，GM社は，戦闘機エンジンの契約を失っていった。

3　軍用機のジェット化を契機とする機体・エンジン生産提携の形成

表3は大量報復戦略期から柔軟反応戦略期にかけてのアメリカ空軍爆撃機契約の集中化の過程を，『航空力年次報告』各年度版から作成し，表示したものである。爆撃機契約においては，すでに朝鮮戦争期からジェット化が始まっており，ボーイング社B47／GE社J47，マーチン社B57／ライト社J65，ダグラス社B66／GM社J71，ボーイング社B52／P&W社J57〉（以下，機体・エンジンの生産提携を，機体メーカー・機体／エンジンメーカー・エンジンという形式で略記することとする）が契約を獲得していたが，スプートニク・ショックによる爆撃機からミサイルへの核兵器の主要運搬手段の転換に伴い，1958財政年度ま

第1節　軍用機のジェット化をめぐる機体・エンジン生産提携

表3　アメリカ空軍爆撃機契約のジェット化と集中化

機体		エンジン		朝鮮戦争期				朝鮮戦争後				
メーカー	機種	メーカー	機種	1953	54	55	56	1957	58	59	60	61
コンベア	B36	P&W	R4360	○	○							
マーチン	B57	ライト	J65	○	○	○	○					
ダグラス	B66	GM	J71	○	○	○	○	○				
ボーイング	B47	GE	J47	○	○	○	○	○				
ボーイング	B52	P&W	J57	○	○	○	○		○	○	○	
コンベア	B58	GE	J79							○	○	○

注）エンジン名称のRはレシプロ，Tはターボプロップ，Jはピュアジェットを示している。
出典）表1に同じ。

表4　アメリカ空軍輸送機契約のジェット化と集中化

機体		エンジン		朝鮮戦争期				朝鮮戦争後				
メーカー	機種	メーカー	機種	1953	54	55	56	1957	58	59	60	61
ダグラス	C124	P&W	R4360	○	○	○						
ダグラス	C118	P&W	R2800	○	○							
ボーイング	KC97	P&W	R4360	○	○	○	○					
ロッキード	C121	ライト	R3350	○	○							
ロッキード	C130	GM	T56	○	○			○	○	○	○	○
コンベア	C131	P&W	R2800				○					
ダグラス	C133	P&W	T34				○	○	○			
ボーイング	KC135	P&W	J57				○	○	○	○		○

注）エンジン名称のRはレシプロ，Tはターボプロップ，Jはピュアジェットを示している。機体名称のCは輸送機，KCは給油機を示している。給油機は輸送機に転用可能である。
出典）表1に同じ。

でに，ボーイング社B47／GE社J47，マーチン社B57／ライト社J65，ダグラス社B66／GM社J71は生産を打ち切られ，ボーイング社B52／P&W社J57，GD社B58／GE社J79の2組の機体・エンジン生産提携が契約を二分し，機体部門ではダグラス社，マーチン社，エンジン部門ではGM社，カーチス・ライト社が脱落していった。

表4は大量報復戦略期から柔軟反応戦略期への，アメリカ空軍主力輸送機のジェット化と集中化の過程を『航空力年次報告』各年度をもとに作成し，表示

第 2 章　アメリカ航空機産業のジェット化をめぐる米英機体・エンジン部門間生産提携の形成

したものである。表4から，技術的にはジェット推進への移行をめぐって，輸送機契約においては，ロッキード社 C130／GM 社 T56，ボーイング社 KC135／P&W 社 J57 の 2 組の機体・エンジン生産提携が契約に生き残り，ダグラス社，カーチス・ライト社が軍用輸送機の契約から脱落し，GD 社，GE 社は輸送機契約を獲得できなかったことがわかる。[4]

　アメリカ空軍爆撃機・輸送機契約の集中化を小括すると，次のようになる。爆撃機契約においては，ボーイング社 B52／P&W 社 J57，GD 社 B58／GE 社 J79 が，軍用輸送機契約においては，ロッキード社 C130／GM 社 T56，ボーイング社 KC135／P&W 社 J57 のそれぞれ 2 組の機体・エンジン生産提携が，契約に生き残った。このように，1950 年代前半，ミサイル・ショックと並行して進展した爆撃機・輸送機のジェット化・契約集中化の中で，ボーイング社／P&W 社，ロッキード社／GM 社，GD 社／GE 社の機体・エンジン生産提携が形成されていった。

　軍事契約における，ジェット化を契機とした機体・エンジン生産提携の組み合わせが，旅客機市場のジェット化の原動力となるものであり，機体メーカーにとっても，エンジンメーカーにとっても，爆撃機・輸送機契約において獲得したジェット技術の民間旅客機への転用が，民間機市場の競争における決定的な競争力になっていった。ミサイル・ショックにより，軍事契約全体に占める割合が低くなったとはいえ，爆撃機・輸送機契約は，民間市場における競争力を確保するための強力な条件であった。

　この軍用輸送機，爆撃機のジェット化をめぐる受注の確保は，民間旅客機のジェット化に乗り出す機体メーカー，エンジンメーカーにとって技術的に大きな意味をもっていた。民間旅客機に直接転用が可能な軍用輸送機と同じく，ジェット爆撃機もジェット旅客機の開発・製造において多くの共通性が存在したからである。この技術的共通性は，とりわけ，機体メーカーとエンジンメーカーの生産提携関係において重要な意味をもっていた。主翼，胴体，エンジン配置の設計など，ジェット旅客機の開発の中心的な技術的困難は，機体メーカーとエンジンメーカーとの協力を必要とするものであり，その際に，軍用輸送機，爆撃機の開発・生産において提携関係を結んだ機体・エンジン生産提携関係が有効に作用したからである。[5]

第2節　機体・エンジン生産提携と旅客機市場のジェット化

1　旅客機のジェット化の3つの選択肢

　1940年代後半から1950年代初頭にかけて，第二次大戦中に生産された軍用輸送機の民間旅客機への転用（ダグラス社DC3, DC4，ロッキード社コンステレーション）によって，レシプロ世代の旅客機市場が，形成されていた。1952年の英デハビランド社製ピュアジェット・コメット1の国営エアラインBOACへの就航は，アメリカのメーカーとエアラインに大きな衝撃を与えた。これは，ジェット機を擁するイギリスのメーカー及びエアラインが，アメリカとヨーロッパの市場に進出してくることを意味していたからである。この衝撃（「コメット・ショック」）を契機として，アメリカのメーカーとエアラインはジェット化を模索するようになる。しかし，民間旅客機市場のジェット化は，直線的には進展せず，一進一退の様相を呈していた。「コメット・ショック」に対して，アメリカのメーカーとエアラインは，分裂した反応を示した。国際線，とりわけ当時の基幹ルートであった北大西洋航路（ニューヨーク―ロンドン航路）で，アメリカのフラッグ・キャリアとして，BOACと競争していたパンナムは，高速で，大量の旅客を運ぶことのできるジェット機を必要としていた。そして，アメリカのメーカーにジェット機開発への着手を促す意味も込めて，デハビランド社コメット1を購入した。機体メーカーのダグラス社・ボーイング社は，イギリス航空機産業に対抗して，1952年中にそれぞれジェット旅客機DC8と707の開発を発表した。これに対してエアライン側の反応は冷たかった。ピュアジェット機を必要としたパンナムとは対照的に，国内線大手であるユナイテッド航空とアメリカン航空は，国際線におけるBOACのジェット機との競争圧力もなく，さらなるコスト増加と過剰輸送能力を引き起こす可能性をもち，当時，主力機となりつつあったDC7などのターボコンパウンド機をはじめとするレシプロ機の急速な陳腐化を自らもたらすことになるジェット旅客機の導入を回避したいと考えていた。

　ジェット推進はレシプロ推進に比べ，多くの旅客，貨物を，より速くより長い航続距離をもって運ぶことが期待されてはいたものの，開発に要する莫大な

第 2 章　アメリカ航空機産業のジェット化をめぐる米英機体・エンジン部門間生産提携の形成

資金と技術的不確実性のためにどのメーカー，エアラインも，二の足を踏んでいた。レシプロ世代の旅客機の次に，いかなる技術を主力とするどのような市場構造がいつ頃，形成されるか，1950年代前半の時期にはまだ確定していなかった。

　1950年代末からどのような方式のエンジンが主流になるのかということについては次のように大きく3つの選択肢があった。第一に，ピュアジェットエンジンである。ボーイング社707／P&W社JT3，ダグラス社DC8／P&W社JT3，GD社880／GE社CJ805があり，高温・高圧の排気ガスを高速で後方に噴出してその反作用で推力を得る形式のエンジンであった（本章では，ターボプロップエンジンと区別して，ピュアジェットと呼称する）。第二に，ターボプロップエンジンである。ロッキード社エレクトラ／GM社501があり，ターボジェットエンジンの中でも，排気ガスをタービンに吹き付けてその噴出エネルギーを回転力に変え，出力（馬力）として取り出す種類のエンジンで，プロペラを駆動する方式のものであった。第三に，ターボコンパウンドエンジンである。ダグラス社DC7／ライト社R3350，ロッキード社1049・1649／ライト社988TCがあり，レシプロエンジンではあるものの，従来のピストンエンジンでは排気ガスとともに逃げてしまう内燃エネルギーを活用するために，高温のガスでタービンを回し，それによって過給機（スーパーチャージャー）の運転能力を引き出し，この力で直接，エンジン，プロペラを回転させる方式を採っており，ターボプロップに匹敵する速度を出すことが可能であった。ターボコンパウンド機とターボプロップ機の速度は匹敵しており，技術革新の程度としては第一のピュアジェットと第二，第三のターボコンパウンド，ターボプロップとの間に大きな断絶があった。

　まず，メーカー側から見た技術選択の3つの選択肢の経済的意味を考察する。メーカーはエンジン技術を選択するにあたって，一方において，軍用輸送機，爆撃機契約において経験を積んだ技術に，他方において，民間旅客機市場における自社の地位に規定されていた。軍用輸送機，爆撃機契約と各機体メーカー，エンジンメーカーの技術選択の関係および機体・エンジン生産提携関係は，以下のようであった。

　ユナイテッド航空とアメリカン航空は，前述したようなジェット化への躊躇

第2節　機体・エンジン生産提携と旅客機市場のジェット化

から，1952年にDC8ピュアジェット機の開発を発表していたダグラス社に要請し，DC8の開発を断念させた。両エアラインは，前述した動機により，コスト増加と過剰輸送能力を引き起こし，さらには主力機として多数保有しているレシプロ機の急速な陳腐化をもたらすジェット旅客機時代の到来を遅らせたいと考えていた。両エアラインは，DC8ピュアジェット旅客機の開発を発表していたダグラス社にDC8の開発中止を要請し，これに応えたダグラス社は，DC8の開発を中止することを発表した。このため，同社は，ターボコンパウンド機DC7に社運を賭けることになった[6]。

ダグラス社社長ドナルド・ダグラス（Donald Douglas）は，1953年の動力飛行50周年記念集会の席上で，DC8の開発を中止することを発表し，同社は，ターボコンパウンド機ダグラス社DC7／ライト社9723TCに社運を賭けることになった。これはなによりも，同社の主力機であったレシプロ機の急速な陳腐化を自らもたらすジェット化を回避しようとしたことと，第二に，軍用輸送機・爆撃機市場でジェット機の契約を確保していなかったため，ジェット機を開発するのが困難であったことが理由として考えられる。ダグラス社は1955年に再びDC8の開発を発表するまで，社の主力機をターボコンパウンド機DC7においていた。ダグラス社社長，ドナルド・ダグラスは1953年度の年次営業報告書においても「ジェット旅客機が燃費問題を解決するまで，少なくとも数年はDC7が内外のエアライン市場の必要を満たすであろう」と述べ，燃費問題を理由として，社の主力機をDC7に置くことを説明している[7]。エンジンメーカーでは，カーチス・ライト社が，第1節で見たように，ジェットエンジンの開発に乗り遅れたため，ターボコンパウンドエンジンの開発・生産に集中した[8]。

これに対して，ボーイング社，GD社，P&W社，GE社は，爆撃機，軍用輸送機で習得したジェット技術を基礎としてピュア・ジェットの開発に取り組んだ。ボーイング社は，B47，B52ジェット爆撃機を生産し，ジェット技術に関する経験を背景に，1952年，民間，軍事両用のジェット輸送機のプロトタイプ367-80ピュアジェット機の開発を決定した。ボーイング社は，ジェット時代を契機に，民間市場に再び参入することを考えていた[9]。エンジンメーカーではJ57を開発していたP&W社，J47，J71でジェットエンジンの経験を積

63

んでいた GE 社が，民間ピュアジェットエンジンの開発に乗り出した。ジェット旅客機の開発に取り組む際，ともに軍用輸送機契約を確保していなかった GE 社，GD 社は生産提携関係を取り結び，GD 社 880／GE 社 CJ805 を開発した。

ロッキード社，GM 社は軍用輸送機ロッキード社 C130／GM 社 T56 の開発，生産によってターボプロップ機の経験を積んでおり，両社は，ピュアジェットで，ボーイング社，P&W 社と正面対決することを回避し，ターボプロップ機を開発した。両社は，ロッキード社エレクトラ／GM 社 501（ロッキード社 C130／GM 社 T56 の民間バージョン）を開発することを決定した。エレクトラに搭載された 501 エンジンの開発，生産を通じて，GM 社は，民間旅客機市場への参入を計画した。[10]

また，1953〜54 年のコメット 1 の相次ぐ墜落により，ピュアジェットは時期尚早だったのではないか，という懸念を高めたイギリスのエアライン・メーカーも，ピュアジェットではなく，ターボプロップを選択した。後述のように BOAC はヴィッカーズ社 V1000 ピュアジェット機の購入をキャンセルし，北大西洋航路の主要機材にターボプロップ機ブリストル社ブリタニアを選択した。

以上，3 つの選択肢の背景をメーカーの側から考察したが，この選択肢はエアライン業界には次のような意味をもっていた。レシプロ世代のエアライン業界は新鋭機の機材購入のためのコスト増と大型化高速化による過剰輸送能力問題という問題を抱えていた。3 つの技術の選択は，エアライン業界にとっては，こうした経営上の困難をどのように打開するかという問題であった。ピュアジェットエンジンを選択することは，この問題を，急激な技術革新によって，現状の市場構造を破壊し，コスト増を運賃収入の増加によって乗り切るという選択を意味していたのである。

2 ジェット獲得競争と旅客機市場のジェット化

こうした次世代旅客機の技術選択をめぐる不安定な状況を一変させたのが，パンナムによるジェット旅客機の大量発注である。パンナムは，1955 年 10 月 13 日，20 機のボーイング 707 と 25 機のダグラス DC8 を発注し，できるだけ早く納入することを求めた。この大投資は，アメリカの主要エアラインを「ジ

第2節　機体・エンジン生産提携と旅客機市場のジェット化

表5　ボーイング707, ダグラスDC8, ロッキード・エレクトラの月別注文表

	ボーイング707	ダグラスDC8	ロッキード・エレクトラ
1955年6月			35
7月			
8月			
9月			40
10月	23	51	
11月	30	14	
12月	23	35	9
1956年1月		2	23
2月	8	8	
3月			12
4月	4		9
5月		4	
合計	114	88	128

出典）　*Aviation Week*, October 1, 1956, p.39.

ェット獲得競争」(rush to jet) に駆り立てた。[11]

　表5は，ジェット獲得競争期における各メーカーの月ごとの受注数を示したものである。ボーイング707とダグラスDC8は，激しい受注競争を続けながら市場をほぼ二分した。ロッキード社のターボプロップ機エレクトラは競争に敗れ，ロッキード社は大幅な赤字を計上し，旅客機市場から撤退することになった。エンジンメーカーではボーイング707とダグラスDC8の双方にエンジンを供給したP&W社が旅客機エンジン市場における独占的地位を築いた。1955年末までに，1機当たり500万〜600万ドルの75機のピュアジェット機，170機のターボプロップ機が購入され，周辺機材，必要な飛行場の整備などを合わせると，必要とされる投資額は総計25億ドルに上ったと見積もられている。デルタ航空社長C. E. ウールマン（Collett E. Woolman）は「ジェット獲得競争」について次のように語っている。「ジェット機を飛ばすには小さすぎる飛行場とお粗末な管制組織しかもっていないというのに，われわれはもってもいない何百万ドルで，まだ設計の段階にある航空機を買おうとしている。そのうえ，そのジェット機には今まで以上のお客を詰めこまなくてはならないのだ。」[12]

第2章　アメリカ航空機産業のジェット化をめぐる米英機体・エンジン部門間生産提携の形成

　エアラインのジェット化をめぐる競争の結果，機体部門では，ボーイング社が，長距離市場での 707，中距離市場での 720 の成功によって，ジェット世代の旅客機市場におけるリーダーの地位を獲得した。ロッキード社エレクトラは，1959 年には多くの受注を受けたが，その後は新規注文をほとんど取れなくなり，大幅な赤字を計上した。ロッキード社は，その後 10 年間，民間機市場から撤退することになった。GD 社は，中距離機 880 の開発が遅れ，対抗機種ボーイング 720 との受注競争に敗北し，主要顧客であった TWA が GD 社への注文を取り消し，ボーイング社に乗り換えると[13]，当時，史上最大といわれた 1 億 7800 万ドルの欠損を出して民間機市場から撤退した。

　急激に拡大したピュアジェット機に対する需要は，ボーイング社の供給能力をはるかに上回り，ダグラス社は，このジェット機需要を吸収することで，ボーイング社を追い上げたが，これは同時に同社の経営基盤を揺さぶった。ボーイング 707 の生産ラインが，軍との KC135 契約に基づいて完成済みであったため，民間機の製造に転用しても即座に利益を上げることが可能であったのに対し，DC8 は，開発コストの軍用機への転嫁ができず，「習熟効果」の発生する生産数になかなか達しなかった。とりわけ，ほぼ生産停止に追い込まれた「1959 年の危機」は，ダグラス社の財務基盤と生産ラインに深刻な影響を与えた。[14]

　エンジン部門では，ジェット化以前のレシプロ世代におけるカーチス・ライト社と P&W 社の 2 社による市場独占が崩れた。P&W 社が，ボーイング 707 とダグラス DC8 に JT3（J57 の民間バージョン）を供給し，ジェット旅客機用エンジンの供給を一手におさめたのに対し，カーチス・ライト社は，ターボコンパウンドエンジンの市場の消滅とともに，プライム・コントラクターとしては，航空機エンジン生産から姿を消した。[15] GE 社は，GD 社 880 の市場での失敗とともに，旅客機用エンジンの市場から一時撤退したが，戦闘機・爆撃機用ジェットエンジンの大手メーカーとして，エンジン部門で生き残った。GM 社も，ロッキード社エレクトラの市場での失敗により打撃を受け，英ロウルズ－ロイス社との提携により態勢をたてなおす戦略を採った。[16]

　しかし，どのようにして，莫大な投資を必要とする「ジェット獲得競争」が可能になったのであろうか。それは折しも，アメリカ空軍 MATS（Military

表6 運航コストの推移

就航	機体メーカー	機体	エンジン方式	燃料費	運航コスト
1936	ダグラス	DC3	双発レシプロ	0.515	3.772
1947	ダグラス	DC6	4発レシプロ	0.542	2.125
1953	ヴィッカーズ	ヴァイカウント	ターボプロップ	0.437	2.194
1956	ダグラス	DC7	ターボコンパウンド	0.439	2.232
1958	ボーイング	707	ピュアジェット	0.401	1.318
1959	ロッキード	エレクトラ	ターボプロップ	0.339	1.763
1959	ダグラス	DC8	ピュアジェット	0.377	1.151

注) 数値の単位はマイル当たりセント。
出典) Todd, Daniel and Jamie Simpson, *The World Aircraft Industry* (Dover, Mass.: Auburn House Pub., 1986), p.49.

Air Transport Service) のジェット輸送機の配備の遅延だったといえよう。予算上の制約のため遅々として進まないMATSの近代化・ジェット化を遂行するため，アメリカ政府は民間エアラインに目をつけた。1959年，政府は，MATSの近代化の遅延を埋める，緊急時に民間ジェット旅客機を軍事徴用する「CRAF計画（Civil Reserve Air Fleet Program of the U.S. Government）」を本格的に推進した。1950年代末，エアラインは発注したジェット旅客機の購入資金調達問題（jet financing problem）を抱えていたのであるが，政府はこの購入資金に対して政府保証を与えるかわりに，CRAF計画をエアラインに認めさせた。ジェット機購入資金問題は，MATSのジェット化の遅延によるCRAF計画の発動とそれを見越したパンナムに対する政府保証融資によって解決されたのである。[17]

レイ（John B. Rae）は著書『クライム・トゥ・グレートネス――アメリカ航空機産業史1920-1960年』の中で，1952年頃には，エアライン業界の多くの人々が，燃料消費の観点からピュアジェットではなくターボプロップがレシプロ機にとってかわると考えていた。レイは，当時のアメリカン航空社長C. R. スミス（C. R. Smith）の言葉を引用し，軍事的要請による巨額の資金流入のおかげで，ピュアジェットの燃費問題が解決されたと述べている。[18]

表6は第二次大戦後に就航した旅客機の運航コストの推移を示したものである。1950年代初頭には運航コスト上ターボコンパウンド機・ターボプロップ機に劣ると考えられていたピュアジェット機が，逆にターボコンパウンド機・

ターボプロップ機を燃料費・運航コストにおいて上回ったことを示している。ピュアジェット機による運航コストの削減と乗客数の増大によって，エアラインの成長とジェット旅客機市場の拡大が可能となった。

　アメリカ航空機産業は，朝鮮戦争終結による軍事費削減という危機を打開すべく，朝鮮戦争中に発達したジェット技術を民間機に転用すべく開発に取り組んだ。そして，この行動は，レシプロ世代のエアライン産業の，過剰輸送能力と設備投資負担という危機を，さらなる輸送能力と設備投資の拡大によって乗り越えようとする打開策と結びつくことによって，旅客機市場のジェット化が実現したのである。そして，ピュアジェットによる高速大量輸送が可能にした航空運賃の値下げが，鉄道・海運から航空への旅客・貨物輸送の移動を伴いながら，潜在的な旅客需要を掘り起こし，「コスト的に不可能」と考えられていたジェット化を可能にした。アメリカ航空機産業は，この大量な市場を掌握し，同時に，ジェット旅客機の大量販売体制に適合したジェット旅客機の大量生産体制を確立していく。このアメリカ・メーカー主導のジェット旅客機の大量生産・大量販売体制に，当初ジェット技術で優位を持っていたイギリス航空機産業は，徐々に組み込まれていくことになる。

第3節　ジェット世代の市場・生産構造と機体・エンジン部門間関係の変化

1　旅客機市場の集中化による機体・エンジン部門間関係の変化

　図1はイギリス議会資料『英国航空機産業の生産性（エルスタブ報告）』（1969年）に収録された累積生産機数と1機当たり生産に必要な労働時間の関係を図示したものである。図1から航空機生産においては100〜200機までは労働者が技術に習熟しないため必要労働時間が非常に大きく，習熟効果が現れ利益が生じるのは機種によって差はあるが数百機という単位以上でのことであり，そうした生産数を確保しないと開発資金を回収できないということが推定しうる。『エルスタブ報告』は米英間の生産性格差（productivity gap）について次のように指摘している。米英間の生産性格差は，生産方法の違いだけでは説明することはできず，その原因は，なによりも，生産規模（scale of production）の違いのため，イギリスが，アメリカと違い，十分な「習熟効果」（learning curve）

第3節　ジェット世代の市場・生産構造と機体・エンジン部門間関係の変化

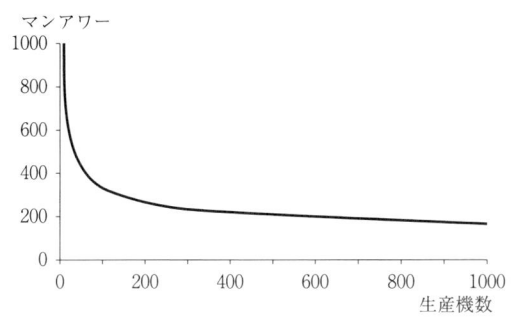

図1　累積生産機数と必要労働時間

出典）*Productivity of the National Aircraft Effort* (London: HMSO), Report of a Committee appointed by the Minister of Technology and the President of the Society of Britishi Aerospace Companies under the Chairmanship of Mr. St. John Elstub, Chapter 6.

を得ることができないということにあると結論づけている。[19]

「習熟効果」を発揮し，巨額の初期投資を回収しうる生産数を確保しうる開発プロジェクトを運営できるかどうか。これが，ジェット世代の機体メーカー間の競争の焦点となった。こうした開発プロジェクトを民間機の分野で運営しえたのは，経営危機に瀕していたダグラス社を別とすれば，ボーイング社のみであった。ボーイング社は，エアラインの要求を背景に，エンジンメーカーとの間にジェット化以前とは異なる関係を形成していく。

ジェット化を契機として，旅客機生産においては，機体部門・エンジン部門ともに集中化が進行し，イギリス航空機産業の国際市場からの敗退が始まった。機体部門においては，707とその中距離型である720を開発したボーイング社と，DC8を開発したダグラス社の優位が確立し，エンジン部門ではこれらの機種にJT3エンジンを供給したP&W社のほぼ完全独占ともいえる状況が生じた。

軍需においては，独占的な購入者である政府は，契約のための設計案をメーカーに競わせ，完全独占が生じないように契約先を慎重に選定してきたし，民需においても，パンナムがボーイング707とダグラスDC8を双方発注して両者の競争を煽ったことに典型的であるように，需要者である政府とエアライン

は，メーカーを技術面・価格面・納期で競わせることによって，自らの要求する性能・価格を実現させることが通例であった。

ボーイング社がさらなる販路の拡張を実現するためには，主要な競争相手であるイギリス航空機産業の販売網の奪取が必要であった。世界大でのジェット機の販売体制を構築するにあたっては，各国の航空機メーカーを生産提携関係に組み込み，それらの有する販売網を取り込むことが必要であった。逆に，各国の航空機メーカーにとっては，航空機産業で生き残るためには，強力な販売力を持つアメリカ航空機産業が主導する生産体制に入り込んでいくしかなかったのである。ジェット化において，そうしたアメリカ航空機産業の戦略のターゲットになったのが，イギリス航空機産業，とりわけ，そのエンジン部門であった。

2 米機体部門の旧英連邦諸国への進出における英エンジン部門の位置

ロウルズ-ロイス社は，P&W 社に先んじて，世界初のターボファンエンジン・コンウェイ（Conway）を1940年代末より開発していた。搭載機には，ハンドレー・ページ社ヴィクター V 型爆撃機，ヴィッカーズ社 V1000 輸送機を予定していた。V1000 は，イギリス空軍の長距離輸送機として開発され，民間機への転用も検討されていた。しかし，1955年10月，航空省（Air Ministry）は，納期の遅れ，軍事的必要性の変化を理由として，発注を取りやめる決定を下した。したがって，V1000 開発の可能性は民間機への転用が可能かどうかにかかっていた。しかし，主たる民間機需要の担い手である BOAC の機種計画はコメット4とブリタニアで，大西洋航路，帝国航路を含めて間に合わせることができるので，V1000 は必要ないとのことであった。これらの理由により，供給省は，V1000 計画はキャンセルせざるを得ないと判断した。[20] 爆撃機ヴィクターの調達機数は限られていたため，ロウルズ-ロイス社コンウェイは，高い競争力を持ちながら，開発投資を回収するに足る，十分な販売機数を確保できていなかった。

ボーイング社，ダグラス社のアメリカ・メーカーは，自社機へのコンウェイ搭載に関心を示した。ロウルズ-ロイス社航空エンジン部門役員（Managing Director）のピアスン（Denning Pearson）は，モードリング供給相（Reginald

第3節　ジェット世代の市場・生産構造と機体・エンジン部門間関係の変化

Maudling, Minister of Supply) に対して，アメリカ・メーカーは，ヴァイカウントに搭載されたダート・エンジンとその部品サービスに感銘を受け，また，ロウルズ-ロイス社コンウェイ・エンジンを自社機に搭載する機会を望んでいる。TCA（トランス・カナダ・エアライン）が，コンウェイを搭載したDC8を購入する予定であると述べた。[21] 1956年7月27日，ロウルズ-ロイス社は，モードリング供給相に対して，次のように述べ，BOACのアメリカ機発注を訴えた。「BOACのアメリカ機発注がなければ，TCAはオプション・エンジンをP&W社J75に切り替えるかもしれない。エア・インディアは，おそらくコンウェイを発注するだろうが，民間用コンウェイの販売数が100基に到達しなければ，オプション・エンジンについてはP&Wエンジンに切り替えるだろう。ルフトハンザも，BOACによる発注がなければ，コンウェイからP&Wエンジンに切り替えるであろう。BOACがコンウェイを搭載したアメリカ機を発注しなければ，これまでに受けたコンウェイの生産計画は瓦解するであろう。他方，BOACが，コンウェイを搭載したアメリカ機を発注すれば，少なくともCPA，カンタス航空，南アフリカ航空の発注が期待できる。さらには，サベナ航空，エール・フランスの両エアラインも，BOAC，ルフトハンザがコンウェイを搭載したアメリカ機を発注したら，エンジン選定を再考するであろう。[22]」

1956年10月，BOACは，15機のボーイング707購入の許可を，政府から受けた。10月24日民間航空相は次のような声明を出した。政府は，BOACが，ロウルズ-ロイス・エンジンを搭載した15機のボーイング707を購入することを承認した。これは，1959〜1960年にかけての北大西洋航路において，外国のエアラインがボーイング707を機種として使用することに対抗して，BOACが競争力を維持するための措置である。この時期，アメリカ機に対抗しうる新型のイギリス機がないという状況に対応するため，新型のイギリス機が開発されるまでのギャップを埋める（bridge the gap）ための「例外的な措置」である。[23] ボーイング社のイギリス航空機産業の勢力圏への進入はBOACにとどまるものではなく，他のイギリス航空機産業の重要な顧客にも及んでいた。このボーイング社のイギリス航空機産業の顧客であるエアラインへの進出にはある特徴があった。ボーイング社はこうしたエアラインに進出する際，しばしばロウル

第2章　アメリカ航空機産業のジェット化をめぐる米英機体・エンジン部門間生産提携の形成

表7　707-420（Rolls-Royce Conway）保有エアラインが保有するイギリスジェット機

国	エアライン	707-420	ヴァイカウント	ブリタニア	コメット
イギリス	BOAC	15	0	29	19
インド	エア・インディア	4	0	0	0
イスラエル	El Al Israel	3	0	2	0
ガーナ	ガーナ航空	2	3	2	0
ブラジル	VARIG	2	0	0	0
ドイツ	ルフトハンザ	5	11	0	0
合計		31	14	33	19

注）イギリス・ジェット機は1962年5月時点の数値。
出典）Boeing Airplane Company, *Annual Report*, 1960, p. 14. Davies, R.E.G., *A History of the World's Airlines* (London: Oxford University Press 1964), Table 50, "The World's Airline Fleets, May 1962."

ズ-ロイス社コンウェイ・エンジンを搭載したバージョンである707-420を売り込んでいたのである。

　表7はボーイング社年次営業報告書1960年版に記載されたロウルズ-ロイス・コンウェイを搭載した707-420を保有するエアラインとそのエアラインが1962年5月時点で保有するイギリス・ジェット機を比較したものである。表7は次のことを示している。第一にボーイング社が販売した31機の707-420のうち大きな割合を占める24機がイギリスおよびインド，ガーナという旧英連邦諸国に販売されていること，第二に，707-420を保有しているエアラインは1962年5月時点で66機のイギリス・ジェット機を購入しており，イギリス航空機産業の顧客であったこと，の2点である。ボーイング社は，イギリスのエンジン部門と生産提携関係を結びながら——ロウルズ-ロイス社コンウェイ・エンジンを搭載した707-420を売り込むことで——BOAC，エア・インディア，エル・アル・イスラエル（El Al Israel）など，イギリス航空機産業の重要な顧客である旧英連邦諸国のエアラインへの進出を果たしたことがうかがえる。

　以上のように，ボーイング社はイギリスのロウルズ-ロイス社コンウェイ・エンジンを搭載することで，旧英連邦諸国へ進出したといえよう。一方，ロウルズ-ロイスにとってもコンウェイ・エンジンの搭載が予定されていたヴィッカース社V1000プロジェクトがキャンセルされた状況下では，自社のコンウ

表8 ジェット旅客機の生産数の米英比較（1956-1979年）

イギリス		生産数	アメリカ		生産数
デハビランド	コメット4	56	ボーイング	707/720	1095
ヴィッカーズ	ヴァイカウント	440	ダグラス	DC8	556
ブリストル	ブリタニア	83	ロッキード	エレクトラ	170
ヴィッカーズ	ヴァンガード	44	GD	990	37

出典）Hayward, Keith, *Government and British Civil Aerospace: A Case Study in Post-War Technology Policy* (Manchester: Manchester University Press, 1983), p.7 より作成。

ェイ・エンジンを搭載したボーイング社707-420の旧英連邦諸国のエアラインへの売込みは，コンウェイに投入した巨額の開発資金を回収するために必要な措置であった。イギリスのエンジンメーカーは，世界の旅客機のほとんどを生産しているアメリカ機体メーカーのジェット旅客機にエンジンを供給することを指向したのである。

表8は，アメリカとイギリスの第一世代のジェット旅客機の生産数を比較したものである。ここから，商業的に成功したのがアメリカの，ボーイング707/720，ダグラスDC8のわずか2プロジェクトに過ぎなかったこと，つまり，ジェット化をめぐる機体部門での米英間の競争にアメリカが圧倒的に勝利したことを示している。

これに対して，エンジン部門では，第二世代のジェットエンジンであるファンエンジンの開発において，イギリス・メーカー（ロウルズ-ロイス社）がアメリカ・メーカーに対抗しうる技術的競争力を保持していた。イギリスのエンジン部門とアメリカの機体部門との生産提携の成立は，イギリス機体部門の国際競争力低下という条件の下で，イギリス・エンジン部門が生き残る唯一の方策であった。

おわりに──ジェット化による航空機産業の構造変化

ジェット化を契機とした民間旅客機市場の拡大によって，航空機産業は，軍需契約の不安定性を克服することが可能になった。航空機産業は，第一次大戦期の航空機需要の膨張による産業化以来，第一次大戦後の崩壊，第二次大戦期

第2章　アメリカ航空機産業のジェット化をめぐる米英機体・エンジン部門間生産提携の形成

の記録的な戦時生産による大拡張と，第二次大戦後の崩壊というように，国際政治の戦争と平和のサイクルに規定されて，拡張と大幅な後退を繰り返してきた。急速なアップダウンを繰り返す軍需に全面的に依存せざるを得ないという成長の限界を，この産業は，民需を開拓することで克服した。軍事契約の不安定性を考慮すると，民需において安定した収益を確保しないかぎり，航空機産業は，長期的には存続できなかったのである。航空機産業は，ジェット旅客機の開発と，それにより開拓した安定した民間需要によってはじめて，軍需契約に左右されない「自分の足で立つ」ことのできる自立した産業に転化し，それまでの，戦争が終結するたびに産業そのものが事実上崩壊するサイクルを抜け出たのである。

マクダネル社社長，ジョン・マクダネル（John McDonnell）は，ダグラスを買収し，民間市場に参入する際に，次のようにコメントしている。「偉大で創造的な航空宇宙産業は，自動車や他の産業と同じように，長期的には，幅広い品揃えを提供できる2～3社のバランスのとれた企業に集約されていくだろう。実務的なスコットランド人として，十分に磨かれた財務上の責任者としての感覚から，私は，軍用機と同じく，民間機にも進出するということが，この会社（マクダネル）にとって最善の利益であると考えた。」[24]

ボーイング社に代表されるアメリカ航空機産業はこうした民需・軍需双方からなる新たな市場構造において主導権を握った。ボーイング社が確立した機体メーカー主導のジェット旅客機市場構造に，イギリス・エンジン部門は組み込まれていくと同時にその役割を積極的に担っていったのである。

1　Stekler, Herman O., *The Structure and Performance of the Aerospace Industry* (Berkeley, 1965), pp.25-41; Rae, John B., *Climb to Greatness: The American Aircraft Industry, 1920-1960* (Cambridge, Mass, 1968), pp.212-213. G.R. シモンソン（前谷清・振津純雄共訳）『アメリカ航空機産業発展史』（盛書房，1978年），263-264ページ。

2　Mansfield, Harold, *Vision: The Story of Boeing: A Saga of the Sky and the New Horizons of Space* (New York: Popular Library, 1966); Rae, *Climb to Greatness, op. cit.*

3　機械振興協会経済研究所『世界航空用エンジンの歴史と現況』（機械振興協会経済研究所，1967年）。*Aviation Week, Annual* "Inventory of Airpower", 21st-32nd. (Volume 60 No.11, Volume 62 No.11, Volume 64 No.11, Volume 66 No.8, Volume 68 No.9, Volume 70 No.10, Volume 72 No.10,Volume 74 No.11, Volume 76 No.11,Volume 78 No.10, Volume 80 No.11, Volume 82 No.11,Volume 84 No.10 所収)

4 輸送機においては推進力、燃費など技術的要因により、ジェット第一世代は存在せず、レシプロ推進から直接、ジェット第二、第三世代に移行していった。

5 「使用エンジンの決定――搭載エンジンは機体の性能、仕様に大きく影響することから、この選定は基本計画中最も重要な項目の1つである。燃料消費を含めた性能、重量、騒音、価格はむろんのこと、次の2点についても十分配慮して選定を行なう必要がある。第一に、航空機の信頼性および整備、補給の容易さ(含むコスト)の中で、エンジン自体のそれらに占める比率が大きい。第二に、通常の開発プロジェクトでは機体の成長性(growth potential)を考慮に入れるが、それにはエンジンの成長性が最も重要である」日本航空宇宙学会編『航空宇宙工学便覧(第2版)』(丸善, 1992年)、357ページ。

6 ニューハウスは著書『スポーティーゲーム』のなかで次のように記述している。「アメリカン航空の御大 C. R. スミスはダグラスに対して、ジェット旅客機はまだ時機を得ていないし、ボーイング機を買う者はいないから競争の点は心配する必要はない、と告げたのだった。ユナイテッド航空のボスであるウィリアム・パターソンも同じように否定的であった。ダグラスは両エアラインの言うことに従い、おかげでボーイングは B707 の設計で大きくリードするという利益を得た。」ジョン・ニューハウス(航空機産業研究グループ訳)『スポーティーゲーム』(学生社、1988年)、299ページ。

7 Douglas Aircraft Company, *Annual Report*, 1953, pp.1-13; Eddy, Paul, Elaine Potter and Bruce Page, *Destination Disaster* (New York: Quadrangle and New York Times Book Co., 1976), p.42. P. エディー他(井原隆雄・河野健一訳)『予測された大惨事(上)』(草思社、1978年)、57ページ。

8 Fausel, Robert W., *Whatever Happened to Curtiss-Wright?* (Manhattan, Kan.: Sunflower University Press, 1990), pp.77-80.

9 ボーイング社は 707 と KC-135 の原型機の開発に、同社の純資産の5分の1にあたる 1600 万ドルを投入した。P. エディー他『予測された大惨事(上)』(前掲)、85ページ。

10 Rae, *Climb to Greatness*, *op.cit*., p.211.

11 *Aviation Week*, October 17, 1955, p.7; Bender, Marylin and Selig Altschul, *The Chosen Instrument: Pan Am, Juan Trippe, the Rise and Fall of an American Entrepreneur* (New York: Simon and Schuster, 1982), p.475.

12 Fernandez, Ronald, *Excess Profits: The Rise of United Technologies* (Reading, Mass.: Addison-Wesley, 1983), p.194.

13 *Aviation Week*, May 8, 1961. p.39.

14 1959年のダグラスの納品はわずかに、1機の DC6 と 21 機の DC8 のみで、DC7 はゼロ機であった。ダグラスの生産ラインは、ほぼストップし、多くの熟練労働者、サブコントラクターを手放した。これが 1966 年の同社の倒産の原因となった。P. エディー他『予測された大惨事(上)』(前掲)、56ページ。

15 Fausel, *Whatever Happened to Curtiss-Wright*, *op. cit*.

16 機械振興協会経済研究所『世界航空用エンジン歴史と現況』(前掲)、45-76ページ。

17 CRAF (Civil Reserve Air Fleet program of the U.S. Government) は緊急時にエアラインが民間旅客機、乗組員等を軍に管轄を預けることをその内容とする。U.S. Congress, House Re-

第2章 アメリカ航空機産業のジェット化をめぐる米英機体・エンジン部門間生産提携の形成

port 1112, Committee on Government Operations, *Military Air Transportation* (*Executive Action to Committee Recommendations*), 86th Cong., 1st Session., (Washington D.C.: US GPO, 1959), p.15
18 Rae, *Climb to Greatness, op.cit.*, p.207.
19 *Productivity of the National Aircraft Effort* (London: HMSO, 1969), Section II Chapter 6; Hayward, *British, op. cit.*, pp.126-132.
20 TNA, AVIA65/745, "Note by the Minister of Supply," October 13, 1955.
21 TNA, AVIA65/745, "Note of the Minister's meeting with Rolls Royce Ltd. on 2nd May, 1956."
22 TNA, AVIA65/745, Rolls Royce Limited to Reginald Maudling, July 27, 1956.
23 TNA, PREM11/3680, "Statement by the Minister of Transport and Civil Aviation," October 24, 1956.
24 ニューハウス『スポーティゲーム』(前掲), 309-310ページ。

第II部

スエズ危機後における帝国再編策とイギリス航空機産業

(1957–1965 年)

第3章

スエズ危機後における
イギリス航空機産業合理化
―― 1957-1960 年――

はじめに

　スエズ危機は，戦後イギリス史の分水嶺であった。このスエズ危機をめぐっては，スエズ危機を契機として，帝国は解体に向かったとする断絶説と，スエズ危機を経て帝国は再編・維持されたとみる連続説が，対立している。著者は，帝国の軍事産業基盤である航空機産業の検討を通じてこの論争に考察を加えたい。スエズ危機後のイギリス帝国は，帝国防衛手段を「平時最大の軍制改革」といわれた『1957年国防白書』により核抑止力を爆撃機からロケットミサイル開発に転換した。しかし，この転換は，朝鮮戦争後の財政危機のなか，有人軍用機開発の大幅な縮小をもたらし，イギリス航空機産業の危機をもたらすというジレンマを抱えていた。本章は，『1957年国防白書』の下での有人軍用機開発の大幅な縮小と民間機部門におけるアメリカ航空機産業の優位という軍民両分野での航空機産業の危機をめぐってマクミラン（Harold Macmillan）政権が，産業合理化を通じて，アメリカ航空機産業に対抗しうる軍事産業基盤をいかに維持しようとしたかを検討する。

　第二次大戦後，歴代イギリス政府は，軍備供給・外貨獲得・雇用確保などの観点から航空機産業を助成してきた。1950年代前半，イギリス航空機産業は，ジェット推進技術での技術的リードを背景に，アメリカ航空機産業に対する競争者の地位を有し，民需・軍需の国際市場で一定のシェアを確保した。とりわ

け，朝鮮戦争期の再軍備によって，イギリス軍による調達は拡大し，NATO諸国への軍用機輸出も拡大し，イギリス航空機産業は活況を呈した。しかし，1950年代後半，朝鮮戦争が終結して自国政府・NATO諸国の軍用機需要が激減すると，イギリス航空機産業は困難に直面した。また，この時期，スプートニク・ショックとその後の米ソミサイル開発競争が進展した。イギリスでは，『1957年国防白書』が公表され，有人軍用機開発の大幅な縮小とミサイル開発への軍備の転換が実行された。他方，民需においては，1955年，パンナムのアメリカ機（ボーイング社B707／ダグラス社DC8）大量発注以後，アメリカ・メーカーがジェット旅客機市場を制圧し，イギリス航空機産業がジェット技術でのリードを武器にアメリカ航空機産業の旅客機市場支配を覆そうとする試みは敗北に終わった。

　軍民両分野における次世代機開発を可能にするため，1950年代末，マクミラン保守党政権は新たな航空機産業支援政策に踏み出した。マクミラン政権は，イギリス航空機産業をアメリカ航空機産業に対抗して存立させることを目標として，イギリス航空機産業の合理化・集約化に取り組んだ。以下，第1節では，1950年代後半におけるイギリス航空機産業の危機の諸要因を分析する。つづいて第2節では，イギリス航空機産業の危機への対応策として推進された供給相ジョーンズ（Aubrey Jones）の下での1950年代末の産業合理化過程を検討する。第3節では，ジョーンズの産業合理化をさらに推し進めた航空相サンズ（Duncan Sandys）の「1960年政策」と合理化された航空機メーカーに割り振られた1960年代の主要開発プロジェクトを検討する。

第1節　サンズ国防白書とイギリス航空機産業の危機

1　イギリス航空機産業の危機

　『1957年国防白書』（サンズ国防白書）の採用は，前述の航空機産業の困難に拍車をかけた。朝鮮戦争後，想定された主要な危機は，ソ連軍によるヨーロッパ攻撃であったが，これに対する抑止力は核兵器を搭載したミサイルが主力と考えられるようになっていった。イギリスでは『1957年国防白書』がこのミサイルによる核抑止力という考え方を決定的なものにした。『1957年国防白

書』は，イギリスの核抑止力をブルー・ストリーク（Blue Streak）ロケットミサイルに集中し，有人航空機の開発計画を大幅に縮小することを内外に明らかにした。政府が国防に費やすことが可能な費用は限られているという認識の下，制約のある国防費でミサイル開発を可能にするために，有人機開発を大幅に削減するという決断を行ったのである。この白書によれば，長距離爆撃機は，現存のV型爆撃機以降は開発せず，高性能戦闘機については，ライトニング（Lightning）以降の開発はせず，有人軍用機はロケットと誘導ミサイルに代替すべきだとされた。

『1957年国防白書』の航空機産業に対するさしあたりの打撃は小さかった。キャンセルされたプロジェクトはまだ実験的な段階であったし，ライトニングV型爆撃機ハンターの生産は続いており，1950年代末にかけて政府調達の価額も着実に増加していた。しかし，長期的観点から見た場合，『1957年国防白書』の航空機産業に与えた影響は甚大であった。いくつかの先進的なプロジェクトのキャンセルは，技術的な観点から見ても，軍事部門での輸出機会という点から見ても深刻な影響があった。

ジョーンズ供給相は，1957年7月1日付けの内閣メモランダムC（57）154を作成し，イギリス航空機産業の危機について説明した。「航空機産業は次の2点の重要性を有している。第一に，航空機産業は，有人か無人かにかかわらず，核兵器の運搬と核兵器からの防御の双方を担う手段を提供する。したがって，航空機産業の優越性は，効果的な核抑止政策に不可欠である。第二に，航空機産業は経済的にも重大な影響をもつ産業である。航空機産業は，比較的少量の原材料を高い技術的熟練で加工する産業であり，我が国の航空機産業の競争優位は保持されるべきである。さらには，航空機産業は，輸出額が毎年1億ポンドにのぼる，我が国有数の工業分野である。イギリスと連邦諸国のエアラインが，機材を輸入するのでなく，イギリス航空機産業の製品を購入することによって，外貨，主にドルの節約につながる。例えば，英国海外航空（BOAC）が，ジェット旅客機VC10を導入することによって，1億ポンド分のドルが節約できる。イギリス航空機産業の海外の主要な競争者はアメリカ航空機産業である。アメリカ航空機産業は巨大な国内市場という生来の利点を有している。そのため，巨額の研究開発を行っても十分に回収することができると期待される。

第3章　スエズ危機後におけるイギリス航空機産業合理化

　以上の分析から，私は以下の4点を勧告する。第一に，政府は，説得と契約発注における影響力を通じて，航空機産業が，より少数の，より大きい規模の企業に再編されるように促すべきである。第二に，新規の民間航空機開発は民間資金（private venture）でなされることに留意すべきである。第三に，上記2点の成功が達成されるよう，政府は，航空機産業が，機体・エンジンの開発を自ら担えるように促すべきである。第四に，実験的航空機の研究に対するインセンティブは維持されるべきで，それにかかる費用は政府によって賄われるべきである。」[4]

　ジョーンズ供給相は，さらに，同7月1日付け内閣メモランダムC（57）155において，『1957年国防白書』が航空機産業に及ぼす影響を以下のように分析した。「削減の影響は徐々に進み，影響が明白になるのは2～3年後であろう。とはいえ，最も深刻な打撃を受けるのは航空機産業であろう。以下の航空機企業は事実上数年の内に姿を消すであろう。ホーカー社，グロスター社，アームストロング・シドレー社，アルビス社，A.V.ロウ社，ハンドレー・ページ社，フェアリー社，サンダー・ロウ社，アームストロング・ウィットワース社である。」「雇用の面では，1956年の航空機産業の雇用者数は，26万6000人であったが，軍用機調達削減の結果，来たる4～5年の間に，10万人規模の雇用削減が見込まれる。したがって，軍用機生産の水準は極めて低くなるため，イギリス航空機産業は民間機販売と輸出に依拠して生き残らなければならない。」[5]

　ワトキンソン（Harold Watkinson）民間航空相は，7月5日付けの内閣向けメモランダムC（57）159において，ジョーンズ供給相のC（57）154の方針について，大筋同意するが，以下の点は留保する必要があることを指摘した。軍の輸送部隊（Transport Command）と国有エアラインの要求は質的に異なり，民間資金政策に転換するのに十分な発注の共通化は期待できないという点であった。[6]

　1957年7月9日に開催された閣議において，航空機産業が争点となり，ジョーンズ供給相のメモランダムC（57）154とワトキンソン民間航空相のメモランダムC（57）159を検討した。ジョーンズは，財政資金の投入が航空機産業の生き残りのために死活的だと訴えるとともに，RAF（イギリス空軍）輸送

第1節　サンズ国防白書とイギリス航空機産業の危機

部隊と国有エアラインの発注を調整し，充分な初期発注を確保するべきだと主張した。これに対して，ワトキンソン民間航空相は，RAF輸送部隊は1970年代に向けてブリタニアを発注済みであるし，2つの国有エアラインは今後数年間に必要な機材を発注済みであるから，航空機産業の研究開発を支えるのに十分な発注は存在しない，と主張した。マクミラン首相は，閣議を総括し，「問題となっている事柄は非常に重要かつ複雑であることに鑑みて，特別の調査が必要である」と論じ，事態を正確に把握するために，ソーンクロフト（Peter Thorncroft）蔵相を筆頭に関係閣僚と協議してこの問題についての調査を進めるよう要請した。[7]

内閣経済政策委員会に，ソーンクロフト蔵相は，7月23日付けで「航空機産業の将来」と題する提言を提出した。提言は航空機産業調査の目的を次のように規定した。第一に，新軍事政策（『1957年国防白書』）により，軍用機に対する需要は数年の間にどの程度縮小するのか。第二に，世界の民間機需要はどの程度であり，イギリス航空機産業はそのうちどの程度を獲得できるのか。第三に，イギリス航空機メーカーの輸出を増進させるために，国内における発注を保証するなど，どのように支援を行えるのか，などであった。[8]

1957年8月1日の閣議において，ソーンクロフト蔵相は，経済政策委員会が，航空機産業の将来の組織を検討する企業家と各省庁の官僚からなる非公式の調査委員会の発足が望ましいと結論を出したと報告した。内閣は，ソーンクロフト蔵相に，大蔵省・運輸省・供給省の上級官僚に数人のビジネス経験の豊富な専門家を加えた非公式の調査組織を立ち上げるよう要請した。[9]

2　O.R.339契約（後のTSR2戦闘爆撃機）

ジョーンズ供給相の産業合理化政策の中で，最も大きな役割を果たしたのは，イングリッシュ・エレクトリック社キャンベラ爆撃機の後継機であるO.R.339契約（後のTSR2戦闘爆撃機）である。『1957年国防白書』で大部分の有人軍用機の計画がキャンセルされた後唯一残った計画であるO.R.339契約は各メーカーの生き残りのために不可欠だったため，受注をめぐっては各メーカーの激しい競争が展開された。『1957年国防白書』の下で，供給省に認められた軍用機新規開発計画は少なかった。残された計画の中では，O.R.339は，完全な新

規開発の軍用機で，最も価値の高いものであった。したがって，供給省にとって，O.R.339 計画は，航空機産業に対して再編・合理化の圧力をかける最大の手段であった。O.R.339 の発注に際しては，ハンドレー・ページ社，フェアリー社，イングリッシュ・エレクトリック社，ショート・ブラザーズ社，ブリストル社，ヴィッカーズ社，デハビランド社，ホーカー・シドレー・グループ社，ブラックバーン社の9社が候補に挙げられた。9月16日に予定されている供給相と航空機メーカー9社の会談で，供給省は次の諸点を述べることになった。第一に，4月の『1957年国防白書』の公表で，軍用機に対する将来の需要が明確になった。第二に，輸出の機会などを考慮しても，航空機産業の生産量が減少に向かうのは不可避である。第三に，ごく少数の軍事プロジェクトのみが供給省に残されており，その中でも O.R.339 が最も重要である。第四に，予測される需要減少の観点からすると，企業数を減らす産業再編が必要である。第五に，供給省による O.R.339 の発注にあたっては，計画を担う十分な経営資源を有した企業に与えられる。[10]

9月16日，産業界代表者と供給省の会談が行われた。議長のマスグレイブ (Sir Cyril Musgrave) は，『1957年国防白書』がイギリスの有人軍用機の将来に疑問を投げかけていると述べるとともに，残された可能性は O.R.339 にあると語った。そのうえで，「本日の会議の目的は，供給省は，この契約を単一企業ではなく，複数の企業に，あるいは，1社をリーダーとし他の企業が協力するコンソーシアムに発注することを航空機メーカー側に伝達することにある」と述べた。[11] 有力な候補は，キャンベラ爆撃機製造で実績を積み，イギリス唯一の超音速戦闘機であるライトニング開発の経験のあるイングリッシュ・エレクトリック社であった。他方，ヴァリアント爆撃機やその他の戦闘機を製作したヴィッカーズ社も有力な候補であった。[12]

第2節　ジョーンズによるイギリス航空機産業再建政策の展開——産業合理化政策

供給省の企業合同方針を背景に，『1957年国防白書』が公表された1957年4月以降，イギリス航空機産業では，政府受注をめぐる競争と企業合同が錯綜して進行していった。集中化過程は，メーカー間の協力関係が進んだ1957〜

第2節　ジョーンズによるイギリス航空機産業再建政策の展開——産業合理化政策

1959年と，航空省設立後，企業合併が完了した1959年末から1960年初頭の2つの段階から成っている。集中化の第一段階は，BEA (British European Airways, 以下BEA)の中距離ジェット旅客機と次期主力戦闘機O.R.339という2つの新機種開発契約を梃子として進行した。

1　BEA中距離ジェット旅客機発注問題

1957年末から，国有エアラインBEAは，1963～1965年に就航する70～80席クラスの旅客機の発注を検討していた。1957年12月，供給省の方針に適合することによってBEAジェット旅客機発注の有力な候補者になるべく，ホーカー・シドレー社とブリストル社が，合併を計画していることを表明すると同時に，その第一歩としてエアラインの発注を得るためのコンソーシアムを公表した。当初，供給省と民間航空輸送省は，BEAに，デハビランド社の設計をあきらめ，ホーカー・シドレー社とブリストル社の合同案を選択するよう働きかけた。政府側の思惑としては，航空機企業の数を減らすという政策に一致していたからである。さらに，供給省はデハビランド社の財務基盤に関して政府の援助なしに計画を実行できる能力があるか疑念を有していた。これに対して，デハビランド社は政府の方針に適合しようと，ホーカー・シドレー社，次いでブリストル社と合併の交渉を進めたが不調に終わり，ハンティング社・フェアリー社と連携して自分自身でグループを設立した。[13]これに対して，ブリストル社がホーカー・シドレー・グループと連携し，デハビランド社のグループと受注を争った。両陣営とも民間資金で開発を運営する用意があった。ジョーンズ供給相は，1958年1月23日付けのメモランダムで，次のように述べた。ブリストル社・ホーカー社陣営の方が，産業合理化の観点からすると利点がある。また，BEA自身はデハビランド社陣営の設計がより好ましいと表明している。[14]BEAの中距離ジェット旅客機発注は供給省の当初の意図通りには進行せず，難航した。というのは，BEAはデハビランド社の旅客機DH121 (トライデント) に関心をもっており，デハビランド社はこのプロジェクトを自己資金で開発を進めるため準備していた。これに対して，供給省は，BEAのジェット旅客機受注の勝者は，機体部門の他の企業と合併すべきだと考えていたのである。[15]1958年1月30日，デハビランド社はフェアリー社，ハンティング社とのコン

ソーシアムであるエアコ（Airco）の設立を公表した。新会社は，デハビランド社が 67.5 パーセント，ハンティング社が 22.5 パーセント，フェアリー社が 10 パーセント出資することによって設立され，グループ設立後も各会社は企業としての独自性を失わないことになっていた。[16]

BEA は，デハビランド陣営の計画を優先する理由を次のように表明した。「デハビランド社は我が国で唯一民間ジェット旅客機製造の経験を有している企業であり，同陣営の DH121 計画はコメットの後継機と位置づけられる。」民間航空輸送相ハロルド・ワトキンソン（Harold Watkinson）は，1 月 31 日付けのメモランダムで，「BEA 自身の要求に反して，私がブリストル社・ホーカー社の計画を発注するよう要求する権限はない」と述べた[17]。他方，ジョーンズ供給相は，2 月 1 日付けのメモランダム「航空機産業と BEA」で次のように述べた。「私は，この半年間，航空機産業を強化するために次の 2 点を目標に置いてきた。第一に，強力なアメリカ・メーカーと競争するための能力を育成すること。第二に，イギリス航空機産業自体の脆弱性に由来する戦後 12 年間にわたる政府支援への依存から解放すること。この目的を達成する策は受注契約に限られるが，軍用機の新規契約は存在せず，民間機分野では，BEA のジェット旅客機が唯一のものである。BEA の発注の候補は，ブリストル社陣営とデハビランド社陣営であるが，ブリストル社陣営は政府援助を求めていないのに対し，デハビランド社陣営は政府援助を要求している点に困難が存在する。これらの理由から，BEA にデハビランド社 DH121 を購入する権限を与えるべきではないと考える。」[18] 2 月 4 日の閣議では，BEA のデハビランド社 DH121 購入を支持するワトキンソン民間輸送相と，ブリストル社陣営に発注がされるべきだとするジョーンズ供給相が対立したが，判断は持ち越された[19]。2 月 12 日の閣議では，ブラー法務相（Reginald Manuingham-Buller, Attorney-General）は，「法的観点から見ると，BEA が自己資金でデハビランド陣営の旅客機を発注する場合，政府の許可を必要としない」と述べた。ワトキンソン民間航空相は，「BEA がデハビランド陣営との交渉に入ることに対して，以前は，蔵相の同意が必要となることを理由として，止めさせようとしたが，もはやこの立場は維持できない」と述べた。閣僚はワトキンソン見解に同意した。内閣は，民間航空輸送相ワトキンソンに，デハビランド陣営（エアコ）と中距

離ジェット旅客機 DH121 購入をめぐる交渉に入ることを BEA に対して許可する決定を行った。[20]

2　航空機産業作業部会報告の承認

「航空機産業の将来――航空研究開発（1958 年 4 月 14 日）」と題する航空機産業作業部会第一報告が内閣に報告された。報告は，調査の目的として，第一に，新軍事方針の下で，航空機産業の規模はどの程度縮小するか？また，規模縮小のスケジールはいかなる程度か。第二に，縮小した航空機産業はより少ない数のユニットに再編されるべきであるか。また，どのようにこの再編がなされるか，どの企業が存続するか決定することは可能か。第三に，政府が航空機産業に対して財政的支援を継続することは国益に適うか。また，国益に適うならば，どの程度の規模が必要か，を検討した。[21]

1958 年 5 月 2 日付けのアモリー（Heathcoat Amory）蔵相メモランダム C（58）94 は，航空機産業ワーキング・グループの概要と勧告を検討した。アモリー蔵相文書は，次の 3 点をワーキング・グループ報告書の主要勧告として，報告した。第一に，政府は，軍民双方の航空計画の研究開発への支援を現在の水準で継続するべきであるが，それは，現在直面している環境の変化に対応するのに十分なほど，航空機産業が再編・強化されることを条件とする。第二に，民間機開発の分野においては，超音速旅客機開発や垂直離着陸機のような次世代機について，実質的な政府援助が必要であろう。第三に，航空分野での研究開発についての政府支援の方針について議会での声明が必要であろう。アモリー蔵相文書 C（58）94 は，閣僚経済政策委員会のワーキング・グループ報告書への見解を次のように述べた。「総じて，経済政策委員会は，もし航空機産業が効率的に組織されるならば，航空機産業が，国家に対して価値ある貢献を継続しうることに同意する。したがって，政府の方針は，軍事調達の削減と海外での競争が激化するという困難な過渡期において，航空機産業が，より少なく，強力なユニットに集中するよう促すことにある。」[22]

1958 年 5 月 6 日の閣議はアモリー蔵相メモランダムを検討した。アモリー蔵相の見解によると，「航空機産業は，政府からの財政的支援の継続との引き替えに，現在直面している環境の変化に対応できるよう，より効率的で経済的

なベースに再編されるよう促されなければならない。」内閣は，ワーキング・グループ会報告書に示された方針に沿って，民間分野への政府の研究開発支援を行うことを承認した。[23]

『1957年国防白書』での有人航空機調達削減の方針を受けて，政府の航空機産業政策がどのようになるのか，とりわけ政府援助が継続されるのかどうかが焦点となっていた。1958年5月13日，供給相ジョーンズは下院で航空機産業に対する政府の政策について次のように声明を発表した。「他国の航空機産業と同じように，イギリス航空機産業は重要な国防産業として，初期の段階から政府機関の研究に支えられ，調査・開発・生産における政府契約の支援を得て発展してきた。現下の国防需要の削減——調達数の上でも機種数においても有人軍用航空機の需要の削減——は，不可避的に現在のイギリス航空機産業の規模の縮小を伴う。しかし，依然として軍の航空機と誘導ミサイルの要求に応えうる効率的で経済的な産業を必要としている。それゆえ，政府は国防要求に合致した航空分野の研究開発に対する後援と財政支出を継続する。[24]」ジョーンズはこのように述べ，『1957年国防白書』による有人航空機調達の削減が不可避的に産業の収縮を伴うものであることと，その際に政府援助が継続されることを明らかにした。そして，政府の支援が成長の見込まれる民間旅客機開発にも適用されることを述べた上で，その条件として次の条件を述べた。「政府の見解によれば，産業の再編と強化が，現在航空機産業が直面している環境の変化に対応するに十分な程度になされなければ，研究開発支援を継続しても無意味である。[25]」ジョーンズはここで政府支援なしに民間旅客機の新プロジェクトを運営できるよう，産業の再編を促した。そして，航空機企業の「理想的基準（ideal standard）」となるべき基準を示した。その基準とは，軍用機・民間機双方の部門からなり，同時に，航空機製造だけでなく他の多角化した産業部門を有する経営的に安定した企業という基準であった。[26]

ジョーンズの声明を受けて，1958年5月22日には下院で航空機産業に関する討議が行われ，産業縮小の問題とそれに対する政府支援の輪郭がより明瞭になった。この討議で供給省担当議会次官テーラー（W. J. Taylor, Parliamentary Secretary to the Ministry of Supply）は政府の政策を以下のように述べた。「産業の収縮は漸進的で数年はかかるであろう。したがって，航空機産業は，その

第2節　ジョーンズによるイギリス航空機産業再建政策の展開——産業合理化政策

組織と活動を新しい状況に適応するのに，そう長くはないにしろ，いくばくかの時間がある。勇気と見通しを伴ういくつかの困難な決断がなされなければならないであろう。しかし，その勇気と見通しがあれば，困難な過渡期がスムーズに進むであろうと私は信じている。この点に関して産業は何をすべきであろうか？それには2つの主要な手段がある。第一には，航空機産業は，より大きな強力な企業に再編されなければならない。我々がこれを促すのは，これが，イギリス産業が他国に存在する巨大な生産ユニットに効率的及び経済的に競争しうる唯一の方法であると信じるからである。また，将来のますます複雑化する航空機開発には，技術的にも経営的にも強力で，研究を継続するためには広範な能力をもつ企業にしか耐えることはできないであろう。第二に，我々は航空機製造に従事する企業は，できるだけ事業を多角化し，開発・生産を相補的に行うようううながす。」[27] テーラーの説明により，政府が需要の減退に対応して企業の合同を伴う産業合理化が不可避であると認識しており，少数の生き残った企業の多角化を望んでいることが示された。

3　民間機部門の危機

　1958年12月18日付けのジョーンズ供給相メモランダムC（58）257は，航空機産業の民間機部門の危機を次のように訴えた。メモランダムは，『1957年国防白書』の航空機産業に対する影響が現れてきており，この1年間で雇用は1万人失われたと述べ，1959年中にはさらに2万5000人の雇用が失われるだろうと予測した。メモランダムは次のように指摘した。問題は，従来安定した経営をしてきた主要企業——ホーカー・シドレー・グループ社，ブリストル社，ハンドレー・ページ社，ショート・ブラザーズ社——が経営縮小，あるいは経営破綻に追い込まれている。また，ヴィッカーズ社もターボプロップ機ヴァンガードの商業的失敗，デハビランド社もコメット4の先行きが不透明なことによって，経営の将来性が不安定化している。大きな問題は，イギリス航空機産業は，軍用機部門の縮小をある程度補うほどの民間機部門の将来の見通しをもっているかということである。「結論づけると，航空機産業は，軍用機予算の削減によって苦しんでいるだけでなく，民間機部門でも危機を迎えている。現実的に考えて，次の10年，イギリス航空機産業が民間機部門から撤退し，こ

の重要な産業そのものから撤退せざるを得ない危機を迎えている。」1958年12月23日の閣議でも，ジョーンズ供給相は，民間機部門への政府の何らかの支援を訴えた。[28][29]

1959年総選挙までにイギリス航空機産業はいくつかの構造的変化を経験した。O.R.339のエンジン契約では，オリンパス・エンジンを受注することを主要な目的として，ブリストル・エンジン社とアームストロング・シドレー社の統合が進行し，1958年4月，ブリストル・シドレー・エンジン社が設立された。[30] O.R.339の機体の選定過程においては，軍はヴィッカーズ社の提案した設計を望んだ。しかし，供給省の産業合理化方針からすれば，単独の企業が受注するのは好ましくなかった。また，ヴィッカーズ社とイングリッシュ・エレクトリック社はTSR2計画のために共同会社を設立した。そこで，1959年1月，主契約はヴィッカーズ社に与えられたが，作業量は50対50でイングリッシュ・エレクトリック社も主要下請契約者に選ばれた。エアコとブリストル・シドレー・エンジン社が新たに設立された。それに加え，ブリストル社とホーカー・シドレー社は機体部門の統合を企図した。その第一歩として新しい合同会社の設立を提案したが，BEAのジェット旅客機の受注を逃したため，これは失敗に終わった。また，この時期に，ホーカー・シドレー社がフォランド社を，ウェストランド・ヘリコプター社がサンダース・ロウ社を合併した。[31][32]

第3節　サンズによるイギリス航空機産業再建政策の展開――1960年政策

1　ヴィッカーズ社の民間部門からの撤退危機

1959年7月3日，マクミラン首相を議長として，航空機産業を議題とする閣僚委員会が開催された。閣僚委員会はヴァイカウント更新問題を主に検討した。ジョーンズ供給相は，次のように説明した。「1958年初頭，内閣は，DH121が民間事業として，BEAに使用される提案を承認した。BEAは，当初要望していたより小型の旅客機を要求した。さらには，ロウルズ-ロイス社は最近，DH121用の新エンジンの開発に対する援助として700万ポンドを政府に求めてきた。」ジョーンズは，政府はプロジェクトをこうした新しいベース（政府援助）で支援するべきではないと述べ，次のように続けた。この見地

は，DH121が，商業的成功に必要な，外国での販売を得る見込みがないことからなおさらいえることである。ヴァイカウントの成功以来，イギリス航空機産業は，輸出市場で強力な地位を築いたことはなく，将来の見通しも良好とはいえない。しかし，ヴィッカーズ社の運営下で開発されているプロジェクトを支援する合理的な理由がある。それは，トランスカナダ航空（Trans-Canada Airways）が関心を示していることである。もしトランスカナダ航空の発注が50機に達し，BEAの発注と合わせれば，商業的成功の基礎が築かれる。ジョーンズは，民間航空輸送相が，BEAをこのような方向で協力するよう説得するべきだと提言した。

ワトキンソン民間航空輸送相は次のように述べた。「DH121は事実上ヴァイカウントの更新機材に当たる。もしヴァイカウント更新に政府援助が必要になるとしたら，注意すべき点は，2機種が投入されてしまうことである。しかし，現時点では，現在BEAがデハビランド社と行っている交渉を変更することは困難である。解決策は，ヴァイカウント更新に関する，ヴィッカーズ社の事業とデハビランド社の事業を何らかの形で合併することだろう。」

閣僚による討議を総括して，マクミラン首相は次のように述べた。「イギリス航空機産業は，民間機開発において，同じカテゴリーにおいては1機種のみ開発するのがふさわしい。[33]」

1959年7月9日の閣僚委員会では，前回に引き続きヴァイカウント更新問題と新たに長距離ジェット旅客機VC10問題が討議された。ヴァイカウント更新問題では，閣僚は，ヴァイカウント更新をめぐる世界市場での競争に勝ち抜くには，ロウルズ-ロイス社エンジンを搭載したヴィッカーズ社のプロジェクトが望ましいという印象を確認した。そのような見通しを実現するためには，ヴィッカーズ社が，現在のところBEAとデハビランド社（エアコ）との契約下にあるBEAの機材要求に適合させることが望ましかった。

VC10問題についても深刻な状況が続いていた。1958年1月，BOACは，ヴィッカーズ社と，VC10確定発注35機とオプション[34]20機の契約を結んでいた[35]。閣僚委員会において，VC10発注について，閣僚達は，以下の点の説明を受けた。ヴィッカーズ社は，もし発注がBOACによる35機にとどまり，ヴァイカウント更新機材になるであろうVC10の小型バージョンの成功がなければ，

同社は，800万〜1000万ポンドに及ぶ見通しの損失に耐えられないと表明した。VC10は，技術的には，対抗するアメリカ機ボーイング707・ダグラスDC8より優位にあるが，世界の輸出市場での成功の見通しは不透明である。政府のVC10援助は多様な形態をとりうる。もしBOACが現在の20機のオプションを確定発注に転換すれば，あるいは，さらに空軍から20機の発注を受ければ，ヴィッカーズ社は，この機種について深刻な損失を回避し，輸出市場での見通しも見えてくる。しかし，BOACは，コメットとブリタニアが運航を終える1960年代後半まで新機材を必要としないだろうし，空軍による発注もブリタニアが退役する1967-70年まで見込めない。VC10の生産・開発の放棄は，イギリス航空機産業の長距離旅客機市場からの撤退を意味するだけに，重大な問題であった。[36]

　1959年7月，イギリス航空機産業は危機的な状況に陥った。ヴィッカーズ社が，民間部門から撤退する瀬戸際に立たされたからである。ヴィッカーズ社は，イギリスの主要な航空機メーカーであり，輸出の有力な担い手である。しかし，ヴィッカーズ社は，ヴァンガード・ターボプロップ旅客機の商業的失敗で約1000万ポンドの損失を被ることが予想された。もし，同社に対して追加の発注と政府援助がなければ，ヴィッカーズ社は，BOACにVC10を納入する契約を遂行するのに，ヴァンガードと同額，否もっと巨額の損失を出すことになる。このことは，イギリスの国営エアラインであるBOACが大西洋航路でアメリカ機を使用することを意味する。一方，デハビランド社も乏しい財務資源しか有していなかった。同社には，コメット以外には開発計画はなにもない。BEAが24機発注したDH121には追加注文の見通しは全くなかった。もし，デハビランド社がBEAとの契約を遂行すると，この契約には多額の資金が必要になるであろう。政府は，航空機産業のこの状況を何とかしなければならなかった。政府が何らかの代替案を出さなかった場合，イギリスは航空機産業を完全に放棄するか，航空機産業を国有化するか，のどちらかの選択に直面することが確実であった。[37]

2　政府援助の導入と合理化完成

　集中化の第二段階は，1959年末の航空省設立から始まった。これまで航空

第3節　サンズによるイギリス航空機産業再建政策の展開——1960年政策

機開発に関わる政府機関は，航空機産業を監督する供給省（Ministry of Supply）と，エアラインを監督する民間航空輸送省（Ministry of Transport and Civil Aviation）に分かれていたが，航空機産業・エアライン双方を統一的に指導する機関として航空省（Ministry of Aviation）が設立された。1959年総選挙後，供給省と民間航空輸送省を統合して航空省が設立され，初代航空相には，『1957年国防白書』に携わったダンカン・サンズが任命された。供給省は，政府の航空機調達当局であり，そのため，航空機メーカーと密接な関係を有していた。これに対して，民間航空輸送省は民間航空を所管しており，エアラインと密接な関係をもっていた。こうした権限の分割は，2つの省庁の間で見解の衝突が起きる可能性を意味し，実際にBEAのジェット旅客機発注をめぐって供給省と民間航空輸送省との間で深刻な見解の衝突が発生した。しかし，2省庁の統合と航空省の設立により，衝突の可能性は排除され，航空に関する1つの調整された機関が確立されたのである。[38] 航空省は，アメリカ航空機産業に対抗し1960年代を通じてイギリス航空機産業を支える軍民のプロジェクトを立案し，これらのプロジェクトの受注に際して複数メーカー間の共同開発を条件とすることによって，メーカーの統合を誘導していった。

サンズはジョーンズが推進した産業合理化を継承すると同時に，ジョーンズの民間資金政策から，政府補助金の導入へ政策転換を図ることによってより積極的に推進した。1959年11月には，彼は産業界の指導者と会談し，航空機産業界には機体部門に2社とエンジン部門に2社しか存在する余地はないと言明し，産業合理化に向けての政府の姿勢を鮮明にした。彼は大蔵省に開発着手援助の正式な再導入を認めさせ，産業合理化を進める彼の立場を強化した。航空省は，調達と開発支援を，合併を進める少数のメーカーに集中することで，産業合理化を推進した。[39]

1959年12月16日付けサンズ航空相メモランダムC（59）185は，民間機開発への政府援助の導入とこれを梃子とした産業合理化の完成を次のように提言した。「航空機産業が現在直面している決定的な時期において，また，世界市場において競争的地位を確保することを支援するために，私は，民間分野の機体・エンジン開発において追加的な政府援助が，数年にわたって1500万ポンド必要であると算定した。政府による財政支援が決定的である。しかし，それ

第3章 スエズ危機後におけるイギリス航空機産業合理化

表1 1959年12月におけるイギリス機体メーカー

会社名	雇用者数
ホーカー・シドレー社	30,000
デハビランド社	16,000
ヴィッカーズ社	16,000
イングリッシュ・エレクトリック社	15,000
ブリストル社	9,000
ハンドレー・ページ社	8,000
ショート・アンド・ハーランド社	8,000
フェアリー社	6,000
ウェストランド／サウンダー・ロウ社	6,000
ブラックバーン社	5,000
スコティッシュ・アビエイション社	3,000
ハンティング社	2,000

出典) TNA, CAB129/99, C(59)185, "The Aircraft Industry," December 16, 1959.

だけでは不十分である。同様に，イギリス航空機産業がより強固な基盤を持つよう根本的に再編されなければならない。実のところ，私は，メーカーに対して，合併しなければ，彼らを現在の苦境から救い出すような政府援助は期待できないと率直に述べた。」

表1に示したように，現在，機体メーカーは12社ある。「現代の航空機の規模と複雑さ及び，アメリカメーカーの競争力の強力さからすると，我々のメーカーは，巨大な投資のリスクにさらされる。現在のところ，どの機体メーカーも，要求される規模の資本も装備ももたない。産業の必要な強化は，いくつかの企業を適切なグループに合併することによってしかできない。私の見解では，2つの機体グループと2つのエンジングループだけが，合理的に活用可能な資源と発注を支えることができる。私は，機体部門の1つのグループはホーカー・シドレー社を基盤とし，デハビランド社が連携することを，もう1つのグループはヴィッカーズ社とイングリッシュ・エレクトリック社を基盤とすることを希望する。エンジン部門では二大グループが既に存在している。すなわち，ロウルズ－ロイス社とブリストル・シドレー社である。ネピア社・デハビランド社のエンジン部門は，主要グループに吸収されることを希望する。」[40]

1959年12月17日の閣議において，サンズ航空相は，航空機産業の重要性と窮状を説明するとともに，現在年間2500万ポンドの規模で行われている政

第3節　サンズによるイギリス航空機産業再建政策の展開——1960年政策

府援助を，毎年1500万ポンド増額することを次のように提案した。政府の財政支援は，企業グループが新規プロジェクトを成功させる経営資源を確保するために必要である。現在，航空機産業は2つの機体メーカーと2つのエンジンメーカーへの再編が進行中である。この再編を達成するためには，再編後の主要グループが政府援助を受け取れる見通しが必要である。これに対して，アモリー蔵相（Heathcoat Amory, Chancellor of the Exchequer）は，政府援助がこうした目的に使用された場合，年間1500万ポンドを超過する見通しが大きいと反論した。マクミラン首相は議論を総括し，「内閣は航空機産業が2つの機体メーカーと2つのエンジンメーカーに再編されることによって，航空機産業が維持されることを承認した」と述べ，関係閣僚に対して次のように要請した。「産業再編の達成のためには，政府の財政支援は必要かもしれないが，政府支援の額を決定することは困難なように思われる。」「したがって，関係閣僚は，この点について，内閣への勧告を行うよう検討することを求める。」[41]

12月21日，アモリー蔵相を議長とし，サンズ航空相も参加した閣僚委員会が開催された。委員会で，アモリー蔵相は，「長期的に見て，航空機産業の研究開発費は持続不可能であるし，イギリス航空機産業の販売見通しは不透明である」と述べた。これに対して，サンズ航空相は，「ホーカー・シドレー社は合併を完了させたし，ヴィッカーズ社，イングリッシュ・エレクトリック社，ブリストル社も，政府援助の保証を条件として，新会社の設立の準備をしている」と述べ，長距離機VC10・大陸横断機スーパーVC10・中距離機VC11からなるVCシリーズへの政府援助の必要性を訴えた。アモリー蔵相は，会議を総括し，提案されているVCシリーズへの政府援助については，「それがヴィッカーズ社，イングリッシュ・エレクトリック社，ブリストル社の合併に導くのであれば受け入れ可能である」と述べた。[42]

12月22日午前，サンズ航空相とアモリー蔵相は，次の3点において基本的な合意をみた。第一に，政府は，ヴィッカーズ社，イングリッシュ・エレクトリック社，ブリストル社の合併を条件として，VCシリーズに対して2000万ポンドの開発援助を行う。第二に，政府は，20機のスーパーVC10と20機以下のVC11の生産にかかる費用の50％までを引き受ける。第三に，来たる5年間，政府は，年平均約1500万ポンドを民間機・民間エンジンメーカーのた

めに支出する。同日午後，サンズ航空相は，ヴィッカーズ社，イングリッシュ・エレクトリック社，ブリストル社の代表者と会談し，政府が航空機産業を支援する方針であることを示すとともに，上記第一点の合併について促した。[43]

1960年2月9日付けサンズ航空相メモランダムC（60）21において，サンズ航空相は，航空機産業の再編が事実上完了したことを内閣に次のように報告した。機体・ミサイル部門では，ヴィッカーズ社，イングリッシュ・エレクトリック社，ブリストル社，ハンティング社からなるグループとホーカー・シドレー・グループ（ホーカー社，グロスター社，A. V. ロウ社，アームストロング・ウィットワース社からなる），デハビランド社，ブラックバーン社からなる2グループに再編された。ヘリコプター部門では，ウェストランド社，サンダー・ロウ社，フェアリー・アビエイション社，ブリストル社のヘリコプター部門が1社（ウェストランド社）に統合されることになった。エンジン部門では，ロウルズ-ロイス社が，ネピア・エンジンを買収するべく交渉中であり，ブリストル・シドレー社がおそらくデハビランド社とブラックバーン社のエンジン部門を吸収するであろう。私は，蔵相の承認に基づいて，メーカー側に，彼らが政府から期待できる財政的支援の性質・目的・金額について伝達した。この政府援助は以前のメモランダムC（59）185に沿っている。当初，提案されているプロジェクトは以下の通りである。ヴィッカーズ社に対して，VC10・スーパーVC10・VC11，ウェストランド社に対してフェアリー・ロトダインの援助を行う予定である。政府の航空機産業に対する新方針を議会に説明する必要があるであろう。2月11日の閣議で，サンズ航空相は，下院で航空機産業に対する政府の新方針を公表し，議員からの質問に答えることを提案した。[44]内閣は，サンズ航空相メモランダムC（69）21を承認した。[45]

1960年2月15日，サンズは，下院で次のような声明を発表した。「政府は，イギリスが，単にイギリス軍に航空機とミサイルを供給するだけでなく，世界大での民間航空の発展のなかで重要な役割を果たすような強力で効率的な航空機産業を維持することが決定的であると認識している。航空相に任命されてから4ヵ月間，私は航空機産業をめぐる問題を検討してきた。私は次のことを表明する。現代の航空機はますますコストと複雑性が増大しており，外国との競争が激しくなることと相まって，製造企業に以前よりさらに強大な経営的技術

第 3 節　サンズによるイギリス航空機産業再建政策の展開——1960 年政策

的資源を必要とするようになっている。これを理由として，私は，製造企業は統合によってより強力な生産単位をつくりあげることを考慮しなければならないと示唆した。私が思い描いているのは，五大主要グループ——固定翼機と誘導ミサイルを作る機体部門の 2 企業，ヘリコプターをつくる 1 企業，航空機エンジンをつくる 2 企業——のことである。(中略) 政府による軍用機調達——航空機産業の仕事量の大部分を占めるのであるが——の急激な削減によって，国内・海外での民間機の販売が急務である。政府は，航空機産業に対してこうした環境の変化に適応しうるよう支援する方策を検討している[46]。」サンズは民間旅客機分野の重要性を指摘するとともに，産業合理化によって五大グループに集約する必要性を述べた。さらに「特別な仕様や公共政策からしてやむを得ない場合をのぞき，われわれは政府の発注を五大重要グループに集中するつもりである[47]」と述べ，今後の政府のすべての発注が合理化後の新グループに与えられることを言明した[48]。そして「民間市場の増大する重要性に鑑み，政府は，今後，航空機・航空エンジンのプロジェクトに対する支援を増加させることを決定した[49]」と述べて，民間航空機開発への政府の支援を明らかにした。これは，政府が民間航空機とエンジンに対する直接的財政支援を与えるということを意味した。航空省は，1960 年中に，長距離旅客機 VC10，中距離旅客機 BAC1-11・トライデント，スペイ・エンジンの 4 つのジェット旅客機開発プロジェクトに対する開発支援を発表した[50]。

　BOAC は，ヴィッカーズ社から，長距離旅客機 VC10 の開発が危機に陥っており，ヴィッカーズ社の経営の建て直しを図るため VC10 の発注数を増加するよう要請された。当時，第三世界の新興独立国のエアラインが，従来 BOAC がほぼ独占していた航路に参入をはじめ，BOAC 自体が，経営の悪化に悩まされていた。また，BOAC は北大西洋航路ではボーイング 707 のみを使用機種とすることを計画していたため，VC10 の発注増加には乗り気ではなかった。しかし，航空省は，VC10 シリーズへの支援が BAC 社の経営安定化に寄与すると考え，BOAC の VC10 発注増加を後押しした。1960 年 6 月，BOAC 経営陣は，イギリス航空機産業支援は BOAC の基本的任務であるとの観点から，スーパー VC10 を 10 機追加購入する契約をヴィッカーズ社と結び，従来の発注と合わせ，15 機の VC10 (スタンダードタイプ) と 30 機のスーパー

97

VC10 の発注を決定した。VC10 シリーズの発注数は，イギリス空軍と BOAC の注文により，60 機近くに達し，開発費を回収しうる損益分岐点に近づいた。この航空省の開発援助は，産業合理化に対する政府の姿勢を航空機産業界に印象づけ，1960 年前半における企業合併の急速な進行を促進した。[51]

　ホーカー・シドレー・グループ社は，伝統的に軍用機開発に特化していたが，フォランド社を合併することで，Gnat 練習機の発注を獲得し，軍用練習機市場において独占的な地位を築いた。ホーカー・シドレー・グループ社は，フォランド社に引き続いて，ブラックバーン社とデハビランド社を合併した。ブラックバーン社はバッカニア（Buccaneer）戦闘機を開発・製造していたが，政府の合併方針の下で，バッカニア以上の先進的な戦闘機を開発する見込みを失い，ホーカー・シドレー・グループ社の買収に応じた。デハビランド社は，ジェット旅客機コメット開発に関わる損失で財政が圧迫されていたためとトライデント旅客機開発に関わる財政的逼迫の見通しから，ホーカー・シドレー・グループ社の買収に応じた。ホーカー・シドレー・グループ社は，デハビランド社の買収によって，BEA がエアコ・グループに発注していたトライデント旅客機の開発計画を取得した。これによって，ホーカー・シドレー・グループ社は，軍用機だけでなく，民間機も開発・生産するようになり，軍用機・民間機双方を生産するという政府の「理想的基準（ideal standard）」に合致するようになった。[52]

　機体部門でのもう 1 つの合併の中心はヴィッカーズ社とイングリッシュ・エレクトリック社の共同会社であった。1960 年 1 月，ヴィッカーズ社とイングリッシュ・エレクトリック社はブリストル社と合併し，新会社を設立することを発表した。新会社は BAC（British Aircraft Corporation）社と命名され，ヴィッカーズ社，イングリッシュ・エレクトリック社，ブリストル社が 40 対 40 対 20 の割合で出資する共同会社となった。BAC 社は，デハビランド社が設立したコンソーシアムであるエアコに参加していたハンティング社の 70 パーセントの株式を獲得した。航空省が，ハンティング社の BAC 社への参加を指導した効果もあり，ハンティング社は BAC 社の子会社となった。ハンティング社は，中距離ジェット旅客機の設計案を有していた。BAC 社成立後，BAC 社経営陣は，同社の中距離ジェット機に，ヴィッカーズ社の VC11 ではなく，ハ

第 3 節　サンズによるイギリス航空機産業再建政策の展開——1960 年政策

ンティング社案を採用し，このハンティング社の中距離ジェット機設計案は，BAC111 と名付けられ，国際市場で商業的に成功した。BAC 社は軍用機 TSR2（O.R.339 契約）と，長距離旅客機でヴィッカーズ社が開発していた VC10，中距離旅客機 BAC111 の開発計画を担当することとなった。[53]

　エンジン部門では，ホーカー・シドレー・グループによるブラックバーン社・デハビランド社の機体部門併合に伴い，ブリストル・エンジン社とアームストロング・シドレー社の共同会社——ブリストル・シドレー・エンジン社——が，ブラックバーン・デハビランド両社のエンジン部門を取得した。ロウルズ−ロイス社は，ネピア・エンジン社を合併し，中距離旅客機 BAC111・トライデントに搭載されるスペイ・エンジンの開発援助を政府から受けることになった。[54] また，機体・エンジンの両部門以外にもヘリコプター部門では，ウェストランドがサンダー・ロウ社を買収したのに続いて，フェアリー社・ブリストル社のヘリコプター部門を買収し，イギリスのヘリコプター生産のほぼ完全な独占を達成した。[55]

　1960 年春には，集中化の第二段階が完了し，イギリス航空機産業は，機体部門が BAC 社とホーカー・シドレー・グループの 2 社，エンジン部門がロウルズ−ロイス社とブリストル・シドレー・エンジン社の 2 社の四大会社に再編された。集中化の過程で，機体部門とエンジン部門の専門化が進んだ。そのため，ブリストル社，デハビランド社，ブラックバーン社のような両部門をもっていたメーカーは，新たに設立された機体・エンジンに専門化した巨大メーカーに吸収されていった。

　航空省は，産業合理化によって成立した機体会社 2 社・エンジン会社 2 社の四大航空機メーカーの軍民にわたる開発計画を支援することで，アメリカ航空機産業との対抗を企図した。旅客機部門では，航空省は，イギリス空軍の発注とフライ・ブリティッシュ政策（イギリス機購入政策）に基づく BOAC（British Overseas Airways Corporation，英国海外航空，以下 BOAC）の発注によって，BAC 社の VC10 開発を支援し，長距離旅客機部門における競争力回復をねらった。続いて，V/STOL 戦闘機 P1154 と V/STOL 輸送機 HS681 の開発契約がホーカー・シドレー社に与えられ，1960 年代におけるイギリス航空機産業の主要プロジェクトが出揃った。[56] 航空省は，長距離旅客機・中短距離旅客機・

戦闘機・軍用輸送機にわたる航空機産業の主要市場において「1960年代開発計画」ともいうべき一連の開発プロジェクトを策定した。航空省は，これらの諸計画を集中化された四大メーカーにバランスよく配分することによって，アメリカ航空機産業への対抗を試みた。

航空省は，民間部門においてはボーイング707，ダグラスDC8の対抗機種長距離機VC10プロジェクトと，ボーイング727，ダグラスDC9の対抗機種中短距離機BAC111，ホーカー・シドレー社トライデント（Trident）・プロジェクトを，軍用機プロジェクトとしてはゼネラル・ダイナミックスF111の対抗機種にあたるTSR2戦闘爆撃機プロジェクト（O.R.339契約），マクダネルF4の対抗機種P1154プロジェクト，ロッキードC130ジェット輸送機の対抗機種HS681プロジェクトからなる1960年代開発計画を打ち出し，新世代航空機開発をめぐってアメリカ航空機産業に対抗する姿勢を鮮明にした。機体部門ではホーカー・シドレー社が民間機トライデントと軍用機P1154，HS681を，BACが民間機VC10，BAC111と軍用機TSR2を，エンジン部門ではロウルズ-ロイス社が民間機VC10用コンウェイとトライデント，BAC111用スペイ・ジェットエンジンと軍用機HS681用ダートターボプロップエンジンを，ブリストル・シドレー社が軍用機TSR2用スーパーソニック・オリンパスとP1154用BS100ジェットエンジンの開発，生産をそれぞれ担当した。以上のように，イギリス航空機産業は，マクミラン保守党政権において，航空省の指導の下，アメリカ航空機産業に対抗して軍民の国際市場で競争しうる開発計画に乗り出した。

おわりに

1950年代後半におけるイギリス航空機産業の危機は，イギリス政府の航空機産業政策の再編を促した。マクミラン保守党政権は，1958年から1960年にかけて，次のような新たな航空機産業政策を実施する。新たな航空機産業関連政策は，①産業合理化，②1960年代における実用化を目指した新開発計画，③航空省の設立という関連する3つの政策から成り立っていた。1958年初頭，イギリス航空機産業は，14の機体メーカーと5つのエンジンメーカーによっ

て成り立っており，そのうちの多くが経営危機に瀕していた。政府は，これらのメーカー群を統合し，財政資金を統合された少数のメーカーに集中することによって，巨大な開発資金を要する1960年代の航空機プロジェクトを運営しようと試みた。同政権は，軍民の次世代機開発を可能にし，イギリス航空機産業をアメリカ航空機産業に対抗して存立させることを目標として，1950年代末から1960年代初頭にかけて，産業合理化を終えた少数の企業に，政府の軍事調達を集中し，民間旅客機開発支援を与えた。

　以上，本章は，イギリス航空機産業のアメリカ航空機産業からの自立を企図する最終局面にあたるマクミラン政権期におけるイギリス航空機産業政策の展開を検討した。1950年代中葉までに海外市場をアメリカのメーカーに制圧されたことと『1957年国防白書』によって，イギリス航空機メーカーの経営危機が，表面化する。この航空機産業の危機に対して，産業合理化の第一段階において，ジョーンズ供給相は，民間資金政策の下，TSR2契約・BEAのジェット旅客機発注を通じて，産業合理化を試みた。続いて，第二段階においては，1959年，航空省（Ministry of Aviation）を設立し，初代航空相サンズ（Duncan Sandys）の指導の下に，政府援助の導入を梃子に産業合理化を達成させることで，打開を図った。1960年までに，機体部門では，BAC社，ホーカー・シドレー社の2社，エンジン部門では，ロウルズ-ロイス社，ブリストル・シドレー社の2社に航空機産業は合理化され，航空省は，民間部門のVC10プロジェクト・次期主力戦闘爆撃機TSR2プロジェクトからなるアメリカに対抗する「1960年代開発構想」ともいうべき構想を打ち出し，航空機産業の再建策を立案した。これらの施策を通じて，マクミラン政権とイギリス航空機産業は，軍用機部門ではTSR2，民間機部門ではVC10というアメリカ航空機産業に伍するプロジェクトを維持した。この点からすると，マクミラン政権はスエズ危機後においても帝国防衛の軍事産業基盤を維持し，帝国防衛の意思を堅持したといってよいであろう。

1　*Report of the Committee of Inquiry into the Aircraft Industry* (London: HMSO, 1971), cmnd.2538, para. 92. 以下 *Plowden* と略。*Defence: Outline of Future Policy*, (London: HMSO, 1957), cmnd. 124.

第 3 章 スエズ危機後におけるイギリス航空機産業合理化

2　Hayward, Keith, *The British Aircraft Industry* (Manchester: Manchester University Press, 1989), p. 68.
3　*Ibid.*, pp. 69–70.
4　TNA, CAB129/88, C (57) 154, July 1, 1957.
5　TNA, CAB129/88, C (57) 155, July 1, 1957.
6　TNA, CAB129/88, C (57) 159, "The Aircraft Industry," Memorandum by the Minister of Transport and Civil Aviation, July 5, 1957.
7　TNA, CAB128/31, CC (57) 50th Conclusions, July 9, 1957.
8　TNA, CAB134/1677, EA (57) 100, "Future of the Aircraft industry," Memorandum by the Chancellor of the Exchequer, July 23, 1957
9　TNA, CAB123/31, CC (57) 60th Conclusions., August 1, 1957.
10　TNA, AVIA65/1276, "Size and Shape of the Aircraft Industry and G.O.R.339," September 13, 1957.
11　TNA, AVIA65/1276, "G.O.R.339, Note of a meeting held in Shell Mex House on 16th September, 1957,"; Hayward, *Industry, op. cit.*, p. 72.
12　*Ibid.*, p. 73.
13　Hartley, Keith, "The Mergers in the UK Aircraft Industry," *Journal of the Royal Aeronautical Society*, LXIX (Dec.1965), p. 849.
14　TNA, CAB129/91, C (58) 19, "Aircraft for British European Airways," Joint Memorandum by the Minister Of Transport and Civil Aviation and the Minister of Supply, January 23, 1958.
15　Hartley, Keith, *op. cit.*, pp. 848–849.
16　Hartley, Keith *op. cit.*, p. 849.
17　TNA, CAB129/91, C (58) 31, "British European Airways," Memorandum by the Minister of Transport and Civil Aviation, January 31, 1958,.
18　TNA, CAB129/91, C (58) 32, "The Aircraft Industry and the British European Airways," Memorandum by the Minister of Supply, February 1, 1958.
19　TNA, CAB128/32, CC (58) 14th Conclusions, February 4, 1958
20　TNA, CAB128/32, CC (58) 16th Conclusions, February 12, 1958; TNA, PREM11/2597, "Viscount Replacement," the Minister of Supply to Prime Minister, July 2, 1959.
21　TNA, CAB129/92, Appendix B to C (58) 94.
22　TNA, C (58) 94, "Aircraft Industry," Memorandum by the Chancellor of the Exchequer, May 2, 1958.
23　TNA, CC (58) 38th Conclusions, May 6, 1958.
24　House of Commons, May 13, 1958, Col. 228.
25　*Ibid.*, Col. 229.
26　Hartley, Keith, *op. cit.*, pp. 847–848.
27　House of Commons, May 22, 1958, Col. 1628.
28　TNA, C (58) 257, "The Aircraft Industry," Memorandum by the Minister of Supply, December 18, 1958.
29　TNA, CC (58) 87th Conclusions, December 23, 1958.

30 Hartley, *op. cit.*, pp. 849-850.
31 Hartley, *ibid.*, p. 849.
32 *Ibid*, p. 850.
33 TNA, PREM11/2597, "The Aircraft Industry, Record of a Meeting held at 10, Downing Street, S.W.1, on Friday, 3rd July, 1959 at 10 a.m."
34 オプションとは，エアラインが旅客機メーカーに発注する際に，追加発注する権利のこと。
35 Corke, Alison, *British Airways: The Path to Profitability* (London: Palgrave Macmilan, 1986), p. 38
36 TNA, PREM11/2597, "The Aircraft Industry, Record of a Meeting held at 10, Downing Street, S.W.1., on Thursday, 9th July, 1959 at 6.30 p.m."
37 TNA, PREM11/2597, "Note for talk with the Chancellor of the Exchequer," July 14, 1959.
38 Hartley, *op. cit.*, p. 846.
39 Hayward, *Industry, op cit.*, pp. 74-75; Hayward, Keith, *Government and British Civil Aerospace* (Manchester: Manchester University Press, 1983), p. 41.
40 TNA, CAB129/99, C (59) 185, "The Aircraft Industry," December 16, 1959.
41 TNA, CAB128/33, CC (59) 64th Conclusions, December 17, 1959.
42 TNA, CAB130/170, GEN701/1st Meeting, "Aircraft industry," December 21, 1959
43 TNA, PREM11/3637, to Prime Minister, December 22, 1959.
44 TNA, C (60) 21, "The Aircraft Industry," Note by the Minister of Aviation, February 9, 1960.
45 TNA, CAB128/34, CC (60) 7, February 11, 1960.
46 House of Commons, February 15, 1960, Col.957.
47 *Ibid.*, Col. 958.
48 Hayward, *Government, op cit.*, p. 42.
49 House of Commons, February 15, 1960, Col. 958.
50 *Plowden*, para.111.
51 Hayward, *Government, op cit.*, pp. 47-48.; Corke, *British Airways, op. cit.*, p. 38.
52 Hartley, *op. cit.*, p. 850.
53 Hartley, *ibid.*; Hayward, *Industry, op cit.*, p. 77.
54 Hayward, *ibid.*, p. 78.
55 Hartley, *op. cit.*, p. 851.
56 Hayward, *Industry, op cit.*, p. 85.

第4章

BOAC 経営危機とフライ・ブリティッシュ政策の終焉
—— 1963-1966 年 ——

はじめに

　アメリカのパンナム航空が,「選ばれた手段(Chosen Instrument)」として,第二次大戦から戦後にかけて,アメリカ政府の国益を担ったように,英国海外航空(British Overseas Airways Corporation, 以下, BOAC) は, 国営エアラインとして, パンナムと競争しつつ, 国際航空輸送の覇権を争った。BOAC は,第二次大戦以来, イギリス政府から2つの責務を負わされていた。第一に, 帝国航空路網(エンパイア・ルート)の運航, 第二に, フライ・ブリティッシュ政策(イギリス機運航政策)により, イギリス航空機産業の旅客機開発を支援することであった。フライ・ブリティッシュ政策は,『1945年航空白書』に明記されている。この白書の「イギリス政府が BOAC にイギリス製旅客機を使用することを要求することが全般的な方針である」という叙述以来, 戦後を通じて,BOAC は, イギリス機を機種とすることを義務づけられてきた。BOAC は,イギリス機のローンチ・カスタマー(最初の顧客)となることで, イギリス航空機産業の民間旅客機開発を支援してきた。しかし, アメリカ機に比べ性能の劣るイギリス機を機種とする義務とアメリカ機を機種とする海外のエアラインと競争することには深刻なジレンマがあり, このジレンマは, イギリス機のアメリカ機に対する競争劣位が拡大するにつれて, BOAC の経営基盤を揺るがすようになっていった。本章の課題は, このジレンマの解決をめぐって, 1963

年に顕在化したBOACの経営危機の様相と,その解決の方向性をめぐるBOAC会長ガスリー(Sir Giles Guthrie)と,航空相エイメリー(Julian Amery)によって代表されるイギリス政府の衝突とその調整過程を検討し,フライ・ブリティッシュ政策がこの衝突と調整を経てどのように変容したか,検討を加えることにある。

以下,第1節では,1962-63年に顕在化したBOACの経営危機とその原因を分析した政府白書『BOACの経営問題』(Ministry of Aviation, *The Financial Problem of the British Overseas Airways Corporation* (London: HMSO, 1965), cmnd. 2538.)を検討し,第2節では,BOAC会長ガスリーのBOAC経営改善計画(ガスリー・プラン)とそれに対するエイメリー航空相の対案の衝突を考察する。第3節では,1966年におけるBOACの次世代長距離旅客機発注問題が,フライ・ブリティッシュ政策にどのような打撃を与えたか検討する。

第1節　BOAC経営危機

1　北大西洋線航路をめぐるBOAC(コメット4)対パンナム(ボーイング707)

1958年10月4日,BOACは,ロンドン—ニューヨークを往復する北大西洋航路に,パンナムが同路線にボーイング707を就航するのに数週間先立って,デハビランド社のコメット4を就航させ,世界初の北大西洋ジェット路線開設の栄誉を担った。ただし,このBOAC・パンナムの競争に刺激され,各エアラインが北大西洋路線にジェット旅客機を投入し,北大西洋路線にジェット化の波がおしよせるようになると,BOACの業績は急速に悪化していった。TWA,サベナ航空,エールフランス,ルフトハンザ航空など各国の主要エアラインがボーイング707を北大西洋路線に就航させると,乗客数・速度・航続距離でボーイング707に劣るコメット4を主要機種とするBOACの営業成績は急速に悪化していく。

表1はBOACとパンナムの北大西洋線へのジェット機の初就航を示したものである。表1に見るように,BOACは就航させたのは10月4日と,パンナムの10月26日に先んじたが,乗客数がコメット4の72人に対して707-120

第1節　BOAC経営危機

表1　BOACとパンナムの北大西洋線へのジェット機の初就航

日付	エアライン	機体	エンジン	乗客(人)	速度(mph)	航続距離(st.mls)
1958年10月4日	BOAC	コメット4	Rolls-Royce Avon	72	505	3250
1958年10月26日	パンナム	ボーイング707-120	P&W JT3	132	570	3250
1959年8月26日	パンナム	ボーイング707-320	P&W JT4	144	545	5000

出典）Davies, R. E. G., *A History of the World's Airlines* (London: Oxford University Press, 1964), p. 486.

表2　BOACとパンナムの営業利益（損失）
(単位：百万ポンド)

年度	BOAC	パンナム
1958	-2.3	3.1
1959	3.2	6.6
1960	2.2	8.2
1961	-13.9	8.1
1962	-5.8	15.3

出典）Ministry of Aviation, *The Financial Problems of the British Overseas Airways Corporation* (London: HMSO, 1963), p. 18.

の132人とほぼ倍の差があったため，パンナムに対して劣勢であった。さらに，パンナムが1959年8月26日にP&W JT4を搭載した航続距離5000マイルのボーイング707-320 Intercontinentalを就航させ，北大西洋無着陸ジェットサービスを開始すると，パンナムとBOACの差はさらに開いた。

その後，オーストラリアのカンタス航空，アメリカTWA，ベルギーのサベナ航空，フランスのエールフランス，西ドイツのルフトハンザ航空と他のエアラインが次々と707を北大西洋線に就航させると，BOACの営業成績は悪化していった。そのため，BOACは，1960年5月27日，ロンドン―ニューヨーク路線を開設し，BAC社の長距離旅客機VC-10が納入されるまでの一時的な措置として購入していたロウルズ-ロイス社コンウェイ・エンジンを搭載した707-420を北大西洋航路に就航させた。[2]

表2はジェット導入期のBOACとパンナムの営業利益を比較したものである。パンナムは，1960年の時点で世界のエアラインすべてが保有する707-320 Intercontinentalのうち，半分近い機数を独占し，この707-320 Intercontinental による北大西洋無着陸ジェットサービスを競争力として業績を伸ばした。これに対して BOAC のコメット 4 は乗客収容力，速度ともに 707 に劣っていたため業績は悪化し，将来的にも，フライ・ブリティッシュ政策により BAC 社 VC-10 の購入を予定していたために，これ以上の 707 の購入は不可能であった。

2　BOAC 経営危機

　BOAC は，1961・1962 年と引き続いて大幅な赤字を計上し，1963 年中頃には深刻な経営危機に陥った。政府はこの問題を重視した。1962 年 8 月 2 日，内閣経済政策委員会において，エイメリー航空相は，BOAC の財務状態について調査する提案をし，承認された。エイメリー航空相は，1963 年 10 月 1 日付けの，内閣経済政策委員会提出メモランダムで，BOAC 経営問題を次のように述べている。エイメリー航空相は，会計コンサルタント・コルベット (John Corbett) に対して，次の調査目的で BOAC の経営を分析するよう依頼した。第一に，BOAC の近年の損失が引き起こされた原因を分析すること。第二に，同社の組織，政策，見通しを調べ，第三に，同社が今後 5 年間で健全な基盤に立って経営するために必要な勧告をすること，であった。エイメリー航空相は，コルベットの報告を 1963 年 6 月に受け取った。

　エイメリーのこの内閣経済政策委員会提出文書には「BOAC の経営問題」と題する文書が付属していた。その文書は，「1. はじめに」として，問題の状況を次のように概括している。同社の 1961-1962 年の決算は，1962 年 3 月 31 日付けの累積赤字が 6729 万 3838 ポンドにのぼることを示している。1962-1963 年において 1286 万 444 ポンドの損失を被れば，累積赤字は 8015 万 4282 ポンドになるであろう。将来の見通しは，さらなる損失が不可避であることを示している。最終的には，累積赤字は 1 億ポンドを突破するであろう。これは驚愕すべき数字であり，議会はこの赤字の原因を問いただして来るであろう。「2. 概況」では，赤字の原因を概括している。文書は，赤字の原因を特定するのは困難であるとしながら，原因を，機種の選定に関わる損失，機種の開発費用からくる損失，関連会社・子会社への投資による損失，政治的経済的要因からくる損失，運航実績，組織面の問題などから検討した。1956 年を以下の

理由から分析の出発点とした。第一に，現在の累積赤字はこの年から始まっていること。第二に，この年，BOACの経営が再編されていること。第三に，世界のエアラインがアメリカの大型エアラインの発注を開始した年であること，を指摘した。

「3. 機種に関する損失」は，BOACの使用機種に関する状況を次のように分析している。現代の旅客機は高価である。コメット4は，1機当たり140万ポンド，ブリタニア312は，同じく110万ポンドする。現代の長距離ジェットは200万ポンド以上する。BOACは，収益のなかからこれらの機種の減価償却を行わなければならなかった。1957年，BOACは，減価償却にあたって，第一に，新機材の有効年数は7年間，第二に，減価償却期間の期末に処分する際は，元価の25％が実現されるという2つの仮定を設定した。これらの規定は，DC7C（ピストンエンジン），ブリタニア（ターボプロップ），コメット4（ピュアジェット）については不適切であった。というのは，これらの機材は，当初予定していたよりも有効年数が短く，処分時の価値も低かったからである。累積赤字の約半分である3500万ポンドはこの問題に起因する。この赤字額には3つの要因がある。第一に，コメット1墜落の影響，第二に，ブリタニアの技術的トラブルと就航遅延，第三に，長距離路線へのアメリカ製大型ジェット旅客機の就航である。

　BOACの1950年代の長期計画はコメットとブリタニアに置かれていた。しかし，1950年代半ばには，BOACは，コメット1の墜落とブリタニアの就航遅延によって，同社は，アーゴノーツ（Argonauts），コンステレーション，ストラトクルーザーの混合機種の保有を余儀なくされた。1953-1954年にかけてのコメット1の災厄（墜落）は，同社に急激な損失をもたらしたが，問題はそれにとどまらなかった。BOACは，最初の長距離ピュアジェットの運航エアラインとして，リーダーシップを発揮した。1952年のコメット1の導入は，同社の運航量を増大させた。たとえば，1952-1953年の東・南アフリカ航路の平均搭乗率が60％だったのに対し，コメット1の搭乗率は87％であった。しかし，コメット1の墜落により，運航量増大の見込みは吹き飛んだ。

　BOACは，1954-1955年の就航を目指して，ブリタニアを発注した。しかし，技術的トラブルから2年半就航が延期された。代替機として，BOACは，北

第4章　BOAC経営危機とフライ・ブリティッシュ政策の終焉

大西洋航路を維持するために，1955年，ピストンエンジンを搭載した10機のDC7Cを発注した。これは，高価にすぎる緊急措置だった。ブリタニア312は，1957年末に就航するが，これは，BOACの主要ライバルが長距離ピュアジェットを就航させるほんの1年前であった。

　1956年には，BOACは，長距離ピュアジェット機は，乗客を引きつける魅力があるだけではなく，ターボプロップ機に対して，運航コスト上の競争力があることを認識した。このため，1956年，17機のボーイング707を購入する方策を探った。当時，ドル支出は厳密に管理されていた。しかし，ボーイング707に代替しうるイギリス機が存在せず，BOACが長距離路線で競争力を維持する手段が他になかったため，政府は，今後これ以上のドル支出は許されないという了解の下で，15機のボーイング707購入を許可した。[4]

　ボーイング707発注後，BOACは，同社の航路に適合的な機体を探るべく，イギリス機体メーカーと交渉を開始した。その結果，BOACは，ヴィッカーズ社のVC10が同社の要求に適している結論を下した。1957年8月，BOACは，35機のVC10購入に対する政府の承認を求めた。翌月，政府の承認は下され，1958年1月，BOACは35機のVC10を発注した。これらのVC10は，東方航路と南方航路で使用されることになっていた。1960年までに，同社は，ボーイング707に対抗しうる運航コストのより大型の旅客機を必要とすると判断した。その結果，10機のスーパーVC10の発注を検討した。その後，BOACは，ヴィッカーズ社と交渉し，15機のスタンダードVC10と30機のスーパーVC10を発注した。その後，航空省が予算的制約から修正を加え，1961年10月，12機のスタンダードVC10と30機のスーパーVC10の発注が確定した。

　VC10の発注数を確定するにあたって，BOACは，前提となる世界の航空交通量見積りを検討した。1961年に，BOACがVC10発注を確定したとき，交通量は毎年12.5%増加すると見積もられていた。しかし，航空交通量が急激に落ち込むと，BOACの競争的地位も悪化した。現在，1966-1967年に，BOACが42機のVC10を購入し，子会社と合わせて現有の20機のボーイング707を保有すると，10機の旅客機が過剰になる見込みである。

　現在，BOAC経営陣は，数年以内に，VC10のキャンセルか納入延期か，あ

第 1 節　BOAC 経営危機

るいは，ボーイング 707 を処分するかを検討しているが，これは困難な課題である。一方で，VC10 は，大量生産されているボーイング 707 よりも高価だった。他方で，VC10 の後部にエンジンを配置するという仕様と VC10 の最新性は乗客に対する魅力となり，収益をあげる可能性もあった。

　以上のように，1956 年からはじまる時期において，コメット 1 とブリタニアに関わる損失と，ブリタニアの納入遅延を補う代替機への支出が BOAC に大きな損失をもたらした。これらの事態はさらにまた，現在の 18 機のボーイング 707 と 42 機の VC10 の発注を原因とする負債につながったと「BOAC の経営問題」は分析した。

　エイメリー航空相は，1963 年 11 月 12 日付けの「BOAC の経営問題」と題する内閣向けメモランダム CP（63）14 を作成した。エイメリーのメモランダムは BOAC の財務状況を次のように指摘した。「BOAC の累積赤字は，1960-1961 年度（3 月まで）の 1750 万ポンドから，1962-1963 年度の 6730 万ポンド，1963-1964 年度の 8000 万ポンドに上昇している。同社は，現会計年度においてわずかでも運航利益をあげる期待をもっているが，たとえ利益が出たとしても，利払いの必要から 1964 年 3 月において 8500 万ポンドから 9000 万ポンドの累積赤字に達する見込みである。昨年，私は，有力な会計コンサルタントであるコルベットに，BOAC の組織・政策・今後の見通しについて調査し，BOAC が健全な財務体質に転換しうるよう提言するよう要請した。コルベットは今年 5 月末に報告書を提出し，私は，航空省の BOAC に対する知見に照らし合わせて検討した。」[5]

　1963 年 11 月 14 日の閣議において，エイメリー航空相メモランダム CP（63）14 が検討された。エイメリー航空相は，次のように述べた。BOAC の累積赤字は，1963-1964 会計年度末までに 1 億ポンドに達するだろう。会計コンサルタント・コルベットの報告により，赤字の原因の詳細が明らかにされた。コルベット報告によれば，赤字の原因は，半分は，不運，特にコメット 1 墜落，もう半分は，経営の問題によるものである。この状況下で，私は，以下のことを提案する。第一に，BOAC の経営問題に関する白書を議会に公表する。この白書はコルベット報告とは別のものである。第二に，議会での白書の公表と同時に，BOAC の経営陣の刷新を公表する。スラッタリー卿（Sir Matthew

Slattery) の会長退任とガスリー卿の会長就任である。第三に，同じ声明で，新経営陣が，来年中に，BOAC の経営を健全化する計画を立案するように要請することを発表する。[6]

3 『BOAC の経営問題』公表

航空省は，1963 年 11 月 20 日に，『BOAC の経営問題』(*The Financial Problem of the British Overseas Airways Corporation*) と題する白書を公表した。白書は次のように述べた。植民地の独立によって，BOAC は，それまで享受していた航路運航権益を喪失した。また，長距離ジェット時代の到来により，欧州―アメリカ間航行において，BOAC が有していたロンドンに本拠地を置く航路の利点が失われた。同時期，多くのエアラインが長距離路線に参入してきた。BOAC の赤字の約半分が，コメット 1 の墜落，ブリタニアの納入遅延，そしてこれらに対応するためのその場しのぎの旅客機導入によるものである。白書は，結論として，政府は，BOAC の経営を商業ベースで運営することを考えなければならない，としている。国益が問題となる場合には，BOAC か，政府かが，商業的慣習から乖離することを余儀なくされる。これらの背景からして，政府は以下のことを提案しなければならない。第一に，BOAC の経営陣の強化，第二に，BOAC の会長に対して 12 ヵ月以内に，航空相に対して，BOAC を財務的に健全に運営する方針を航空相に提出するよう要請しなければならない。[7]

BOAC 経営全般に対する批判の色彩の強いこの白書の公表後，会長マシュー・スラタリー (Sir Matthew Slattery) をはじめ BOAC 経営陣の大部分が辞任した。1964 年 1 月からは代わって銀行家のジャイルズ・ガスリー (Sir Giles Guthrie) が BOAC 会長に就任し，危機的な状況にある経営の建て直しを，白書の勧告に沿って図ることとなった。エイメリー航空相は，ガスリー会長就任に際して，政府の指針を 1964 年 1 月 1 日付けの書簡として送付した。1 月 1 日付け書簡は次のように記されていた。「私（エイメリー航空相）はかねがね，BOAC の役割には不明確さがあると聞いてきた。どの程度まで，商業的役割を果たせばよいのか，他方，どの程度，公共サービスと国家的威信，それはしばしば純粋な商業的判断と対立するものなのだが，どちらを優先するのかとい

第2節　ガスリー・プラン

う不透明性である。政府は，この不透明性に対して明確な線引きをしてこなかった。しかしながら，この点について，起こりうる誤解を避けるために，わたしは，あなたに明確な指針を示したい。それは，エアラインの責務は，一刻も早く自分の足で立った経営をすることだというこが理解されなければならない。」「BOAC が達成しなければならない喫緊の責務は，利払いと減価償却をした後に経常黒字を達成することにある。」「どうやってこれを達成するかはあなたの課題である。しかし，政府の側でも，累積赤字に対処する責任をもつつもりである。経常黒字を達成するための計画は，機種と航路網の規模の見直しを含む，BOAC の経営政策の主要問題を引き起こすであろう。国家政策と BOAC の目的と活動が交錯する点が多くあるであろう。そのため，航空省と BOAC の緊密な関係の維持が望ましい。国家的利益が関わる場合，BOAC に対してか，政府に対してか，どちらかに対して，BOAC の厳密な商業的利益からの乖離が生じることがありうるが，これは，BOAC による合意の表明か，航空相の要請の表明を条件としてのみなされなければならない。」1月1日付けエイメリー書簡は，BOAC の経営危機打開にあたっての原則を指摘している。それは，BOAC は，国益を優先させるのではなく，何よりも単年度黒字経営を目標とした商業ベースの運営を基本とすること，であった。そして，書簡はこの目的を達成するための計画を提案することをガスリー新会長に要請した。[8]

第2節　ガスリー・プラン

1　ガスリー・プラン対エイメリー航空相案

　エイメリー航空相が1964年1月1日付け書簡で示した原則——損益分岐点の達成とそのための計画の提案——に従い，ガスリーが BOAC の経営危機打開の問題点として着目したのは，何よりも既存の VC10 購入計画の見直しであった。ガスリーは，BOAC の航路網については基本的に維持することが可能であると考えた。しかし，機種については，その効率的な活用により，現在発注している機数より 23 機少ない機種で，BOAC の航路網を維持できると勧告した。ガスリーは，「最も経済的な方法は，30 機のスーパー VC10 をキャンセ

第 4 章 BOAC 経営危機とフライ・ブリティッシュ政策の終焉

ルし，新たに 6 機のボーイング 707 を購入するという方策」（ガスリー・プラン）であると勧告した。この勧告は，ボーイング 707 は大部分減価償却が終わっているにもかかわらず，長い有効年数が残されている，という点を根拠にしていた。ボーイング 707 は，利益が出るまでに長期の資本費用が必要な新たなスーパー VC10 を導入するよりも，効率的であると考えられる。30 機の VC10 の運航コストは，相当するボーイング 707 よりも 200 万ポンド余分にかかる。VC10 のキャンセル費用は，6500 万〜7000 万ポンドとなるであろう。以上のように，ガスリーは BOAC の機種案を見直した。これに対して，エイメリーは，ガスリー・プランが実行された場合，VC10 の旅客機としての見通しは破滅に瀕し，数千人の労働者が失業すると予測した。[9] ガスリー・プランの中心的なポイントは，BOAC による VC10 購入の劇的な削減であった。ガスリーの見解によれば，BOAC が発注した VC10 は多すぎるため，VC10 発注をキャンセルして，代替機種としてボーイング 707 を発注するというものであった。ガスリーの新経営方針は，イギリス航空機産業の開発支援という従来の任務からの BOAC の解放を明確に示したものといえる。BOAC が今後の主要機種をスーパー VC10 からアメリカ製ジェット旅客機に転換することを意味するこの計画は，議会でも航空機産業界でも激しい論争の的となった。BOAC による発注は VC10 に対する発注全体の大部分を占めており，これは，直接的に BAC 社の VC10 計画そのものの危機につながるからであった。

ダグラス-ヒューム首相（Sir Alec Douglas-Home）は，BOAC の VC10 発注問題を検討する少数の閣僚による会議を開催することが適切であると判断した。会議に向けて，エイメリー航空相とモールディング（Reginald Maudling, Chancellor of Exchequer）蔵相がメモランダムを作成した。[10]

エイメリー航空相は，BOAC の VC10 発注をめぐる状況と彼の見解を，6 月 30 日付けの閣僚委員会メモランダム GEN870/1 で，他の主要閣僚に示した。エイメリー・メモランダムは，まず，ガスリー会長の提案を次のように示した。ガスリーは，BOAC が，「30 機のスーパー VC10 をキャンセルして，新たに 6 機のボーイング 707 を購入するべきである」と提案していると記した。次に，提案の背景を次のように説明した。「1956 年，BOAC は 1960 年代を見据えた機材更新の決断をした。当時の政府は，15 機のボーイング 707 購入を BOAC

第 2 節　ガスリー・プラン

に許可し，BOAC は後に 5 機のボーイング 707 を追加購入した。これに加え，BOAC は，12 機のスタンダード VC10 と 30 機のスーパー VC10 を発注した。20 機のボーイング 707 は既に就航中であり，12 機のスタンダード VC10 は，今年中に就航する予定である。」「1 月 1 日の私からガスリー会長への書簡において，私は，ガスリーに，BOAC の経営を損益分岐点まで立て直すような計画を練るよう要請した。ガスリー会長は，BOAC の航路パターンの見直しに着手した。ガスリーは，南アメリカの東海岸・西海岸へのルートとニューヨーク―ワシントン間の 2 つのルートの閉鎖を提案した。それ以外には，ガスリーは，急激な路線閉鎖は考えず，いくつかの新ルートの開設を検討している。しかしながら，ガスリーは，彼が構想する BOAC の新航路網を，当初想定されていた 62 機ではなく，40 機の機種で運航することができると提案している。ガスリーは，この 22 機の削減は，労働者 5000 人を実質的に合理化するための基礎だと考えている。ガスリー提案のポイントは，どの機種をキャンセルするかにある。ガスリーは，12 機のスタンダード VC10 をキャンセルするには遅すぎると了承している。彼が VC10 ではなく，ボーイング 707 を選択する第一の理由は，20 機のボーイング 707 が既に就航しており，これらはほとんど償却されていることにある。彼が提案している追加購入のボーイング 707 は，スーパー VC10 より安価で，償却も容易である。第二の理由は，VC10 のランニング・コストが，ボーイング 707 より高い点にある。」BOAC が，VC10 よりボーイング 707 を好む理由は他にもある。ボーイング 707 は，VC10 より数年早く長距離型の入手が可能になる見込みである。また，ボーイング 707 のスペア部品は長期にわたって入手可能である。一方，ヴィッカーズ社（BAC 社内の事業部）は，最終引渡し後 10 年しかスペア部品の供給保証をしていない。

　ガスリー・プランの航空機産業に対する影響は甚大である。第一に，VC10 のキャンセルは，VC10 の追加販売の可能性を完全に摘むことになる。さらには，BAC 社の信用を失墜させ，BAC111，さらには開発中の超音速旅客機コンコルドの見通しを損なうことになる。第二に，BAC 社ウェイブリッジ部門で，今すぐに 2500 人の失業が発生し，失業者数は，1965 年には 4000 人，1967 年末には 5000 人に増加するであろう。第三に，ヴァイカウントと BAC111 の設計を担当した BAC 社ウェイブリッジ部門は解散を余儀なくされ

第 4 章　BOAC 経営危機とフライ・ブリティッシュ政策の終焉

るであろう。第四に，ロウルズ−ロイス社のダービー部門でも 1000 人の失業者が出るであろう。

　ガスリー・プランには政治的影響もある。従来，政府と BOAC の方針は，可能なかぎりフライ・ブリティッシュ政策を維持するというものであった。このことは，1964 年 1 月 1 日のエイメリー書簡でも明確に述べられている。VC10 をキャンセルすることを正当化するような，新たな技術的障害は何ら起こっていない。VC10 は，問題なく運航している。BOAC の計画は，アメリカ機を主に運航するために，9000 万ポンドから 1 億ポンドの費用を要する。VC10 契約は，ヴィッカーズ社と他の会社が合併し，BAC 社を設立するよう政府が説得する主要な条件であった。VC10 契約をキャンセルすることは，航空機産業からの政府の航空政策に対する信用を揺るがすことになる。

　エイメリー・メモランダムは，以上の分析をふまえ，代替案として BOAC がすべて VC10 によって運航する「オール VC10 機種案」を提案した。エイメリー・メモランダムは次のように述べた。「ガスリー・プランの産業的影響・政治的影響はあまりにも甚大である。ある時点では，ガスリーは，政府から十分な支援が得られるのならば，ボーイング機を売却して，すべて VC10 機種で運航することを彼自身提案してきた。この提案は，BOAC・BAC 社・航空省で詳細に検討した。その後，BOAC はこの提案を撤回した。にもかかわらず，私は，この提案が検討に値すると信じている。」

　「1 月 1 日付けのガスリーへの指示で私（エイメリー航空相）は次のように述べた。『政府と BOAC との意見の交換は，BOAC が商業的判断と適合的に経営されることを曖昧にするべきではない。もし，BOAC 側か政府側かに，BOAC の厳密な商業的利益からの一定の乖離を余儀なくするような国家的利益が生じたならば，このことは，政府・BOAC 間の合意の表明か，航空相の要請の表明がなされなければならない。』私は，国家的見地から，BOAC に BAC 社に対する VC10 購入の約束を履行するよう促すことが適切であると信じる。しかし，その場合，BOAC の財務的帰結について，政府は責任を負うべきであろう。」以上をふまえ，エイメリー航空相は，「オール VC10 機種案」を BOAC に要請することを他の閣僚に求めることで文書をしめくくった。[11]

　エイメリー航空相メモランダム 870/1 に対して，モールディング蔵相が作

成した7月1日付けの閣僚委員会へのメモランダム GEN870/2 は，新たな代替案を示した。モールディング蔵相の代替案は，ガスリーのボーイング707機材案とエイメリーのVC10機種案の中間で，VC10・707混合機種案というものであった。内容は，第一に，15機のスーパーVC10をキャンセルし，第二に，BOACは12機のスーパーVC10を発注する，第三に，イギリス空軍が3機のスーパーVC10を購入する，第四に，20機のボーイング707は維持し，これ以上は発注しない。この案が，「最も安価」であり，30機全ての全てのVC10を購入するのに比べ，スーパーVC10の購入機数は少なく，2000万〜3000万ポンドくらいの出費で済む。「もし，BOACがオールVC10機種案を採用したら，もしさらなる機材が必要になったとき，あるいは，VC10の生産ラインが停止したら，BOACは，非常な困難にさらされるだろうとクレームをつけるだろう。イギリス・アメリカ混合機種案は，双方の可能性を残している。すなわち，VC10が現時点でのボーイングとの比較以上に商業的成功の可能性が高いと判明した場合と，BOACがアメリカ機種を使用することを余儀なくされる場合の双方である。BOACは，将来に柔軟性を残す必要について強い姿勢を示している。閣僚の方々は私の混合機種案をどのようにお考えだろうか[12]。」

　エイメリー航空相のメモランダムとモールディング蔵相のメモランダムの対立は，次の2点における政府政策の衝突を示していた。第一点は，国有企業，なかでもBOACが商業的に効率的に運営されるのか。第二点は，イギリスが自国の航空機産業を維持するのか，の2点である。VC10自体は，BOACの要求仕様に合わせて設計された機体である。VC10発注契約には起こりうるキャンセルについての何の条項もないので，BAC社は，BOACのVC10キャンセルに対して，巨額のキャンセル料を要求することになるであろう。BAC社は，30機のスーパーVC10キャンセルに対して8350万ポンドのキャンセル料を要求するであろうし，2500人の労働者の職がすぐさま失われるだろう。1967年末には，5000人の労働者の職が失われるだろう。これにエンジンを製造するロウルズ−ロイス社の失業者が加わる。エイメリー航空相は，ガスリーの案に対して，ボーイング707の売却とオールVC10機種案という極端な反対案をぶつけてきている。モールディング蔵相のボーイング707・スーパーVC10混合案は，エイメリー案よりも2000万〜3000万ポンド出費が少ないと見積もって

いる。また、ガスリー・プランよりも、直近の失業者は少なくてすむ。[13]

2　エイメリー航空相案対モールディング蔵相案

　7月7日、VC10問題を討議する主要閣僚委員会が、ダグラス-ヒューム首相を議長として開催された。エイメリー航空相は次のように述べた。「ガスリーの主張の根拠は、現在保有する20機のボーイング707の減価償却は4分の3が終わっている。したがって、新しい機種に更新するよりも、安価に運航することが可能である。」「さらに、スーパーVC10の価格は350万ポンドで、ボーイング707の価格250万ポンドより高価である。また、将来、ボーイング707を買い足すのは、スーパーVC10を買い足すのに比べて容易である。しかしながら、スーパーVC10には乗客に対する魅力があり、ボーイングよりも収益を上げる可能性もある。」

　出席した閣僚は、討議の結果、「主要機種をボーイング707にするために、30機すべてのスーパーVC10をキャンセルする」というガスリー・プランは「非現実的である」と合意した。しかし、BOACが、同社自身の商業的判断に反してVC10購入を要請されるのであれば、政府はVC10を利益が出る方法で商業的に運航する見通しをつけなければならないことにも閣僚は合意した。閣僚委員会は、次に、好ましい代替案の検討に移り、エイメリー航空相の代替案（オールVC10機種案）とモードリング蔵相の代替案（ボーイング707・VC10混合機種案）を検討した。

　エイメリー航空相は次のように彼の意見を述べた。「私は、VC10とスーパーVC10の完全なる発注のために、現有のボーイング機を売却することが望ましいと考える。この案に必要なBOACに対する財政支出は、7200万ポンドから7700万ポンドの範囲であろうと見積もっている。また、イギリス空軍が3機のVC10を購入することがエイメリー案には含まれていた。本案の有利な点は、イギリスの航空機産業に対して、そして、海外のエアラインに対して、スーパーVC10に対する信用を支える点にある。さらに、ヴィッカーズ社に対して、もっと強い魅力をもつようなさらなる発展型を開発するよう促すことになる。しかしながら、何機かのスーパーVC10のキャンセルが考慮されるべきであろう。そのキャンセル数は、既に製作作業が停止している10機に限定され

るべきであろう。この案はキャンセル料を削減することになろう。」

　モードリング蔵相は,「BOACが8000万ポンドの累積赤字を出していることを想い起こさなければならない」と述べた。現在のBOACの苦境は,スーパーVC10に対する評価が疑われていることが問題なのではなく,BOACが20機余分に旅客機を発注したことが問題なのである。モードリングは15機のスーパーVC10のキャンセルと現在保有するボーイング707のうち5機を処分することを示唆した。「これにより,BOACは,15機のボーイング707と12機のスタンダードVC10と12機のスーパーVC10を保有することになる。この案は,すべてのボーイング707を処分することを回避し,BOACに,将来,アメリカ機かイギリス機か選択する自由を与える。」モードリングは,彼の案は,エイメリーのオールVC10機種案に比べ,3000万ポンドは節約することができると述べた。

　ダグラス-ヒューム首相は議論を次のように総括した。「選択肢は3つに絞られた。第一は,オールVC10機種案である。この場合,スーパーVC10は一切キャンセルされない。しかし,BOACは余分に機材を発注することになるので,保有するボーイング707を処分しなければならなくなる。第二の選択肢は,10機か15機のスーパーVC10をキャンセルする。この場合,10機か5機のボーイング707を,時期を早めて処分する必要がある。BOACが20機の余分な旅客機を発注したことを鑑み,何機かのスーパーVC10をキャンセルし,何機かのボーイング707を処分するという案である。」「モードリング蔵相は10機のスーパーVC10のキャンセルと15機のスーパーVC10のキャンセルの違いを検討してもらいたい。この検討に従って,閣議で討議したい。」つまり,第一に,スーパーVC10のキャンセルなし,第二に,10機のキャンセル,第三に,15機のキャンセルの3パターンである。[14]

　閣僚会議後,モールディング蔵相・エイメリー航空相・ガスリーBOAC会長の会談がもたれた。会談で,ガスリー会長は,機種計画として,それまでの1968年までに39機,1968年以降いくらかの機数という計画から,1969年までに39機,1968年以降8機の合計47機の計画に変更したと伝えた。エイメリー航空相はどの案をとるにしても,イギリス空軍がBOACによる30機のスーパーVC10の発注のうち,3機を購入することを前提としている。[15]

第4章　BOAC 経営危機とフライ・ブリティッシュ政策の終焉

　7月15日の閣僚委員会に向けた7月13日付けのエイメリー航空相メモランダム GEN8700/3 は次のように述べている。ガスリー会長の直近の意見は次のようである。「1968年以降，当初想定していた39機から変更して47機の機材が必要だと考えている。また，当初の提案（ガスリー・プラン）が受け入れられないのは認識した。代わりに，12機以上のVC10をキャンセルすることを許可してもらいたい。これは20機のボーイング707を維持するための最低限の機数である。」エイメリー・メモランダムは，スーパーVC10のキャンセル数を15機・12機・10機・キャンセルなしの場合に分けて考察し，次のように結論を下した。「スーパーVC10の12機のキャンセルと10機のキャンセルとでは，10機のキャンセルが望ましい。10機のキャンセルは，産業的影響のない最大限の数字である。」「キャンセルなしと比較してVC10を10機キャンセルすることの経済的利益は明白である。しかし，10機のVC10キャンセルは，さらなるVC10販売の可能性を閉ざすことになるであろう。さらに，私の信じるところでは，BOACは将来において，さらなるアメリカ機発注を望むようになるだろう。それにより，我々は，長距離亜音速ジェット旅客機市場を縮小させることになるであろう。」「ガスリーは現在，12機のVC10をキャンセルして，現存するボーイング707を保有し続けることを主張している。この路線は，世論の受け入れるところではない。したがって，私はオールVC10機種を支持する。この決断は，2600万ドル高価につくだろう。しかし，我々は，1958年に，BOACによるボーイング707の追加購入を拒否したときの決断と，可能な限りBOACはフライ・ブリティッシュ政策を貫くという方針に首尾一貫性をもたせなければならない。この方針は，VC10の海外での販売に最大のチャンスを与え，VC10の潜在的成長力を広げることになるであろう。」以上のように，エイメリー航空相は，オールVC10機種によるフライ・ブリティッシュ政策の継続を主張するとともに，スーパーVC10をキャンセルする場合も10機までというラインを示した。[16]

　7月14日付けのモードリング蔵相メモランダム GEN870/4 は，スーパーVC10のキャンセル数に応じた購入費用の節約をシミュレートした。

　モールディング蔵相は，10機，12機，15機のキャンセルを比較すると，12機のキャンセルが一番経済的であると述べた。「12機のキャンセルは，エイメ

表3　スーパーVC10キャンセル数とオールVC10機種案からの節約

キャンセル数（47機保有の場合）	オールVC10機種案からの節約金額
10機	2600万ポンド
12機	2900万ポンド
15機	2000万ポンド

表4　BOAC保有機種案

	A案	B案	C案	D案
スーパーVC10キャンセル	15機	12機	10機	0機
英空軍スーパーVC10購入	3機	3機	3機	3機
BOACスーパーVC10購入	12機	15機	17機	27機
BOAC保有スタンダードVC10	12機	12機	12機	12機
BOAC保有ボーイング707	20機	20機	18機	8機
BOAC購入ボーイング707	3機	0機	0機	0機
BOAC売却ボーイング707	0機	0機	2機	12機
コスト（単位：万ポンド）	8,550–9,450	7,700–8,500	7,900–8,850	10,600–11,400

出典）TNA, PREM11/4676, "The VC10," P. R. Baldwin to Prime Minister, July 14, 1964.

リーのオールVC10機種案よりも2900万ポンド節約になる。」「解決策は，BOACの保有機種について公式に，責任を負っているガスリー会長が受け入れ可能な案でなければならないことを銘記しなければならない。彼の案は，すべてのスーパーVC10をキャンセルすることに失敗した今，12機のスーパーVC10をキャンセルすることである。このことをふまえ，3000万ポンド近くを節約することを考慮すれば，12機キャンセル案は拒むことができないように考える。」[17]

この時点でのエイメリー航空相案，モールディング蔵相案，7月7日の閣僚委員会での閣僚達の支持した案を示すと次のようになる。

表4はBOAC保有機種案のバリエーションである。エイメリー航空相は，D案を支持している。彼によれば，この案は，第一に，VC10に対する信頼を取り戻し，販売見通しを改善させる，第二に，BOACがすべてイギリス機種を使用することは，将来においても同社がイギリス機を購入する可能性を高める，第三に，世論・議会に対して最も受けが良い選択肢である，とのことであった。これに対して，モールディング蔵相は，B案を支持しており，ガスリー

会長もこの案を支持している。しかし，7月7日の最後の閣僚委員会では，C案の支持者が見受けられた。その理由として以下のポイントが挙げられた。第一に，BOAC が余分な発注をしたことが明らかになっている時点で，スーパー VC10 をキャンセルしないことを主張するのは「ドン・キホーテ的」であり，イギリス航空機産業の利益にも反する。第二に，10機のスーパー VC10 製造の作業は既に停止されている。第三に，C案はエイメリー航空相のD案に比べ 2700 万ポンドの節約になった。[18]

7月15日，VC10 問題主要閣僚委員会が，ロイド国璽尚書（Selwyn Lloyd, Lord Privy Seal）を議長として開催された。エイメリー航空相は次のように述べた。「イギリス政府は，1958年，BOAC にイギリス機を購入するよう指導した。1960年以降，政府は，VC10 開発費用の3分の1を負担している。スーパー VC10 は，まだ試されていない旅客機であるが，スタンダード VC10 は良い旅客機であることを証明している。」彼の意見によれば，「スーパー VC10 の発注をキャンセルすることは，政府がこの旅客機に対して信頼を失ったと受け取られる。このことは，スーパー VC10 の販売見通しに深刻な打撃を与えるだけでなく，同社の他の旅客機 BAC111 の販売見通しにも打撃を与えるだろう。逆に，キャンセルを一切しなかったら，これはスーパー VC10 に対する信頼の証明になるであろうし，さらなる販売の可能性を切り開くであろう。また，BOAC がオール・イギリス製の機種を保有すれば，将来においてもイギリス機を購入する可能性が高まるであろう。BAC 社は，キャンセルが全くなければ，政府と同社の開発費用を折半することで，設計・開発を続行すると言っている。BAC 社は，VC10 プロジェクトが損益分岐点に到達するには，50機近く販売しなければならないとしている。現在の発注は58機で，そのうち42機が BOAC，11機がイギリス空軍，残りが，ガーナ航空とブリティッシュ・ユナイテッド航空である。10機のキャンセルでさえ，経営計画は破綻に瀕し，さらなる開発と販売は見込めない。」エイメリー航空相は，フライ・ブリティッシュ政策堅持の立場から，スーパー VC10 のキャンセルなしによる，イギリス航空機産業の維持を訴えた。

一方，モールディング蔵相は次のように述べた。問題の原因は，BOAC が余分な旅客機を発注したことにあり，スーパー VC10 をキャンセルしようと，

まだ運航できるボーイング 707 を処分しようと，無駄な費用がかかる。代替策としては 12 機のスーパー VC10 キャンセルが妥当であろう。この案によれば，BOAC は，15 機のスーパー VC10，12 機のスタンダード VC10，20 機のボーイング 707 を保有することになる。この案は，ガスリー会長の商業的判断と合致するものであり，彼が将来において機材選択をする際に，イギリス機か，アメリカ機かを選ぶフリー・ハンドを与えることになる。12 機のスーパー VC10 キャンセルを回避するために，2900 万ポンドの費用をかけ，BOAC に，同社が運航に満足しているボーイング 707 を処分させることを強制することは，イギリス機の販売見通しを改善することにはならない。モールディング蔵相は，12 機のキャンセルが適切だと述べた。ただし，10 機キャンセル案も首肯しうると述べた。モールディング蔵相の 12 機キャンセル案は，BOAC に将来のアメリカ機選択への可能性を残すという点で，フライ・ブリティッシュ政策からの逸脱を含む案であった。

討議の中で，他の閣僚達は，政府がガスリーを会長に任命しておきながら，最初に，彼が提案したオール・アメリカ機案（ガスリー・プラン）を拒否し，さらに彼が商業的に良好だと判断する 12 機のスーパー VC10 キャンセル案を拒否すると，政府の信用に対する打撃となるため，将来の段階において，アメリカ機か，イギリス機かどちらが BOAC に適しているか，ガスリーに選択できるようにしておこうと述べた。

閣僚委員会議長ロイド国璽尚書は会議を次のようにまとめた。「議論の大勢は 10 機のスーパー VC10 のキャンセルに傾いており，キャンセルなしとの意見は少数意見である。これらの見解に次の諸点を付して内閣に報告する。政府は，次のことを公表するべきである。第一に，10 機を除いては，スーパー VC10 の発注は確保されたこと，第二に，残る 10 機については，キャンセルするかどうかの決定は延期されること，である。」[19]

1964 年 7 月 16 日，VC10 問題を検討する閣議が開催された。まず，ロイド国璽尚書は，ガスリー・プランの概要と閣僚委員会の状況を次のように説明した。閣僚委員会は，スーパー VC10 のキャンセルなしという案と 10 機のキャンセルという案に分かれていることを説明した。また，ありうる妥協案として，10 機のスーパー VC10 については決断を延期するという考え方もあることを

紹介した。エイメリー航空相は，スーパー VC10 キャンセルなしという彼の意見を次のように述べた。「10機のスーパー VC10 をキャンセルする案が，キャンセルなしより，経済的利益があることは明白である。しかし，その場合，VC10 のさらなる販売は見込めないだろう。そして，BOAC は，イギリス航空機産業が長距離ジェット旅客機市場から撤退することの結果として，将来，さらにアメリカ機を発注しようとするだろう。」「事態は，アメリカ航空機産業との商業的競争という大きな文脈でとらえなければならない。BOAC が，VC10 を発注する決断は 1958 年になされた。VC10 はボーイング 707 に比べて技術的に優位をもつ旅客機であった。VC10 は，初期購入費用と運航コストでボーイング 707 より高くついたが，乗客への魅力の点で優位性を持っていた。スーパー VC10 をキャンセルせず，BOAC をオール VC10 機種とすることは，VC10 に海外販売の機会を与え，この機種の技術的潜在力の開発をもたらすことになる。」これに対して，モードリング蔵相は次のように述べた。「BOAC は 13 機の余分な発注をしている。BOAC は，スーパー VC10 全体の発注を取りやめたいと考えていたが，この案は政治的に受け入れられなかった。ロイド国璽尚書が示したキャンセルなしの案と 10 機キャンセルの案の費用の差額は 3000 万ポンドである。政府が，数年の間にこれだけの額を支出することは不可能である。ボーイング 707 は，これまでの間，効率的かつ経済的に運航されてきた。我々は，BOAC に対してこうしたボーイング 707 を売却し，彼らが望まないスーパー VC10 を購入するよう強制することはできない。」

　閣議では，現在のスーパー VC10 に対する発注を擁護する立場，スーパー VC10 のキャンセルを擁護する立場，双方から多くの意見が提出された。また，決断を延期する利点をあげる次のような意見があった。それは，第一に，決断の延期は，旅客機の搭載量の増大に関する技術的検討をする余裕を与える。第二に，BOAC の将来の機材への要求には不透明な部分がある。BOAC は，将来の機種計画についてこの 2 ヵ月でかなり明確にしてきたが，決断の延期は，将来の機材計画をより明瞭にするであろう。ダグラス-ヒューム首相は次のように議論を総括した。「議論の大勢は，限定された期間における決断の延期に利点があるとの方向に傾いている。決断の延期は，注意深く公表されなければならない。公表は，BOAC の将来の機種計画に基づき，さらなる調査が必要

とされる。」この閣議決定によって，BOACによる30機のスーパーVC10の発注のうち，BOACが17機，イギリス空軍が3機を購入し，残る10機については，決断を延期することになった。[20]

1964年7月20日，下院において，エイメリー航空相は次のようにBOACのVC10発注問題を説明した。

「BOACの保有機の構成について声明を述べる。議会に報告されたように，BOACは30機のスーパーVC10を発注している。これらの機体と現在就航している12機のVC10と現在就航している20機のボーイング707は総計で62機になる。ジャイルズ・ガスリー卿が，1964年1月1日にBOACの指揮をとることになったとき，私は下院議事録（Hansard）の2月5日付けに公表された指令書を送付した。その中で，私は，ジャイルズ卿に，会社が財政的に自立する計画を立案するよう要請した。この計画は，BOACの活動の全側面をカバーするよう意図したものであった。そしてジャイルズ卿はこの作業を完了していない。しかしながら，彼は，会社の航路網に関する詳細な研究を終えた。その中で，彼は航路の多くの削減を提案しなかった。それどころか，航路の延長を計画した。しかし，航空機の効率的な活用によって，1967年のBOACの運航を，同社が以前に計画していたよりも23機少ない旅客機で維持できると結論づけた。言い換えれば，彼は，1967年に，62機ではなく39機の旅客機を必要とするということである。議会が周知のように，現在決断しなければならない問題は，BOACが現在必要とされると思われるよりも多数の旅客機を発注した結果として起こってくる問題に対して，どのように対処するのが最善なのかということである。

ジャイルズ卿とBOACの他のメンバーは，BOACのとるべき正しい道は，30機のスーパーVC10をキャンセルすることだという結論に至った。これは，重いキャンセル料を引き起こす。これにより，機材は32機に削減される。彼らの要求を満たすために，BOACは6機の新しいボーイング707を購入することを希望している。その結果，BOACの保有機種は，26機のボーイング707と12機のスタンダードVC10から構成されることになる。BOACをこの結論に導いた最大の眼目は次の事実にある。すなわち，現在BOACが保有している20機のボーイング707はすでに会社の会計上，大部分の減価償却を終

え，多くの年数がたっている。新しいスーパー VC10 を償却する費用は，現在就航している 707 のさらなる減価償却よりも多くの費用がかかる。BOAC の意見によれば，ボーイング 707 の継続的な利用は，スーパー VC10 による代替よりも利益が上がり，新しいボーイング 707 の購入は，スーパー VC10 を使用するより経済的だとのことである。ジャイルズ卿は，BOAC は，1968 年以降，8 機追加を必要とするだろうと語った。もし今，BOAC が 6 機のボーイング 707 を購入すれば，このさらなる要求も多分ボーイング 707 のさらなる購入によって満たされることになるであろう。この提案の履行は，したがって，30 機のスーパー VC10 のキャンセルと 14 機の新しいボーイング 707 の購入ということになろう。保有機種は，34 機のボーイング 707 と 12 機のスタンダード VC10 ということになる。

　私は次の点を強調したい。問題は単に，どのような旅客機を BOAC が彼らの希望に合致するように現在注文するかということではなく，彼らが既になされた注文をキャンセルし，同時にキャンセルされたスーパー VC10 に代えてボーイング 707 を採用するという政策に乗り出すかどうかということにあるのである。ジャイルズ・ガスリー卿が提出した問題点に関わらず，私は，BOAC が彼らのスーパー VC10 の注文をキャンセルして，ボーイング 707 を買い足すことが正しいとは考えなかった。スーパー VC10 の試運航は，この機種が高いパフォーマンスと品質をもった旅客機であることを示した。この機種の静音性，スムーズな着地，そして相対的に短い離陸距離と収容能力は，スーパー VC10 に乗客やエアラインに対する高いアピール性をもっている。

　BOAC の商業的判断の結末は，イギリス航空機産業とそこで働く労働者に激しい傷を与えることであり，素晴らしく，有望な航空機に深刻なダメージを与えることになる。この件について，私はジャイルズ卿と数度にわたって会談をもった。上に挙げた諸点に対する配慮と，現存する発注契約を考慮して，彼は 30 機のうち 17 機のスーパー VC10 を購入することに合意した。残りの 13 機のスーパー VC10 のうち 3 機については，イギリス空軍が現在発注中の 10 機に加えて発注することになった。残りの 10 機のスーパー VC10 の問題は複雑である。BOAC は直近においては 47 機を超えて機材を必要としていない。一方，1963 年 4 月，当時の BOAC 会長は，BAC 社に対して，10 機のスーパ

ーVC10 の製造作業を中止するように要請し，BAC 社も同意した。したがって，この 10 機のスーパー VC10 の作業は進展しておらず，この件については最終決定を現在する必要はない。現在計画されている BOAC の機種は，17 機のスーパー VC10，12 機の VC10，したがって 29 機の VC10 と 18〜20 機のボーイング 707 となる。運航経験を積めば，BOAC は，ボーイング 707 をスーパー VC10 に更新していくかもしれない。結局，BOAC の 30 機のスーパー VC10 の発注のうち，BOAC が 17 機を受け取り，イギリス空軍が 3 機を受領し，残る 10 機については判断が保留されることになった。」[21]

このエイメリーの声明により，ガスリーは，スーパー VC10 の発注を削減することを事実上政府から認められた。この時点では，VC10 追加削減とアメリカ製ジェット旅客機の発注は見送られたものの，BOAC のこの VC10 発注削減決定は，フライ・ブリティッシュ政策の綻びを示した。

残る 10 機のスーパー VC10 についてはキャンセルするかどうかの判断を延期するという曖昧な閣議決定は，フライ・ブリティッシュ政策の観点からすればどのような意味をもつのであろうか。ガスリー会長からすれば，当初の 30 機のスーパー VC10 をすべてキャンセルし，ボーイング機で機種を統一するという案から後退し，17 機のスーパー VC10 購入を約束した一方，エイメリー航空相の提案するオール VC10 機種構想とボーイング 707 処分案は退け，将来において，BOAC にアメリカ機を導入する余地を残した。エイメリー航空相からすれば，現時点におけるスーパー VC10 のキャンセルを回避し，イギリス航空機産業へのダメージは回避したものの，フライ・ブリティッシュ政策の延長にあるオール VC10 機種構想は却下された。

第 3 節　次世代長距離機種発注とフライ・ブリティッシュ政策の終焉

1　残るスーパー VC10 のキャンセル

残る 10 機のスーパー VC10 についても，BOAC はキャンセルの意向を持ち続けた。1966 年 2 月 8 日，ミューリー（Fred Mulley）航空相は，ウィルソン（Harold Wilson）首相に，残る 10 機のスーパー VC10 キャンセル問題をめぐる BOAC とヴィッカーズ社の交渉状況を説明した。1965 年末には，BOAC は，

第4章　BOAC経営危機とフライ・ブリティッシュ政策の終焉

スーパーVC10の製造責任者であったヴィッカーズ社（BAC社内）との接触を開始し、ヴィッカーズ社のダンフィ（Sir Charles Dunphie）会長とガスリーの交渉の結果を、1966年1月27日付けの書簡で、ミューリー航空相に伝えてきた。その書簡によると、BOACの取締役会は、10機のスーパーVC10について1機たりとも発注する意思はなく、ヴィッカーズ社に対して1機当たり75万ポンドのキャンセル料を支払うと結論づけたとある。キャンセル料の支払いは、2月8日に支払われる予定であった。ミューリー航空相は、すぐさまガスリーとの会談を申し入れた。ガスリーBOAC会長とミューリー航空相の会談では、ガスリーは、現時点から1970年までの間の航空輸送量の予測によれば、BOACは、スーパーVC10タイプの旅客機を1970年以降については、さらなる航空輸送力として必要としているが、この必要は、次世代の大型旅客機で満たされるであろう。ガスリーは、BOACの過去の不運を挙げ、同社に対する批判は主に多すぎる旅客機を発注してきたことにあると強調した。かれは、過去の過ちを繰り返すつもりはないと述べた。ヴィッカーズ社は、10機のスーパーVC10についてのキャンセル料を受け入れていると述べ、10機のスーパーVC10キャンセルをやめる必要は無いと述べた。2月8日、ミューリー航空相はヴィッカーズ社のダンフィ会長と会談した。ダンフィは、ヴィッカーズ社は長年、スーパーVC10の製造費用の調達と10機のスーパーVC10発注の不透明性に苦しめられてきた、と強調した。ヴィッカーズ社は、BOACがキャンセル料として支払うと合意した資金を絶望的なまでに必要としている。ダンフィとガスリーは、スーパーVC10，1機当たり75万ポンドのキャンセル料を支払うことで合意した。この金額は、スーパーVC10を製造した場合のことを考慮した綿密な計算に基づいている。この金額は、キャンセルに関わるペナルティを含んでいない。ダンフィは、スーパーVC10のキャンセルは、BOACとヴィッカーズ社の間の商業的決断であることを強調した。ミューリー航空相は、ウィルソン首相に対して次のように伝えた。我々政府は、この件に関して、契約上、法律上関与できないことを認めなければならない。BOACとヴィッカーズ社の両者は、彼らの決定が自分たち自身のために行われたと強調するであろう。BOACが購入する予定であったスーパーVC10の最後の10機のキャンセルは、この旅客機の弔鐘と受け取られ、国内・国外を問わずさらなる販売

第3節　次世代長距離機種発注とフライ・ブリティッシュ政策の終焉

の機会を奪い去るであろう。[22]

　キャラハン（James Callaghan）蔵相は，1966年2月11日，ウィルソン首相に，ミューリー航空相による10機のスーパーVC10キャンセル承認の提言を受け入れるよう次のように進言した。「もし，政府がBOACにスーパーVC10を導入するように促したら，BOACが効率的で経済的なエアラインとして再確立する見通しを台無しにしてしまうだろう。」「私は，スーパーVC10にさらなる輸出の見通しがないことを認めざるをえないだろう。スーパーVC10は，技術的には良い旅客機であったが，コスト的に高く，就航が遅すぎた。」[23]

2　ボーイング747の発注

　フライ・ブリティッシュ政策は，BOACの1970年代に向けたワイドボディ（広胴）ジェット旅客機機種発注に際してさらなる挑戦を受ける。ボーイング707とダグラスDC8の成功がもたらした大量航空輸送時代は，これら乗客100〜150人クラスのジェット旅客機よりも乗客数の多いワイドボディジェット旅客機の登場を促した。この市場動向をふまえ，ガスリーは，1965年中頃に長距離ジェット旅客機発注計画を各メーカーに打診した。1966年2月14日，ミューリー航空相はウィルソン首相に対して，スーパーVC10後継機種をめぐる状況を次のように報告した。1965年夏，BAC社は，スーパーブ（Superb）と呼ばれるスーパーVC10のストレッチ・バージョンを提案した。スーパーブは，VC10シリーズの設計思想を受け継ぎながら，ダブル・デッキ（2階建て）で265人の乗客を想定していた。BAC社の開発費用見積額は4000万ポンドで，エンジンにはロウルズ－ロイス社の新エンジンRB178が予定されており，このエンジンの開発には追加で費用がかかった。スーパーVC10のストレッチ・バージョンの市場見通しは悪い。現在，ストレッチ・バージョンの需要をもつ大部分のエアラインは，ボーイング707かダグラスDC8を保有しており，これらのエアラインは当然，両機のストレッチ・バージョンを好む。ダグラス社は，既にストレッチ・バージョンの開発を公表しており，ボーイング社は，707のストレッチではなく，大型のボーイング747の新規開発をする予定である。したがって，スーパーブを十分に売り込める見込みはない。しかしながら，イギリス航空機産業が長距離亜音速ジェット旅客機の生産を停止し，撤退すること

は，中距離・短距離ジェット旅客機市場にもマイナスの効果を与える。以上の状況をふまえ，ミューリー航空相はウィルソン首相に対して，政府がBAC社に対して，長距離市場におけるスーパーVC10の後継機に対して政府援助を与える見通しはないことを通告するべきであると勧告した。[24]

1966年5月には，BOACは，次期機種としてボーイング747の発注を，一旦決定した。しかし，6月になって，ダグラス社が747より小さくBOACのニーズに適合した機体を提案してきた。この提案の重要な利点は，ロウルズ－ロイス社のRB178を小型化したバージョンの搭載を予定していたことであった。しかし，ダグラス社は他のエアラインからの発注の確保が難しく撤退し，6月17日，BOACは，ボーイング747の発注を決定した。7月，BOACは蔵相と5500万ポンドで6機のボーイング747を購入する合意を結んだ。747の特徴として，大西洋航路における低い座席マイル・コストから料金引き下げを期待できることにあり，1970年か1971年に就航予定であった。BOACの大西洋航路における主要な競争者は，すべて747を発注しており，BOACは1970年代の大西洋航路においてこれらと競争できる経済的な機体を有する必要があった。747購入以外の唯一の可能性は，「イギリス的解決（a British solution）」であったが，この可能性は真剣には追求されなかった。2月14日付けのミューリー航空相からウィルソン首相へのメモランダムで，スーパーブは，機体だけで4000万ポンドかかること，エンジン開発にはさらに追加の費用がかかること，市場見通しでは，開発費用の回収が困難であることを説明した。ミューリー航空相は，1966年5月11日，下院で，政府がBAC社のスーパーブを開発支援するつもりが無いことを表明していた。ダグラス社の撤退によって，残された可能性はボーイング747だけになった。イギリスに残された可能性は，747にできるだけ多くのイギリス製部品を組み込むことにあり，その有力な要素はロウルズ－ロイス社RB178エンジンであった。しかし，不幸にも，ボーイング社はライバルのP&W社製エンジンを選択した。ボーイング社も，P&WエンジンとRB178エンジンの双方の生産ラインを設置する余裕はなかった。[25]

表5にみるように，BOACは，自国航空機産業の育成などの国益よりも商業ベースでの経営と利益を優先するガスリーのリーダーシップの下，赤字から黒字に経営を改善し，1965-66会計年度には株主に対する配当も実現した。ガ

表5　BOACの営業成績

(単位：百万ポンド)

	1961-62	1962-63	1963-64	1964-65	1965-66
運航収入	92.7	92.3	103.82	114.3	124.7
運航収益（損失）	−10.5	4.7	8.7	16.8	20.7
利払い・税引き前グループ収益（損失）	−43.2	−6.2	−2.7	17.9	11.8
利払い・税引き後グループ収益（損失）	−50.0	−13.1	−9.8	9.9	9.4
BOACグループ収益（損失）	−50.0	−12.9	−10.4	8.9	8.1
株主配当	—	—	—	—	3.5

出典）　*Interavia*, February 1967, p. 193.

スリーのフライ・ブリティッシュ政策に対する姿勢は，以下にみる航空専門誌 *Interavia* でのインタヴューでの彼の回答に端的にみてとることができる。インタヴュアーはガスリーに次のように問うた。「イギリス製航空機を購入し運航することで，イギリス航空機産業をサポートすることが，BOACの役割の一部だと考えているか」この問に対して，ガスリーは次のように答えた。「ノー。BOACは，BOAC自身のニーズに最も適合的な旅客機を購入しなければならない。さもなければ，再び経営は赤字に転落するだろう。もし，BOACが単にイギリス製であるという理由だけでイギリス製旅客機を発注するとしたら，それはBOACにとってもイギリス航空機産業にとっても利益にならない。もちろん，我々の好みに適った旅客機をイギリス航空機産業から購入することができるのならそれにこしたことはないが，BOACの主要な任務はイギリス航空機産業を支援することではなく，何よりも利益があがるように経営することである。」[26]

おわりに

　BOACは，北大西洋航路でのパンナムとの競争により，2年続けて大幅な赤字を計上した。会計コンサルタント・コルベットの調査をふまえ，航空省白書『BOACの経営問題』は，BOACの経営実態を調査した結果，コメット1墜落・ブリタニアの技術的トラブルなど，イギリス機運航政策が赤字の主な原因と分析した。エイミリー航空相はガスリー卿を英国海外航空会長に据え，BOACの経営改善にあたらせた。ガスリー卿は，スーパーVC10の30機のキ

第4章 BOAC経営危機とフライ・ブリティッシュ政策の終焉

ャンセルとボーイング707の新規購入により,ボーイング707を主要機種とする経営計画を立案する(ガスリー・プラン)。しかし,エイメリー航空相は,ガスリー・プランのイギリス航空機産業に対するダメージに対する配慮から,逆に,BOACが現在保有するボーイング707を処分し,スーパーVC10をキャンセルしないオールVC10機種案を提案する。内閣では,モールディング蔵相を中心に妥協案を探り,BOACの将来のアメリカ機購入に含みを持たせるスーパーVC10の10機あるいは12機のキャンセル案が検討された。7月16日の閣議においては,結局,10機のスーパーVC10のキャンセルの是非については決断を延期するという曖昧な決着となった。しかし,1966年初頭には,BOACがBAC社にキャンセル料を支払うことで,この10機のスーパーVC10のキャンセルが決定した。さらに,1966年半ばのBOACの次世代長距離機種選定においては,BAC社のスーパーブ計画は脱落し,ガスリー会長はボーイング747を主要機種に選定する。このBOACのボーイング747導入によって,フライ・ブリティッシュ政策の終焉が確定した。BOAC以外に購入先を見出せないBAC社・ホーカーシドレー社のイギリス機体メーカーにとって,BOACのフライ・ブリティッシュ政策からの離脱と主要機種としてのアメリカ機の導入は,長距離旅客機市場において独自の開発計画を保持しえなくなることを意味した。この結果,イギリス機体メーカーは,長距離旅客機開発から撤退し,欧州共同開発を模索するようになっていった。他方,BOACは,アメリカ機体を主要機種とすることによって経営を改善していった。BOACは,機種選択の自主的な判断により,リスクの少ない効率的なアメリカ製ジェット旅客機を主要機種として導入することにより,国際線を運航するエアラインとしての競争力を回復していった。このように,BOACは,経営危機問題を契機としてフライ・ブリティッシュ政策の下でのイギリス製新型旅客機を開発援助する役割から解放されていった。

1　Bender, Marylin and Selig Altschul, *The Chosen Instrument: Pan Am, Juan Trippe, the Rise and Fall of an American Entrepreneur*（New York: Simon and Schuster, 1982).

2　Davies, R. E. G. *A History of the World's Airlines*（London: Oxford University Press, 1964), p. 486. *Hayward, Keith, Government and British Civil Aeresprce: A Case Study in*

Past-war Techonology Policy (Manchester: Manchester University Press. 1903), p. 23; Corke, Alison, *British Airways: The Path to Profitability* (London: Frances Pinter, 1986), p. 38.

3 TNA, CAB134/1703, EA (63) 159, "Financial Problems of the British Overseas Airways Corporations," Memorandum by the Minister of Aviation, October 1, 1963.
4 1961年には，BOACは，追加で3機のボーイング707購入を許可された。
5 TNA, CAB129/115, CP (63) 14, "Financial Problems of the British Overseas Corporations," Memorandum by the Minister of Aviation, November 12, 1963.
6 TNA, CAB128/38, CM (63) 5th Conclusions, November 14, 1963.
7 Ministry of Aviation, *The Financial Problems of the British Overseas Airways Corporation* (London: HMSO, 1963), pp 5.-15.
8 House of Commons, February 5, 1964, Cols. 1141–1142.
9 TNA, CAB129/118, CP (64) 141, "The Super VC10," Memorandum by the Minister of Aviation, July 15, 1964.
10 TNA, PREM11/4676, T. J. Bligh to Burke Trend, June 25, 1964.
11 TNA, CAB130/200, GEN870/1, "The VC10," Memorandum by the Minister of Aviation; TNA, PREM11/4676, "Draft Cabinet Paper," June 30, 1964.
12 TNA, CAB130/200, GEN870/2, "Cost of Alternative Proposals," July 1, 1964.
13 TNA, PREM11/4676, "The VC10," P. R. Baldwin to Prime Minister. July 6, 1964.
14 TNA, CAB130/200, GEN870/1st Meeting, July 7, 1964..
15 TNA, PREM11/4676, "The VC10, GEN. 870/3 and 4," P. R. Baldwin to Prime Minister, July 14, 1964.
16 TNA, CAB130/200, GEN870/3, "The VC10, The Super VC10," Memorandum by the Minister of Aviation, July 13, 1964.
17 TNA, CAB130/200, GEN870/4, The VC10, The Super VC10," Memorandum by the Chancellor of the Exchequer, July 14, 1964.
18 TNA, PREM11/4676,, "The VC10, GEN.870/3 and 4," P. R. Baldwin to Prime Minister, July 14, 1964.
19 TNA, CAB130/200, GEN870/2nd Meeting, "The VC10s," July 15, 1964.
20 TNA, CAB128/38, CM (64) 38th Conclusions, July 16, 1964.
21 House of Commons, July 20, 1974, Cols. 39–42.
22 TNA, PREM13/1355, "Super VC10 Aircraft for BOAC, Minister of Aviation to Prime Minister," February 8, 1966.
23 TNA, PREM13/1355, "Super VC10 Aircraft for BOAC," Chancellor of Exchequer to Prime Minister, February 11, 1966.
24 TNA, PREM13/762, "Successor to the Super VC10," Minister of Aviation to Prime Minister, February 14, 1966.
25 TNA, PREM13/1355, Minister of Aviation to Chancellor of the Exchequer. July 4, 1966.
26 *Interavia*, February 1967, p. 190.

第5章

イギリス主力軍用機開発中止をめぐる米英機体・エンジン間生産提携の成立
——1965–1966 年——

はじめに

　チャーチル゠イーデン保守党政権は，イギリスが大国としての地位を保持するため，①イギリス連邦ならびに帝国，②英米特殊関係，③統一ヨーロッパという「3つの円環」を外交政策の基軸に据えた。しかし，脱植民地化・帝国の終焉の過程において，残る2つの円環である英米関係と大陸欧州との協調関係がどのような相互作用を伴いながらイギリスの「新しい役割」をつくりだしたのか明確になっているとはいえない。本章は，1965年のイギリス・ウィルソン労働党政権による次期主力軍用機の開発中止（プロジェクト・キャンセル）と代替機としてのアメリカ機購入決定にいたるイギリス政府の航空機産業政策と米英政府間交渉を検討することでこの問題に取り組みたい。ウィルソン（Harold Wilson）労働党は，1964年秋の総選挙で保守党に勝利し政権についた。ウィルソン政権は，保守党政権が推進してきた次期主力軍用機自主開発プロジェクト TSR2・P1154・HS681 を開発費高騰と国防費削減を主な理由として中止し，代替機種としてアメリカ製の F111・F4・C130 を購入する決定を下した。この決定は，イギリスの国家的威信をそこなう「世界的役割からの撤退の象徴」[1]として当時から多くのイギリス人の関心をひいた。プロジェクト・キャンセル後に出版された著作においては，ヘイスティングス『TSR2の虐殺』(1966年) に代表されるようにイギリスの国家的威信・航空機産業に対するダ

第5章 イギリス主力軍用機開発中止をめぐる米英機体・エンジン間生産形成の成立

メージの観点からウィルソン政権の決定を否定的にとらえる特徴が見受けられた。[2] これに対して，近年30年ルールによる政府文書公開とプロジェクト・キャンセルに関わった主要閣僚の伝記に基づいてウィルソン政権の意思決定過程を分析する研究が登場した。ストロー＝ヤングは，ウィルソン政権のプロジェクト・キャンセルはスエズ以東への軍事的プレゼンスを財政的制約のなかで達成するための合理的かつ「勇気ある」決断であるとし，従前の論調にしばしばみられたウィルソン政権の決定を否定的にとらえる見解を修正した。[3]

プロジェクト・キャンセルを契機にイギリス政府の航空機産業政策は，自主開発路線から国際共同開発に転換した。ヘイワードは，1965年12月に公表されたプルーデン委員会（ウィルソン政権が任命した航空機産業調査委員会）の結論を手がかりに，イギリス航空機産業が対米自立的な欧州航空機産業創設路線を歩み始めたことを指摘している。[4] 筆者は，イギリスの国際共同開発の相手先としては対米自立的英仏協調の方向性と米英協調の方向性という2つの路線が可能性として存在していたことに注目したい。イギリスが英仏協調と米英協調という2つの可能性を前にしてどのような路線を選択するのか？以下，1965年4月のTSR2開発中止決定から1966年2月のF111購入決定にかけてのウィルソン政権の意思決定過程と米英政府間交渉を分析することで，明らかにしたい。米英政府間交渉の分析にあたっては，アメリカ機購入に際しての'quid pro quo'（代償，物々交換）としてイギリスが何を得たのかに着目し，米欧航空機産業再編のキー・ポイントでありながら従来検討されてこなかったV/STOL（垂直・短距離着陸）エンジン開発をめぐる米英交渉を分析することでイギリスとアメリカとの提携の原型を探ることとしたい。

以下，第1節では次世代（マッハ2クラス）の戦闘爆撃機にかかわる米英双方の開発政策とオーストラリア市場をめぐる競争関係を，第2節では労働党政権がプロジェクト・キャンセルに踏み切る経緯について，第3節ではTSR2開発中止決定後，イギリス政府が国際共同開発の方向性として英仏提携と米英提携のどちらを選択したのか考察する。第4節ではイギリスがTSR2の代替機としてアメリカ機F111の購入を決定するプロセスについて考察する。

第 1 節　次世代戦闘爆撃機開発・販売をめぐる米英関係

1　マクミラン政権における TSR2 計画

　スエズ危機後成立したマクミラン保守党政権は，対米協調と独自核抑止力開発を対外政策として掲げ英帝国再編を推進した。マクミラン政権は，英帝国を支える軍事的基盤である航空機産業を強化するために，次世代プロジェクト（戦闘偵察機 TSR2）契約をインセンティブとして多数のメーカーを集約化し，機体メーカー・BAC（British Aircraft Corporation）社，エンジンメーカー・ブリストル・シドレー・エンジン社を成立させた。1962 年 8 月の核ミサイル・ブルーウォーター開発中止により TSR2 は V 型爆撃機の後継となる戦略核任務を与えられた。イギリスがアメリカから購入する予定であったスカイボルト・ミサイルが開発中止となり，その善後策を協議した米英ナッソー会談でイギリスの独自核抑止力維持が困難になると[5]，TSR2 の戦略核任務は強化され，スエズ以東への「核の傘」の任務も割り当てられた。そのため，TSR2 は一航空機プロジェクトという意味を超え，保守党政権のスエズ以東政策とイギリスの高度な技術開発力のシンボルという位置づけを有するようになった。

　また，エイメリー（Julian Amery）航空相は，「航空機動戦力」構想を打ち出し，V/STOL（垂直・短距離離着陸）性能を有した P1154 戦闘機と HS681 輸送機をホーカーシドレー社に発注した。エンジン部門ではブリストルシドレー社に P1154 用エンジンを，ロウルズ-ロイス社に HS681 用エンジンを発注した。P1154 と HS681 の開発決定により 1960 年代におけるイギリス航空機産業の軍用機主要プロジェクトが出揃った。しかし，TSR2・P1154・HS681 からなる次世代機プロジェクトは，新技術を多数採用しているため開発費用が膨大であり，旧英連邦・ヨーロッパへの海外販売による生産機数の確保が開発成功の不可欠の要素として見込まれていた[6]。

2　マクナマラ改革と対外販売政策

　米ソ軍拡競争のエスカレートと軍事航空技術の革新は，アメリカの軍事調達にも大きな影響を与えた。航空機の新規開発コストは，第二次大戦直後には数

千万ドルの規模(例えば,B47は2900万ドル)だったのが,1950年代末から1960年代にかけては数十億ドルの規模(例えば,XB70は15億ドル)へとエスカレートしていった。[7]一方,ミサイル開発へのシフトにより軍事調達費に占める有人軍用機予算は絶対的に減少していったため,アメリカの軍用機開発は,開発コストの高騰と軍用機予算の縮小という構造的問題に直面した。ケネディ政権成立とともに国防長官に就任したマクナマラ(Robert McNamara)は,「マクナマラ改革」とよばれる一連の国防改革を実施し上記の問題に対応した。マクナマラは,国防省予算担当次官補に就任したヒッチ(Charles J. Hitch)の費用対効果分析に基づいて軍事予算の効率的利用と予算的統制を推進した。[8]マクナマラは,国防改革の一環として戦闘機調達にメスを入れた。朝鮮戦争後に開発されたセンチュリー・シリーズ(F100〜F105)においては,空軍・海軍がそれぞれ別個にノースアメリカン社・マクダネル社・ゼネラルダイナミックス社・ロッキード社・リパブリック社の主要5社から戦闘機を調達していた。マクナマラは,可変翼戦闘機F111開発においては空軍・海軍戦闘機共通化により1プロジェクトへ調達を集中する政策を明らかにした[9]。この改革に対して海軍・航空機メーカー・航空機工場を選挙区にもつ議員は激しく反発したが,マクナマラはF111の空・海軍共同調達を自らの政治生命を賭けて推進した。[10]

ケネディ政権は,折からの国際収支問題に対処するため,一方でバイ・アメリカン(Buy American)法の強化により国内軍事市場を外国の競争者から閉ざすとともに,他方で国際兵站交渉部(International Logistics Negotiations, ILN)を通じた対外兵器販売を強力に推進した。1933年に制定されたバイ・アメリカン法はアメリカ政府調達をアメリカ製品に限定する条項を含んでいたが,1962年,ケネディ政権はこれに加えて国際収支危機に伴う外貨流出対策として,国防省の調達に関して外国製品の入札に対して50%の価格差別を行う国際収支規制を加えた。この規制により外国のメーカーはアメリカ製品より50%以上安価でないとアメリカ国防省の調達に参加できないことになり,これは事実上アメリカ軍事市場から海外製品を排除することを意味した。[11]

1961年秋,ケネディ政権は,国防省内にILNを創設し,カス(Henry J. Kuss)を部長に任命した。カスは,ドル防衛策としてアメリカがNATO諸国への対外援助を兵器の無償贈与から有償販売へ重点を移さざるを得ないという

状況下で，自国独自の兵器生産を志向する欧州諸国にアメリカ兵器を販売する任務を担った。カスは，米欧間の兵站の協力を推進するという名目でアメリカ軍事製品の対外販売を推進した。ILN が最も勢力を注いだのはドイツ市場であった。ILN は，アメリカ駐独軍費のバードン・シェアリング要求を足がかりに，ドイツにアメリカ製兵器の強力な販売圧力をかけた。[12]

ケネディ政権による対外兵器販売強化の理論的バックボーンとなったのが，ヒッチ＝マッキーン『核時代の国防経済学』(1960 年) 第 15 章「軍事同盟の経済学」であった。ヒッチ＝マッキーンは，兵器生産の専門化によって相互利得が生じる余地が大きいと考えた。第一に各国はさまざまな生産分野に比較優位を追求することが可能になる，第二に 1 国あるいは数カ国の供給国に生産部門が集中すれば，規模の経済性 (scale economies) および習熟効果 (learning curve) を通じ，生産機数が多いほど 1 機当たりのコストは低減するという利益が見込めるからであった。そしてヒッチ＝マッキーンは，1 つ以上の国が同一の装備品を生産できる場合，どの国で生産されるかを決める最大の基準は，どの国で最も安く生産できるかということにあるとした。価格競争力では大規模な生産機数を有するアメリカ・メーカーが有利になり，少ない生産機数しかないヨーロッパ・メーカーは不利になる。そのため費用対効果分析のフィロソフィーの俎上では，ヨーロッパ諸国は自国市場の一定分野を価格競争力の高いアメリカ・メーカーに明け渡し，ヨーロッパ・メーカーは比較優位を追求できる専門化された分野の生産に特化せざるをえなくなるのである。マクナマラは，マクナマラ改革の NATO への輸出といえる NATO 兵器標準化・NATO 共同軍事市場 (NATO Common Market) 創設を推進した。[13]

アメリカが対外兵器販売を強化するなかでアメリカ航空機産業の潜在的な競争相手として浮かび上がったのは，アメリカに次ぐ西側第二の航空機生産国であるイギリスであった。イギリスの次期軍用プログラムの 3 機種――TSR2・P1154・HS681――はアメリカの対抗機種に対して互角の技術力を有しており，国際軍事市場でのアメリカ航空機産業の潜在的なライバル――ヒッチ理論でいう同一の装備品を生産できる国――だったのである。次世代戦闘爆撃機 TSR2 は，アメリカの対抗機種である F111 より開発が先行し，戦闘機 P1154・輸送機 HS681 は V/STOL 性能を有しているという点において，同クラスのアメ

リカ機 F4 戦闘機・C130 輸送機より技術的に先行していた。西側同盟の背後で米英間の航空機販売をめぐる競争が進行した。その焦点となったのが,旧英連邦の一員であるオーストラリアであった。

3 オーストラリア空軍をめぐる F111 と TSR2 の販売競争

1960 年代における次世代軍用機開発の中核は,アメリカではゼネラルダイナミックス社 F111,イギリスでは BAC 社 TSR2 であった。巨大な軍事予算をもち,さらに空海軍共同調達により 1700 機以上の生産が見込まれていたアメリカと違い,単価が高額なため自国での予定調達機数が空軍の 138 機に限られていたイギリスにとっては,海外販売による生産数の拡大が習熟効果と規模の経済性を発揮するための不可欠の要素であった。その海外販売の最大のターゲットとなったのが,オーストラリア,カナダなど旧英連邦諸国であった。

オーストラリアは従来イギリス航空機産業の強固な勢力圏であり,オーストラリア空軍は主力爆撃機としてイギリス製のキャンベラを採用していた。オーストラリア空軍の予定調達機数は 30 機規模であった。イギリス政府・BAC 社は,1960 年 8 月 28 日,英連邦諸国の参謀長の会合で TSR2 についてのプレゼンテーションを行って以降,TSR2 の販売に精力を注いだ。一方,マクナマラにとってマクナマラ改革とその中核である F111 計画に対する国内の反発を封じ込めるためには,海外での F111 配備の実績は重要であり,オーストラリアは F111 販売の重要なターゲットであった。1963 年秋,オーストラリア空軍のキャンベラ後継機をめぐるイギリスの TSR2 とアメリカの F111 との競争は,価格・納期・就役までの代替機種の提供などの条件をめぐる米英豪の首脳によるハイレベルな交渉となった。自国空海軍向けに多数生産することから生じる規模の経済性に基づき,アメリカはイギリスより安い価格を提示し,1963 年 10 月 24 日,オーストラリア空軍は F111 の採用を公表した。この結果,TSR2 は唯一の有望な海外販売先を失って予定生産機数は減少し,1 機あたりのコストの膨張が決定的となった。そのため,保守党政権が推進する TSR2 開発は,野党労働党の批判の対象となっていった。1963 年 11 月の下院討議で,ヒーリー(Denis Healey)は,TSR2 計画を所管するエイメリー航空相が BAC 社の工場があるプレストン(Preston)選出議員であることを指摘し,TSR2 問題を

「南海泡沫事件以来のスキャンダル」だと言って批判した。

保守党政権自身もTSR2など軍事プロジェクトの開発費高騰抑制に取り組んだ。国防省主任科学顧問ズッカーマン（Sir Solly Zuckerman）は，1961年兵器開発の費用評価のシステム——ズッカーマン・システム——を作成した。ズッカーマン・システムは，兵器開発において大蔵省の査定を強化する役割を担うとともに，同盟内における同種兵器の「重複排除」が必要であるという視点を導入した。ズッカーマン・システムの政策的結論としては，最先端技術開発でのアメリカとの競合を避け，イギリスは何らかの分野に特化することが導き出された。ズッカーマンはアメリカの航空機メーカー・マクダネルダグラス社の工場を見学し，米英間の生産性の格差に衝撃を受け，アメリカの研究開発力と生産システムにイギリスが対抗することに対して否定的になっていた。ズッカーマン・システムは，ヒッチ理論のイギリス側からの受容を示すものといえた。

第2節　プロジェクト・キャンセル

1　労働党政権の登場とTSR2計画再検討

1964年6月，秋の総選挙を控え労働党党首ウィルソンは，労働党が政権についたらTSR2をキャンセルするという噂が広がっていることに対して，BAC社の工場があるプレストンでの演説でこれを否定し，「労働党のTSR2に対する立場は，保守党政府のスタンスと厳密に一致する」と述べこの噂を打ち消した。しかし，ウィルソンは保守党の航空機プロジェクトの再検討を着々と進めていたようである。10月15日に実施された総選挙は労働党の勝利に終わり，13年ぶりに政権の座についた労働党は保守党政権が進めてきた航空機開発の諸プログラムの再検討に着手した。10月26日経済問題相ブラウン（George Brown）は，下院で労働党政権による経済問題についての最初の声明をおこなった。ブラウンは「政府は全ての政府支出について厳格な再評価を行う。その目的は，経常収支に対する圧力を緩和し『威信をかけた計画（prestige projects）』のような経済的優先度の低い支出を削減し，資源をより生産的に活用することにある」と述べた。ここでいう「威信をかけた計画」とは保守

第5章 イギリス主力軍用機開発中止をめぐる米英機体・エンジン間生産形成の成立

党が進めてきた航空機開発計画を指していた。[18]

ウィルソンは12月に予定されているジョンソン大統領との会談前にイギリスの国防政策を検討するために11月21-22日，チェッカーズ（Chequers）に主要閣僚を招いた。大蔵省と経済問題省の報告書は，過去5年の軍事費の上昇傾向を指摘し，その延長線上では1969-70年までに軍事費は24億ポンドに上昇すると予測した。経済問題省は，現在イギリスが抱える経済的困難——保守党の下でのストップ・ゴー・サイクル——から脱出するには今後10年間，毎年20億ポンドの国防費シーリングを設定することが必要であると提案した。ウィルソンは経済省の提案を承認し，「われわれは将来においては現在の規模での3つの円環の維持に努めるべきではない」と述べた。軍事費削減の最も有効な手段は，スエズ以東からの撤退であったが，閣僚はイギリスのスエズ以東任務の継続を支持した。そのため4億ポンド規模の軍事費削減の矛先は，軍事研究開発費の削減に向かった。ヒーリー国防相は，TSR2・P1154・HS681という軍用機3機種の開発中止とアメリカ製航空機購入を提案した。[19]

また，ジェンキンス（Roy Jenkins）航空相は，プルーデン卿（Lord Edwin Plowden）を委員長とし，少数の委員からなる航空機産業調査委員会（プルーデン委員会）を設置した。委員会は，国防・輸出・他産業との比較などを通じて，イギリス国民経済全体に占める航空機産業の位置と方向性を検討し，必要な提言を政府に行うことを任務としていた。当初，ジェンキンス航空相は，プルーデン卿を議長に，アルブー（Austen Albu）・ジョーンズ（Aubrey Jones）の2人をメンバーに推薦した。プルーデン卿は，戦後労働党政権期の財務官僚であり，モネ（Jean Monnet）・ハリマン（Averell Harriman）とともに「3賢人」の1人として1951年西側再軍備問題を調整し，その後原子力エネルギー機関（Atomic Energy Authority）代表をつとめ，この時点では，チューブ・インベストメント社の社長であった。プルーデン卿はイギリスにおける欧州統合参加運動の主導者の1人であった。アルブーは，左派の下院議員，ジョーンズは，マクミラン保守党政権期に担当大臣として航空機産業の集約化を遂行した下院議員であった。内閣の要請により，労働組合・実業界・科学者からメンバーが加わり，12月9日，委員会は発足した。プルーデン委員会は，欧州統合論者であるプルーデン卿を議長に航空機産業に関連する各階層から構成されたグル

第 2 節　プロジェクト・キャンセル

ープであった。[20]

　1964 年 12 月 7 日，ワシントンで米英首脳会談が開催され，イギリスの国防問題が討議された。この席で TSR2 問題について意見の交換が行われた。ヒーリー国防相は，国防費削減は人員の削減によって達成することは困難で，唯一の現実的な方法は装備の合理化であり，「ある種の装備」については自国で生産するよりアメリカから購入することが望ましいと示唆した。ここでヒーリーがいう「ある種の装備」とは，TSR2 を意味していた。これに対してマクナマラは次のように応えた。イギリスの世界大での役割を維持するためには装備に関する「厳しい決断」が必要である。つまり経済成長のためには兵器産業の維持が必要であるという神話を打ち砕く必要がある。率直に言って，イギリスは軍事的観点からいって無意味な浪費ともいえるプロジェクト，とりわけ TSR2 に資金を投入してきた。米英両国は，研究開発の統合によって利益を得ることができる。とはいえ，これはイギリス国内において痛みを伴う過程となるであろう。アメリカは，イギリスが世界大の役割を維持するという確固とした政策を必要としており，そのためにアメリカ機（F111）販売により，イギリスの財政合理化を支援するという意向を示した。[21]

　アメリカの F111 売却動機を国際的戦略環境・国内政治要因・航空機産業政策から分析しよう。まず，戦略的環境としてはアメリカはベトナム介入を続行するうえでイギリス軍のスエズ以東へのコミットメント継続を必要としており，そのためイギリスがスエズ以東の「核の傘」を TSR2 から F111 に切り替え，財政合理化を進めることが必要であった。国内政治要因としてはイギリスの F111 採用は，技術的な問題により開発が遅延していた F111 計画への反発を強めていた議会・海軍を説得する材料として有効であった。[22] 航空機産業政策としては翌年 1 月 11–12 日に開催された F111・F4・C130 購入をテーマとした米英軍事販売交渉に際してのアメリカ側の背景文書は次のように述べている。文書は，イギリス航空機産業の危機打開策として「安価でおそらくはより優秀な航空機をアメリカから購入することが可能であろう。実際イギリス政府のある部分は以下のような政策を推進している。つまり，イギリスは自国の競争的地位が強力な航空機エンジンのような部品の生産に集中すべきであるという政策である」として，アメリカ機購入とイギリス航空機産業のエンジン生産への

特化の可能性に触れている。文書は、さらにアメリカ機購入に対するイギリス国内の反発とそれに対する戦術を次のように述べた。「TSR2 には既に多額の投資がなされており、政府・産業双方に強力な推進派が存在する。もし F111 が多数購入された場合、TSR2 が生きながらえる余地はありえない。資金を節約しより優秀な航空機を得るという観点からみてたとえどんなに合理的判断であったとしても、イギリス政府とりわけ新しく発足したばかりの労働党政府がイギリス航空機産業の全体あるいは一部に対する弔鐘を鳴らすという決断をすると考えるのは困難である。アメリカ機の大規模な購入は政治的な大騒動を引き起こすに違いない。(略)ありうるであろうことは、アメリカの軍用機がイギリス市場にくさびをうちこむための第一歩を踏み出すことである。同時に TSR2 のような論争の的となり金のかかる航空機の開発はスローダウンされるであろう。終局的にはイギリスは軍用機全体を我々アメリカに依存することになろう。しかしそれは一撃でというよりは、漸進的で時間のかかるプロセスをたどるであろう。」アメリカ側の基本的目標は、TSR2 の開発を中止させイギリス軍事市場をアメリカ製軍用機の売り込み先として開放することにあった。[23]

2 TSR2 開発中止決定

12月14〜18日、ワシントンで、アメリカ側の ILN 部長カスとイギリス側代表ハートリー（Sir Christopher Hartley)]は、航空機売却をめぐる実務者レベル交渉を行った。そこで最大の障害として浮上したのは、イギリスのアメリカ機購入に伴う外貨支出問題であった。ILN は、イギリスが F111 を 100 機、F4 を 180 機、C130 を 100 機購入する場合、今後 10 年間で 16 億 3500 万ドルの外貨支出が生じると見積もった。ILN は、マクナマラからヒーリーに対して外貨問題に与える影響の緩和についてアメリカが支援する意思を伝えるよう要請した。[24]

1965 年 1 月 15 日、ウィルソン首相は、ジェンキンス航空相とともにイギリス航空機産業界代表と会談した。会談は、航空プロジェクトの開発中止とアメリカ機購入をめぐる意見交換となったが、その中でイギリスが機体開発を停止した場合のイギリス・エンジン部門の競争的地位が議論となった。航空機産業界代表者は、もしイギリスが機体開発を停止しエンジンと部品の生産に特化し

第 2 節　プロジェクト・キャンセル

たとしたら，外国のユーザーはイギリスの機体に搭載された実績のないエンジンは信用しないだろうから，ロウルズ-ロイス社は国際的競争的地位を維持し得ないだろうと述べた。イギリス航空機産業界は，イギリスが機体開発を停止し，エンジン・部品生産に専門化するという路線に対する反発を示した[25]。また，1 月 20-21 日，イギリス産業界 3 団体（イギリス産業連盟・使用者連盟・生産者協議会）が合同研究会議を行った。プルーデン卿が基本演説を行い，「競争こそ臨むところである。しかし，成果をあげるためにはそれだけの市場が必要だ。もし EEC のメンバーであれば，他の業者との競争に苦しむかもしれないが，その代わり，われわれが十分に競争し得るだけの市場を持つことになる」と述べた。この演説は，産業界が EEC 加盟を含む欧州統合を志向したことを示し，プルーデン委員会も産業界の欧州志向を反映していたと考えられる[26]。

　1 月 15 日，主要閣僚を出席者とする国防海外政策委員会（Defence and Overseas Policy Committee）が開催され，ヒーリー国防相は，TSR2・P1154・HS681 の開発中止とアメリカ機購入により 6 億ポンドの開発費削減が見込まれ，1969-70 年まで毎年 20 億ポンドに国防費を抑制することが可能であると論じた。P1154・HS681 のキャンセルと F4・C130 の購入については P1154・HS681 の開発が初期段階でありイギリス軍部においても両機に対する支持が薄かったことから，2 月 1 日には内閣は P1154・HS681 のキャンセルと F4・C130 の購入を承認した。しかし，TSR2・F111 問題については，閣僚は，① TSR2 開発中止と F111 購入，② TSR2 開発継続，③ TSR2・F111 双方を調達せずという 3 つの選択肢をめぐって意見が分裂した。③の選択は，イギリスがスエズ以東から撤退することを意味していた[27]。ヒーリー国防相は，①の路線を主導した。ヒーリーはワシントン・サミット以降マクナマラとの密接な協力関係を築きあげるとともに，マクナマラが軍用プロジェクト削減のために導入した費用対効果分析の手法を自国の国防費削減のツールとして用いるようになっていった。費用対効果分析によれば生産機数が少なく 1 機当たりのコストが高いイギリス機開発は国防費の浪費であるという結論が導き出されるのである。これに対して，ジェンキンス航空相は，航空機産業に対するダメージを回避する観点から②の路線を追求する一方で，イギリスのスエズ以東任務に対する懐疑から TSR2/F111 双方の調達に否定的な見方（③）に傾いていた[28]。

第5章　イギリス主力軍用機開発中止をめぐる米英機体・エンジン間生産形成の成立

　閣僚・軍部がTSR2開発中止やむなしとの意見に傾斜していく中で焦点となっていったのは，TSR2を開発中止した場合イギリスの研究開発力をどのように維持していくかという問題であった。国防外交委員会文書が指摘するように，もしイギリスが世界最先端の技術開発競争から脱落したら，イギリスは政治的にはアメリカ政府の，商業的にはアメリカ航空機産業のなすがままにされてしまうという危険性にさらされていた。研究開発力維持の方策としては対仏協調と対米協調のどちらを主軸におくかという選択があった。対米協調は，12月のジョンソン＝ウィルソン会談で合意された路線であったが現実化には困難が見込まれた。従来から米英間の技術協力の試みはなされてきたが，いずれもアメリカ産業の反対にあって頓挫していた。また，アメリカがイギリスよりも毎年7億ドルの規模でアメリカ兵器を購入するドイツとの提携に関心をもつ可能性もあった。[29]

　ヒーリー国防相とジェンキンス航空相は，2月27日，フランスのメスメル（Messmer）国防相と会談し英仏提携の可能性の検討を開始した。[30] イギリス航空機産業界は，英仏共同志向をウィルソン首相に訴えた。ロウルズ-ロイス社会長ピアスン（Denning Pearson）は，3月17日にフランスで航空関係者と英仏航空機産業の将来について意見交換した内容を，メモランダムとして3月25日にウィルソン首相に提出した。その書簡は，共同開発の相手先はアメリカとフランスが唯2つの候補であるが，アメリカとの共同開発は結局アメリカの技術への依存に行き着いてしまう。アメリカに依存するのではなく長期的に独自の航空技術を保持するにはフランスが唯一のパートナーであり，フランス側にも英仏共同に踏み出す準備ができていると報告した。[31]

　3月25日，ペンタゴンでマクナマラ国防長官とイギリス空軍相シャケルトン卿（Lord Shackelton）の会談がもたれた。この会談での焦点は，イギリスのF111購入の見返りとなるアメリカ側のイギリス製品購入にあった。マクナマラはイギリス側に対して次のように述べた。彼は，ズッカーマンを通じてイギリス製品購入の可能性を探ってきたが，彼が調達の基準とするアメリカ製品と同等の技術と価格に適う製品はなかった。アメリカの研究開発計画は巨大でイギリスが全面的に対抗するのは困難である。イギリスが研究開発努力を（何らかの分野に）集中することを試みていることは評価できるが，問題はそれが十

分ではないことにあると述べた。つまり、航空機の研究開発においてイギリスがアメリカと全面的に競争するのを回避し、エンジンなど何らかの分野に専門化することを促したのである。また、マクナマラ国防長官は、F111購入の補償として、イギリス製品についてはバイ・アメリカン法の下での国防省の外国製品に対する50％価格差別の適用を見送るという譲歩の姿勢を示した。[32]

3月30日、英仏間で共同開発をめぐる事務レベル協議が行われ、攻撃・練習機、可変翼機に関する共同開発が検討された。3月31日付けのウィルソン首相への書簡で、ヒーリー国防相は、攻撃・練習機、可変翼機の英仏共同開発を推奨すると同時に、この英仏共同開発がTSR2開発中止決定により、これに向けられていた資源を転換することによって初めて可能になると述べた。ヒーリーにとって、TSR2キャンセルとF111購入は、イギリスの財政資金と航空機産業の資源を英仏共同開発に振り向けることを可能とする措置であった。[33]

4月1日、深夜にまで及ぶ二度の閣議が行われた。閣僚の大部分はTSR2の開発中止には賛成しているものの、代替機としてのF111の購入についてはアメリカからの購入に対する反発や外貨支出の問題から批判的意見が強かった。ヒーリー国防相はF111購入を主張したが、ジェンキンス航空相を中心に反対意見が強く意見は対立し、「内閣の危機」となった。閣議の途中、アメリカから新提案が届いた。新提案は、現時点でのF111の購入は訓練目的の10機でよく、1966年1月までに70機以上100機以下の追加発注をするかどうかイギリスが決定しうるという内容であった。この新提案によればイギリスは1966年1月までにF111についての意思決定をすればよく、それまでに海外国防政策を再検討することが可能であるという利点があった。深夜12時30分、最終的に、①TSR2のキャンセル、②F111の10機購入、③F111を70機以上100機以下で購入するオプション協定をアメリカと結ぶことが閣議決定された。[34]ここにおいてイギリスは軍用機3プログラムすべての開発を中止し、次期主力機計画のすべてを投げ出すことになった。ただし、TSR2の代替機をF111とする最終決定はされなかった。主要な障害は、F111購入に必要な外貨支出の問題であった。この問題は、F111購入の「quid pro quo」として、アメリカ政府がイギリス製の軍事品をどれだけ購入するかをめぐって今後交渉がはじめられることとなった。[35]

第3節　イギリス航空機産業の2つの選択肢
——欧州共同開発対英米提携

1　ウィルソン＝ドゴール会談

　TSR2の開発中止により自国独自の開発計画を放棄したイギリス政府は，国際共同開発への転換を志向した。ただし，その方向性は大陸ヨーロッパとの共同の途を選ぶのか，アメリカとの共同を選ぶのかという2つの選択肢の中で揺れ動くものであった。この時点での次世代航空技術の焦点は，F111も採用した可変翼技術とV/STOL（機体・エンジン）の開発にあった。

　4月2〜3日にパリで行われたドゴール大統領とウィルソン首相の会談では英仏の航空機産業の共同が大きなテーマとなった。4月2日の会談でウィルソン首相は次のように語った。「イギリス政府はアメリカ航空機産業への依存という状況を容認し得ない。次世代航空機である可変翼機の開発・生産はフランスとの共同で行いたい。」これに対してドゴール大統領は次のように応えた。「将来どの国も自国単独では軍民の航空機計画を保持し得ないだろう。しかし，フランスもイギリスもアメリカ航空機産業に吸収されたくはない。もしイギリスが航空という特別に重要な分野で協力を望むならフランスには異論はない。」翌3日の会談では，ウィルソン首相は，TSR2キャンセルはTSR2開発にあてられていたイギリス航空機産業の資源を英仏共同計画に向けることを可能にする措置だと説明した。そして，TSR2の代替航空機についても，アメリカのF111によって代替するとは現時点でイギリス政府は決定していないと述べた。[36]

2　プルーデン委員会とアメリカ国防省との討議

　5月13日，プルーデン委員会とアメリカ国防省・ILN部長カスとの間でイギリス航空機産業の将来に関する討議がなされた。この討議では，主要な疑問がプルーデン委員会より発せられ，アメリカ国防省側がイギリスの疑問に対して，以下のように返答した。[37]

　（英）イギリス航空機産業の各部門——機体・エンジン・電子機器——の将来の競争力をアメリカはどう予測するか？

　（米）エンジン部門は将来にわたって競争力を保持するであろう。電子機器

第3節　イギリス航空機産業の2つの選択肢——欧州共同開発対英米提携

部門は一定の分野に限っていえば競争力を保持するであろう。しかし，機体部門は期待できないであろう。ロウルズ-ロイス社が今後競争力を保持できるか否かは，アメリカ政府がアメリカ・メーカーとの平等の競争条件を保証するかどうかにかかっているであろう。

（英）もしイギリスが次世代の機体開発をやめたとしたら，エンジン部門と電子機器部門は生き残ることができるだろうか？

（米）イエス。機体市場へのアクセスが保証されるであろう。

（英）アメリカ政府は本当にアメリカ市場へのイギリス・メーカーの参入を許容するのか，そしてそれは以後の政権が交代したとしても保証されるのか？

（米）現時点においてはバイ・アメリカン法の緩和にみられるように，マクナマラ国防長官が積極的な姿勢を示している。ただし長期的な視点で考えた場合，保証はできない。

（英）プルーデン委員会はアメリカ国防省に対して，イギリスは「軍事共同市場」——すなわちアメリカ・プラス・ヨーロッパ——を通じた自由競争を試みるべきなのか，それとも欧州共同開発によってより小さな，しかしヨーロッパでの確実なシェアを確保すべきなのかと問うた。我々は共同開発しうる相手を（アメリカかフランスか）1国に選ばなければならない。2カ国以上との少しずつの共同開発では我々の問題を解決できない。

（米）カスは，1962年から1971年にかけての防衛機器市場はスカンジナビア諸国19億ドル，ヨーロッパ560億〜610億ドル，極東34億〜47億ドル，合計640億〜680億ドルにのぼると予測した。この中で（イギリス航空機産業が）参入しうる部分は100億〜150億ドルと予測される。同時期にアメリカの防衛機器市場は2000億ドルになるであろう。われわれは，イギリスがアメリカ市場で競争することを勧めたい。もしイギリスがフランスとの共同を推進しようとするならば，超音速旅客機コンコルドのときのようなアメリカの競争圧力を思い起こしたほうがよい。アメリカの軍事予算は英仏合計の5倍にもなることからすれば，アメリカ機はイギリス機より安価に提供することが可能であろう。

（英）もしイギリスがその未来をヨーロッパに委ねヨーロッパとの共同を開

始したとしても，アメリカは現存する米英間における技術情報の交換を継続するか？
（米）もしイギリスの主要な共同がアメリカ以外の国となされるようになった場合，協力方針を再検討する必要があるだろう。

会談の焦点は，イギリス航空機産業が機体部門を放棄してエンジン部門に特化し，アメリカが掌握する国際軍事市場への参入を志向するのか，英仏提携によるヨーロッパ市場の確保を志向するかの選択にあった。カスは半ば脅迫を交えつつイギリスが前者の路線を選択するようはたらきかけた。

3 英仏ディフェンス・パッケージ

プルーデン委員会・米国防省協議での米英協調の追求にも関わらず，5月17日，イギリスのヒーリー国防相とジェンキンス航空相はフランスのメスメル国防相とロンドンで会談し，英仏が共同して可変翼機（AFVG/Anglo-French Variable Geometry）と超音速攻撃・練習機（ジャガー）の開発を行う覚書に調印した。5月26日にはAFVGの機体メーカーにイギリスからBAC社が，フランスからダッソー社が選ばれ，AFVGのエンジンの開発にはイギリスからブリストルシドレー社，フランスからスネクマ社が選定された。[38]この時点でイギリス政府は，国際共同開発の相手先としてアメリカではなくフランスを選択したといえる。

この選択の論理を同年12月に公表されることになるプルーデン報告から検討しよう。プルーデン報告は，欧州の航空機産業の困難を次のように分析した。欧州各国の個別の国内需要は小さく，各国航空機産業は単独ではアメリカとの競争に対抗することはできない。したがって他国との国際共同開発を選択せざるを得ないが，その相手先としてアメリカは適当ではない。なぜなら，アメリカはイギリスと違い国際共同開発に差し迫った必要性をもっておらず，航空機・兵器に対する国内的需要だけで生産を経済的に行うのに十分であるからである。そして，国際共同開発における提携相手としてはフランスを選択するべきである。イギリス航空機産業とフランス航空機産業の資源の結合は，1970年代を通じてヨーロッパに主要な航空機産業を維持する基盤，多分唯一の基盤を提供するであろう。イギリスと他の欧州との提携により，欧州のニー

第 3 節　イギリス航空機産業の 2 つの選択肢――欧州共同開発対英米提携

ズに適し世界的に競争力をもって売られる航空機を共同で開発・生産することができる。目標は，イギリス・フランス・ドイツ・オランダ・イタリアの産業からなる単一の欧州航空機産業の創設にあった。[39]

こうした英仏協調路線に沿って，BAC 社はロウルズ-ロイス社，フランス・ダッソー社と協力し，TSR2 の代替機として，アメリカの F111 ではなくフランスのミラージュ IV 戦闘機にロウルズ-ロイス社のスペイ・エンジンを搭載したスペイ・ミラージュ（スペイ・エンジンを搭載したミラージュ）を採用するという提案を推進した。7 月 16 日，3 社は，ロンドンでスペイ・ミラージュの政府に対するプレゼンテーションを行った。BAC 社は，スペイ・ミラージュは F111 より「劇的に安い」と主張した。BAC 社は，ミラージュの再設計・生産の相当部分を担当する計画であった。この計画が採用された場合，BAC 社は TSR2 の開発中止が引き起こしたウェイブリジ（Weybridge）・プレストン工場のレイオフ問題を解決し生産量を確保することが可能であった。また，イギリス空軍がフランス製機体を採用する場合，見返りとして，フランス空軍もイギリス・エンジンを搭載したスペイ・ミラージュを採用する姿勢を示した。しかし，ミラージュ IV はフランスがアメリカの反対を押し切って推進している独自核戦力フォース・ド・フラッペの中核であり，イギリスが F111 の代わりにミラージュ IV を採用することは米英間に亀裂を生じさせる危険性があった。[40]

アメリカから相対的に自立した英仏共同開発の動きは，アメリカ航空機産業にとっては将来的に欧州市場からアメリカ航空機産業が排除される危険性を内包していた。これに対してマクナマラ国防長官は，5 月 25 日付けのカス・メモランダムに基づき，6 月 30 日，NATO 会議で NATO 共同軍事市場論を提唱した。NATO 共同軍事市場論は，NATO 諸国が費用対効果を基礎に分担して兵器を生産することを内容としていた。アメリカはこの構想の下で，欧州諸国が NATO の枠組みの中でアメリカと協調して兵器開発に取り組むことを促した。[41]

第4節　米英 V/STOL エンジン共同開発と F111 購入決定

1　米英 V/STOL エンジン共同開発

　航空機共同開発をめぐる米欧の合従連衡において焦点となったのは，V/STOL 戦闘機・エンジンの共同開発問題であった。この分野においては米独間の可変翼 V/STOL 戦闘機（機体）の共同開発計画と米英間の V/STOL エンジンの共同開発計画が進行していた。米独 V/STOL 戦闘機共同開発は，1964年春，マクナマラ＝ハッセル独国防相会談からスタートした。その後，1964年12月のマクナマラ＝ハッセル会談で共同開発が本格化した。一方，米英間では，V/STOL エンジンの開発においてイギリスがアメリカに先行していたため，1964年10月アメリカ国防省は，ロウルズ-ロイス・エンジンをベースにした発展型 V/STOL エンジンの米英共同開発を提案した。1965年2月の F4・C130 購入に関する米英共同兵站協定は，両国の軍事研究開発協力計画の拡大について言及し，その中心分野として「イギリスの V/STOL エンジン分野での経験とアメリカの先進軽量エンジン技術の成果を結合」する V/STOL エンジンの開発を挙げた。イギリス国防相ヒーリーは，1965年3月9日付けのマクナマラへの書簡で，米英共同開発の V/STOL エンジンを米独 V/STOL 戦闘機への搭載に結びつけ，米英独3国による共同開発に発展させるよう要請した。イギリスは P1154V/STOL 戦闘機・HS681V/STOL 輸送機の開発を中止したため，V/STOL 技術開発力を維持するためには米独 V/STOL 戦闘機計画への参画が必要だった。[42]

　ヒーリーの要請に対するアメリカの反応を5月19日の「外国での V/STOL 計画へのアメリカの参加の可能性」草稿から分析しよう。「米独 V/STOL 戦闘機開発計画における最大の問題はイギリスがこの計画への参加を希望していることにある。イギリスのこの計画への参加の動機としては以下の理由が考えられる。エンジン・電子機器の販売，米独 V/STOL 機のライバルである英仏で推進している可変翼機（AFVG）に関する技術をより安価に獲得し，さらにはイギリスの参加によって米独 V/STOL 機開発交渉を複雑化し，開発を遅延させることにある。これらは米独共同開発計画にとって不利益となる可能性が

第 4 節　米英 V/STOL エンジン共同開発と F111 購入決定

ある。したがって米独 V/STOL 計画へのイギリスの参加は，イギリスの意図が明らかになり米独 V/STOL 計画が確定的になるまでは，最小限化することを勧告する。」以上のように述べ，イギリスの出方を探る姿勢を見せている。[43]

　他方，イギリスの航空省・国防省・プルーデン委員会では，アメリカとの共同開発は非現実的であり英仏協調を推進すべきであるとの考え方が力を増した。ジェンキンス航空相は，イギリス航空機産業の未来はアメリカとではなく大陸ヨーロッパとの共同にあると確信しており，ヒーリー国防相もまた米英協力に対して懐疑的な態度を表明していた。イギリス産業界でも，アメリカはイギリス製品調達に真剣ではないのではないかという懐疑論が急速に増していた。こうした中，イギリス政府高官で米英協調路線を唱道しているのは内閣顧問ズッカーマンだけであり，孤立していた。ロウルズ−ロイス社会長ピアーソン自身はフランスのエンジン・メーカー，スネクマ社との合同を考慮するなど欧州志向が強かった。しかし，ズッカーマンは，イギリス産業の競争力のシンボルであるロウルズ−ロイス社はアメリカ市場に参入しなければならないと強く確信していた。[44]

　航空機開発をめぐって米英双方で不信が高まる中で，米英 V/STOL エンジン共同開発計画は計画それ自体が有する価値を超えて，米英協調のシンボルという位置づけを有するようになっていった。イギリスは，アメリカがイギリスとの共同開発に真剣かどうか，アメリカが本当にイギリスの兵器販売を保証する意思があるかどうかを試す試金石であると認識していた。イギリスは，イギリスが F4・C130・F111 を購入する代わりにアメリカがイギリスから「先進的技術」製品を購入することを必要としていた。イギリスがアメリカと同等の技術水準を維持するエンジン分野での協力により，イギリスの技術開発力がアメリカにとって価値あるものと認識されうると考えたのである。[45]

　V/STOL エンジン共同開発をめぐる米英交渉の主要な対立点は，イギリス側が米英メーカー間の計画された非競争的な生産分担（production sharing）を取り決めることで，イギリス側の生産量の確保を主張したのに対し，マクナマラは，価格競争が軍用機の効率的な開発・生産を保証する唯一の方法だと考え，生産における競争（competition in production）を主張していた。彼は英独 V/STOL 戦闘機のエンジン調達をめぐっても，ロウルズ−ロイス社にアメリカ・

メーカーとの競争を要求した。彼はイギリスがF111オプション協定を履行し，F111を調達するという条件を実行に移すならば，ロウルズ-ロイス社にアメリカ市場においてアメリカ・メーカー（GE社・P&W社）との完全に平等な条件での競争を認めると約束した。しかし，ジェンキンス航空相にとってはマクナマラ提案――生産における競争――ではロウルズ-ロイス社が選定される保証はないため受け入れ難かった。マクナマラは，9月中旬までに，V/STOLエンジン共同開発に関して米英政府間協定が合意に達しなかったら，アメリカ単独でこの開発計画を遂行すると迫った。

イギリスは米英V/STOLエンジン開発交渉が成立しなかった場合，2つの危険性に脅かされていた。第一に，もしアメリカ単独でV/STOLエンジン開発に取り組めばロウルズ-ロイス社はV/STOLエンジン分野でのアメリカ・メーカーに対する技術的優位を喪失し，イギリス航空機エンジン産業が死活的に重要な技術分野からはじき出されることが予測される。第二の危機感は，アメリカ政府がこの提案を米英共同開発へのテスト・ケースととらえていることにあった。もしイギリス政府がこの提案を現実化しなければ，アメリカ政府は，イギリス政府は米英共同研究開発に対して真剣ではないと結論づけるであろう。この結論づけは政治的に望ましくないばかりでなく，NATO内部で進行する亀裂――共同開発におけるロンドン・パリ枢軸とワシントン・ボン枢軸――を加速させることになる。[46]

9月7日，内閣顧問ズッカーマンは，ウィルソン首相に対してV/STOLエンジン問題に関する覚書を送った。ズッカーマン・メモランダムは，イギリス政府の決断はロウルズ-ロイス社の能力とノウハウについてのイギリス側の自信次第であると述べた。ロウルズ-ロイス社自身は，アメリカ市場であろうと欧州市場であろうとアメリカ・メーカーと同じ機会が与えられたならいかなるアメリカのメーカーに対してでも競争しうる自信をもっているとイギリス政府に伝えてきた。そのため，イギリス政府は米英共同開発が成立しなかった場合の危機意識からマクナマラ提案の受諾に踏み切った。1965年10月初旬，米英V/STOLエンジン共同開発が英米間で合意された。[47]

この結果，ロウルズ-ロイス社は米独V/STOL戦闘機へのエンジン搭載契約をめぐってアメリカ・メーカーと同じ条件で競争することを保証されたが，

第 4 節　米英 V/STOL エンジン共同開発と F111 購入決定

それにはイギリスが F111 を購入するという条件があった。しかし，F111 購入に必要な外貨問題は未解決のままであった。4 月の米英 F111 オプション協定後米英間の機数・価格などに関する交渉は難航していた。イギリス側は F111 購入の"quid pro quo"としてアメリカ国防省のイギリス製品調達を要求していたが，アメリカ側の購入品目は具体化していなかった。

2　サウジ国防パッケージ

　F111 購入資金問題の打開策として米英政府が取り組んだのが 1965 年秋のサウジアラビアの防空システム受注商戦であった。サウジの防空システム商戦においてはアメリカのロッキード社，フランスのダッソー社，イギリスの BAC 社などが売り込みを図り，熾烈な競争となっていたが，サウジ政府はロッキード F104 の選定に傾いていた。ヒーリー国防相は 7 月，カスが率いる ILN に対抗するため民間人ストークス（Sir Donald Stokes）を兵器売却に関する政府顧問に任命した。ストークスは 8 月にマクナマラと会談し，アメリカ機購入が引き起こすイギリスの国際収支問題の解決策としてサウジアラビアでのイギリスの入札に関してアメリカが支援できないかと問題提起した[48]。

　マクナマラは，イギリスの F111 購入資金問題についてサウジアラビア防空システムをイギリス企業に与えることで解決を図ろうと考え，カスに細部を検討するよう指示した。カスは，ローマで BAC 社の代理人のジェフリー・エドワード（Jeffrey Edwards）と会見し BAC 社がサウジアラビアへ 1 億ドル相当のライトニング戦闘機 36 機の販売を見込んでいるとの情報を得た。カスはマクナマラに対して 2 つの選択肢を提示した。第一の選択肢は，アメリカがサウジに対してイギリス機を購入することを歓迎すると伝えることである。この選択肢は，今までアメリカがサウジに対して売り込み活動を行っていたという点からも，アメリカ政府とアメリカ航空機メーカーとの関係という点からも望ましくない。第二の選択肢は，イギリスに対してアメリカ・レイセオン社のホークミサイルとイギリス・BAC 社のライトニング戦闘機の組み合わせを新たな提案として行わせることである。マクナマラは，第二の選択肢の路線でイギリスと交渉する権限をカスに与えた[49]。

　10 月のマクナマラ国防長官とジェンキンス航空相の話し合いを受けて，サ

ウジアラビアに米英共同入札が提案された。この提案は、ロッキード社がサウジに F104 の売り込みを続けていたためセンシティブなものだった。アメリカ政府の強力な後押しにより、12月サウジアラビアは、防空システムとして、フランス案、アメリカ・ロッキード社案を斥けイギリス BAC 社のライトニング戦闘機とアメリカのホークミサイルからなる米英共同案を採用した。航空省次官ストーンハウス（John Stonehouse）の言によれば、ファイサル（Faisal）国王は「アメリカの子分（American protégé）」であった。この発注は総額 5 億ドルに及ぶ巨大なプロジェクトであり、そのうちイギリスの受注は 2 億 8000 万ドル程度と見積もられた。この受注は TSR2 キャンセルで苦しんでいた BAC 社に対する埋め合わせとしても、国際収支対策としても効果的なものであった。[50]

3　F111 購入決定

サウジアラビア取引の進行と軌を一にして、イギリス政府は TSR2 代替機としてスペイ・ミラージュを採用するという案に消極的になっていった。1965 年 11 月 5 日付けの国防覚書（Defence Review Memorandom）においてヒーリー国防相・ジェンキンス航空相は、費用と導入時期を理由としてスペイ・ミラージュ案に反対を表明した。12 月 3 日のタイムズ紙にスペイ・ミラージュ関連の記事が掲載されると、スチュワート（Michael Stewart）外相は、ヒーリー国防相に対してイギリスがミラージュを購入する意思がないことをフランスに迅速に伝えるよう促した。スチュアートは外交的観点からみたミラージュ採用の危険性を次のように指摘した。「フランスが NATO に対する反発を継続している状況下で、イギリスが次世代の核運搬手段としてアメリカ機でなくフランス機を採用とするという如何なる発想も甚大な政治的反響を呼び起こさずにはいないだろう。ミラージュ採用はフランスの独自核戦力との協調にイギリスを押しやり、兵器の国際共同開発における英仏枢軸と米独枢軸の衝突という目下の危険な兆候を促進するであろう。」[51]

2 月 9 日の国防海外政策委員会で F111 購入が議題となり、ヒーリー国防相は、米英交渉の進捗状況を報告した。まず、F111 購入費用をイギリス製品のアメリカ政府による直接購入と第三国向け販売で相殺すべく交渉中であると報告した。第三国向け販売については「アメリカ政府が F111 の購入を想定して、

第 4 節　米英 V/STOL エンジン共同開発と F111 購入決定

サウジアラビア取引において我々と協力したのは疑いをいれない」と述べ，さらに「ヨルダン・リビアにも販売を拡大する見込みがある」と語り，F111 購入費用のオフセットを通じて中東市場へ進出する姿勢を示した。次にアメリカ政府による直接購入については，アメリカ政府はバイ・アメリカン法による規制と国防省調達における 50% 価格差別の規定をイギリスに対して除外する姿勢を示しており，イギリス産業はアメリカの国防調達をめぐってアメリカ企業と同等の条件で競争できる特別な地位が与えられると述べた。また「イギリスは，ドイツがドイツ駐留イギリス軍費の見返りとしてイギリスからより多くの兵器を購入するようアメリカ政府からドイツ政府に圧力をかけるよう要請し，アメリカ側はこの要請に同意したと伝えた」と述べた。つまり，ヒーリーは，F111 購入費用のオフセット交渉を通じてアメリカが支配権をもつ重層的な国際財政関係へイギリスが参画し，イギリス航空機産業のアメリカ・中東・ドイツの軍事市場への参入を推進しようとしていたのである。[52] 2 月 14 日，内閣は F111 購入問題を討議した。代替候補機としてスペイ・ミラージュが挙がったが，性能・納期・コストの問題もさりながらミラージュにとってマイナス材料だったのは，ミラージュ購入はフランスへの外貨支出を伴うがフランスはこの外貨支出をアメリカのように埋め合わせる意思はないだろうということであった。そのため内閣は，1970 年代中頃に就役する予定の AFVG までのつなぎとして，F111 を 50 機購入することを決定した。50 機の F111 の購入費用は 7 億 2500 万ドルであったが，購入に必要な外貨は，アメリカ政府の直接購入（3 億 2500 万ドル）と第三国への協調販売（4 億ドル）とで完全に相殺することが米英間で合意された。第三国への協調販売で最大の眼目はサウジアラビアへのライトニング戦闘機の販売（2 億 7500 万ドル）であった。[53] アメリカ政府の直接購入については 8 月 5 日ウィルソン首相とマクナマラ国防長官の会談の結果，アメリカが空軍 LTV 社 A7 コルセア II 地上攻撃機のエンジンとしてロウルズ−ロイス社スペイ・エンジンを搭載することが決定された。この契約は 8200 万ドルに及び，イギリス製エンジンとしては史上最大の海外受注となった。[54]

　プルーデン委員会は，1965 年 12 月にプルーデン報告を公表した。報告は，最も先進的な技術の自国独自での開発は不可能であり，また国際提携の相手先はアメリカではなく，フランス・ヨーロッパであると論じ，TSR2 開発中止と

第5章　イギリス主力軍用機開発中止をめぐる米英機体・エンジン間生産形成の成立

英仏 AFVG 共同開発というこの間ウィルソン政権が航空機分野において下した決定を追認した。とはいえプルーデン報告の試算では欧州諸国が協力することにより軍事市場は現在のイギリスの2〜3倍になることが見込まれたが，この数字でもなおアメリカ1国の軍事調達の 20％ に過ぎなかった。巨大なアメリカ軍事市場への参入の可能性をプルーデン報告は否定していない。プルーデン報告はアメリカへのエンジン・部品の販売について次のように言及している。「よりたくさんのイギリス製のエンジン・部品をアメリカの航空機に装備品として売り込む余地がある。（略）今までのところ最大の困難は，イギリス製品がバイ・アメリカン法と国防省調達規制双方による価格差別とたたかわなくてはならなかった点にある。しかし，この政策はロウルズ-ロイス社の RB189（V/STOL）エンジンの共同開発においては緩和された。」自主開発計画中止後におけるイギリスの国際共同開発は，機体部門における英仏共同開発を主たる路線とする一方，エンジン部門におけるアメリカへの販売の可能性という米英協調の萌芽を内在させていた。[55]

おわりに

　ウィルソン政権は，TSR2 開発中止により単独での軍用機開発を断念し，機体部門においては英仏提携によって，アメリカから自立した軍民にわたる欧州共同開発に乗り出した。しかし，その一方で F111 購入費用のオフセットを通じてイギリス航空機産業がアメリカの掌握する世界市場への進出の手がかりを摑んだことに注目しなければならない。BAC 社はアメリカが掌握する中東軍事市場（サウジアラビア）への参入を果たした。また，アメリカ国防省がイギリス製品の購入に限り，バイ・アメリカン法の適用を除外することが合意された。この合意のもとで，ロウルズ-ロイス社はスペイ・エンジン納入にみられるようにアメリカ国防調達に際してアメリカ・メーカーと同じ条件で競争し，バイ・アメリカン法の壁に阻まれていた巨大なアメリカ軍事調達市場へのエンジン輸出が可能になった。プルーデン委員会とアメリカ国防省との折衝では，イギリス航空機産業が機体開発を断念し，エンジン・部品のサプライヤーとして生き残る路線が検討された。そのテスト・ケースが V/STOL エンジンの米英

おわりに

　共同開発であった。この共同開発を通じて自国独自の開発プロジェクトがなくなるという条件の下で，ロウルズ-ロイス社は1970年代に向けての技術開発力を保持し，米独市場へ参入する足がかりを得た。これは機体部門の国際競争力低下という条件の下で，アメリカ・メーカーと同等の競争力を保持するエンジン部門（ロウルズ-ロイス社）の生き残り策であったといえる。

　ここに成立をみたイギリス・エンジン部門とアメリカ航空機産業との提携関係は，1960年代の軍民にわたる欧州共同開発の機運の中で，なぜイギリス航空機産業・政府が英仏提携を軸とした欧州共同開発ではなく，アメリカ主導の共同開発を志向したのかを解く鍵を提供している。その後軍用機部門の英仏共同開発の中核であったAFVG計画は，フランス側の財政難によりキャンセルされた。[56]その結果，イギリスはロウルズ-ロイス社製エンジンを搭載した英独伊トルネード戦闘機の国際共同開発を，フランスが参加せずアメリカが強い影響力をもつNATOユーログループの枠内で取り組んだ。民間機部門では，エアバス開発をめぐってウィルソン政権は欧州エアバス計画から脱退し，ロウルズ-ロイス社製エンジンを搭載したアメリカ・ロッキード社のトライスター計画を支持した。[57]アメリカ政府・航空機産業は，イギリス・エンジン部門と生産提携を取り結ぶことによってその技術力を開発計画に組み込むと同時に，イギリス政府・航空機産業がアメリカのライバルとして潜在的な危険性を有する欧州共同開発に深く足を踏み入れることを阻止した。プロジェクト・キャンセルをめぐる交渉を通じて成立したイギリス政府・エンジン部門とアメリカ政府・航空機産業との結びつきは，アメリカから独立した「欧州航空機産業」を創設するというプルーデン・ドクトリンをつきくずしていく出発点となったといえる。これは，アメリカ航空機産業の最大の競争者であったイギリス航空機産業のアメリカ航空機産業のジュニア・パートナー化を意味し，軍事産業基盤におけるアメリカの覇権確立の重大な要素であった。

　1962年12月，アチソン（Dean Acheson）元国務長官は，「イギリスは帝国を喪失し，未だ新しい役割を見出していない」と述べた。この「新しい役割」についてケイン=ホプキンスは，「スターリングというよい船が沈んでしまった後，シティは航海にはるかに適した新しい船，ユーロダラーに乗り込むことができた」と述べるように，シティがスターリング圏の終焉とともに，ユーロダ

ラー市場での取引に新たな活動の機会を見出したことをもって「脱植民地体制的グローバリゼーション」の「ホストであり代理人」という役割を見出したと述べている。これはアメリカ主導のグローバリズムにおけるイギリス資本主義像をシティ利害中心に提起したといえる[58]。本章は,イギリス航空機産業がアメリカ主導のグローバルな市場構造に組み込まれることを余儀なくされると同時に,そこで部品(エンジン)サプライヤーとしての役割を能動的に担っていった過程を検討した[59]。これは軍事産業基盤におけるアメリカ主導のグローバリズムに対するイギリスの能動的参画を示唆している。

---

1 Straw, Sean, and John W. Young, "The Wilson Government and the Demise of TSR-2, October 1964-April 1965," *The Journal of Strategic Studies*, Volume 20, No. 4, December 1997, p. 44, note 80.
2 ①Hastings, Stephan, *The Murder of TSR-2* (London: Macdonald, 1966); ②Williams, Geoffrey, Frank Gregory and John Simpson, *Crisis in Procurement: A Case Study of the TSR-2*, (London: RUSI, 1969); ③Wood, Derek, *Project Cancelled*, Rev. ed. (London: Jane's, 1986), 1st published, 1975. ①・③は,主に政府声明やインタヴューを素材とし,この決定のイギリス航空機産業に対する否定的な影響を重視する見解を形成した。一方,②は,国防専門家による分析で,プロジェクト・キャンセルにいたる費用効果分析の役割を明らかにし,ウィルソン政権の決断の合理性を検証するアプローチといえる。Straw and Young, "The Demise of TSR-2," *op. cit.*, p. 19.
3 ④Straw and Young, "The Demise of TSR-2," *op. cit.*; ⑤Dockrill, Saki. *Britain's Retreat from East of Suez: The Choice between Europe and the World?* (Basingstoke: Palgrave Macmillan, 2002). ⑤Ch.4 は,④を踏まえつつスエズ以東撤退をめぐるウィルソン政権の意思決定過程というより広い文脈からプロジェクト・キャンセルと F111 購入決定を分析している。
4 Hayward, Keith, *The British Aircraft Industry* (Manchester: Manchester University Press, 1989), pp. 95-98.
5 坂出健「ケネディ『大構想』とナッソー協定」富山大学経済学部『富大経済論集』第43巻第3号,1998年3月。
6 Dockrill, *Retreat from East of Suez, op. cit.*, pp. 81-82; Hayward, *British, op. cit.*, pp. 77-78, 85-86.
7 Miller, Ronald and David Sawers, *The Technical Development of Modern Aviation* (New York: Prager Publishers, 1970), p. 267.
8 マクナマラ改革については,坂井昭夫『軍拡経済の構図』(有斐閣,1984年),92-96ページ,を参照せよ。
9 名称として各種文書ではTFX(次期戦闘機)とF111(制式名称)が混在するが,本稿では混乱を避けるため F111 で表記を統一する。
10 カウフマン(桃井真訳)『マクナマラの戦略理論』(ぺりかん社,1968年),301-306ページ。

11 TNA, PREM13/2003, "The Arrangement for Offsetting the Dollar Cost of the F111 Aircraft," Memorandum by the Secretary of State for Defence.
12 坂井『軍拡経済』(前掲), 159 ページ, 234 ページ; Thayer, George, *The War Business*, (New York: Simon and Schuster, 1969), pp. 183-184. ジョージ・セイヤー (田口憲一訳)『戦争商売』(日本経済新聞社, 1972 年), 174-175 ページ; USNA, RG59, E5178, Box1, "Military Export Sales Program, Germany (Draft)," November 23, 1965.
13 Hitch, Charles J., and Roland N. McKean, *The Economics of Defense in the Nuclear Age*, (Cambridge: Harvard University Press, 1960), pp. 290-293. ヒッチ＝マッキーン (前田寿夫訳)『核時代の国防経済学』(東洋政治経済研究所, 1967 年), 413-416 ページ; Hartley, Keith, *NATO Arms Co-operation: A Study in Economics and Politics* (London: George Allen & Unwin, 1983), pp. 42-43. サンドラー＝ハートレーは, ヒッチ＝マーキーンのこの叙述が, NATO 兵器標準化の理論の出発点である指摘している。T. サンドラー＝K. ハートレー (深谷庄一監訳)『防衛の経済学』(日本評論社, 1999 年), 227 ページ。
14 Wood, *Project Cancelled, op. cit.*, p. 158; TNA, T225/2497, "Sale of TSR2 to the Australians," October 17, 1963; TNA, T225/2497, "Treasury Press Cutting Section," October 28, 1963; *Aviation Week and Space Technology*, November 18, 1963, p. 34. 以下, *AWST* と略記する。Dockrill, *Retreat from East of Suez, op. cit.*, p. 83.
15 *Parliamentary Debates: House of Commons Official Report,* Fifth Series, Volume 684, November 20, 1963, Column 963. プレストンは, 保守党と労働党が接戦する選挙区だった。Hayward, *British*, p. 90; Reed, Arthur, *Britain's Aircraft Industry* (London: J. M. Dent & Sons Ltd., 1973), p. 55.
16 Zuckerman, Solly, *Monkeys, Men and Missiles, 1946-88* (London: Collins, 1988), pp. 199-204; Hayward, *British, op. cit.*, pp. 87-88; Hastings, *The Murder of TSR-2, op. cit.*, p.129; Segell, Glen, *Royal Air Force Procurement: The TSR.2 to the Tornado* (London: Glen Segell, 1998), Rev. ed., pp. 129-130.
17 1964 年 3 月, ウィルソンはシャドー・キャビネットの首相としてワシントンでマクナマラと会談し, 航空機プロジェクトの開発中止を検討していることをほのめかした。Dockrill, *Retreat from East of Suez*, p. 58. また, イギリス機の開発中止とアメリカ機購入を主張する航空コンサルタント・ウォーセスター (Richard Worcester) は, 1964 年 6 月 20 日と夏の 2 回, 労働党関係者と会合をもった。ヘイスティングスは, ウォーセスターが労働党と主計総監 (Paymaster General) ウィッグ (George Wigg) に一定の影響力をもっていたと指摘している。Reed, *Britain's, op. cit.*, pp. 55-56; Hastings, *The Murder of TSR-2, op. cit.*, pp. 72-79; Worcester, Richard, *Roots of British Air Policy* (London: Hodder and Stoughton, 1966), pp. 14-15; Pincher, Chapman, *Inside Story* (London: Sidgwick & Jackson, 1978), pp. 311-312.
18 Hastings, *The Murder of TSR-2, op. cit.*, p. 106.
19 Wilson, Harold, *The Labour Government, 1964-1970* (London: Weidenfels and Nicolson and Michael Joseph, 1971), pp. 35-37; Zuckerman, *Monkeys, Men and Missiles, op. cit.*, pp. 374-377; Dockrill, *Retreat from East of Suez, op. cit.*, pp. 49-58; Straw and Young, "The Demise of TSR-2," *op. cit.*, pp. 22-25.
20 Jenkins, Roy, *A Life at the Centre* (London: Macmillan, 1991), pp. 166-167.
21 *Foreign Relations of the United States, 1964-1968, Volume XII, Western Europe* (Wash-

ington D.C., USGPO, 2001), No. 236.
22 Baylis, John, *Anglo-American Defence Relations 1939–1980*, (London: The Macmillan Press Ltd., 1981), pp. 93–94. ジョン・ベイリス（佐藤行雄他訳）『同盟の力学』（東洋経済新報社, 1988年), 150ページ; Pincher, *Inside Story, op. cit.*, pp. 314; Segell, *Royal Air Force Procurement, op. cit.*, p. 30. マクナマラの対英F111販売動機については，見解の変遷がある。ヘイスティングスは，アメリカ航空機産業界の販売要求にあるとしたが，ストロー＝ヤング，ドクリルは，イギリス国立公文書館およびジョンソン大統領図書館文書の検討の結果，こうした見解は支持しえないとしている。Hastings, *The Murder of TSR-2*, pp. 107–108; Straw and Young, "The Demise of TSR-2," *op. cit.*, p. 28; Dockrill, *Retreat from East of Suez, op. cit.*, pp. 91–92.
23 USNA, RG59, E5172, Box16, "US/UK Military Sales Negotiations, January, 1965, Background Data."
24 USNA, RG59, E5172, Box16, "Report of United Kingdom Aircraft Survey and United States Proposal," December 23, 1964.
25 TNA, PREM13/121, "Note of the Meeting at Chequers at 8.30 p.m. on Friday, January 15, 1965."
26 安達鶴太郎「再びヨーロッパへ接近」『世界週報』1965年3月9日号。
27 Dockrill, *Retreat from East of Suez, op. cit.*, pp. 78–79.
28 Baylis, *Anglo-American, op. cit.*, pp. 92–93. ベイリス『同盟の力学』（前掲), 148–149ページ; Roy Jenkins, *A Life at the Centre, op. cit.*, p. 172.
29 TNA, PREM13/716, "The Political Implications of Dependence on America for Military Aircraft", Memorandum by the Foreign Office, March 1965.
30 Segell, *Royal Air Force Procurement, op. cit.*, p. 30.
31 TNA, PREM13/163, Denning Pearson to Prime Minister, March 25, 1965.
32 TNA, T225/2583, "Note of Meeting Between Mr. McNamara, The Minister of Defence for the Royal Air Force and the Charge D'affaires at the Pentagon on 25 March, 1965"; TNA, CAB148/18, OPD (65) 18th Meeting, March 29, 1965; USNA, RG59, E5172, Box21, Jeffrey C. Kitchen to the Acting Secretary, April 9, 1965.
33 TNA, PREM13/714, "Anglo/French Discussions, 30 March 1965,"; TNA, PREM13/714, "Anglo-French Co-operation in Military Aircraft Development," March 31, 1965.
34 TNA, CAB128/39, CC (65) 20, April 1, 1965; TNA, CAB128/39, CC (65) 21, April 1, 1965; Wilson, *The Labour Government, op. cit.*, pp. 89–90; Healy, Denis, *The Time of My Life* (London: Penguin, 1990), p. 273; Jenkins, Roy, *A Life at the Centre, op. cit.*, pp. 172–173; Crossman, Richard, *The Diary of a Cabinet Minister*, Volume 1 (London: Hamish Hamilton and Jonathan Cape, 1975), pp. 190–192; Pearce, Edward, *Denis Healey, A Life in Our Times* (London, Little, Brown, 2002), p. 273; Straw and Young, "The Demise of TSR-2," *op. cit.*, pp. 35–36; Dockrill, *Retreat from East of Suez, op. cit.*, pp. 89–90.
35 USNA, RG59, E5172, Box21, "UK Purchase of F111: British Interest in Quid Pro Quo," April 12, 1965.
36 TNA, PREM13/714, "Record of a Conversation between the Prime Minister and the President of France at the Elysee Palace at 11 a.m. on Friday, April 2, 1965,"; TNA, PREM13/716, "Record of a Conversation between the Prime Minister and President de

Gaulle at the Elysee Palace at 10.00 a.m. on Saturday, April 3."
37 USNA, RG59, E5172, Box17, "Discussion with the Lord Plowden Committee on the Future of the British Aircraft Industry, May 13, 1965."
38 *AWST*, May 24, 1965, p. 18; Hayward, *Industry, op. cit.*, pp. 108–110.
39 *Plowden*, paras. 246, 252, 263.
40 *Flight International*, August 12, 1965, p. 244; Gold, Bonnie, *Politics, Markets, and Security* (Landam; New York; London: University Press of America, 1995), pp. 72–73; Gardner, Charles, *British Aircraft Corporation* (London: B. T. Batsford Ltd, 1981), pp. 134–136; TNA, PREM13/716, "Spey-Mirage and the F111A," August 11, 1965. ガードナーによると、ヒーリーは、スペイ・ミラージュ提案を聞いて度を失って激怒し、AFVG とジャガーの契約を BAC 社からホーカー・シドレー社に切り替えると語ったとされる。
41 USNA, RG59, E5172, Box 21, "Abortive Proposal for Munitions Control Policy Council," May 26, 1965; *Plowden*, para. 249; *AWST*, May 24, 1965, p.19; *Ibid.*, October 18, 1965, p.11; James, Robert Rhodes, *Standardization and Common Production of Weapons in NATO* (London: The Institute for Strategic Studies, 1967), p. 4.
42 TNA, PREM13/118, "Proposed U.S./U.K. Development for Advanced Lift Engine," S. Zuckerman to Prime Minister, September 7, 1965;USNA, RG59, E5172, Box21, "Memorandum, UK Purchase of US Military Aircraft," February 8, 1965; USNA, RG59, E5172, Box17, "U.K. Interest in US/FRG Advanced V/STOL Development Studies," February 26, 1965; USNA, RG59, E5178, Box1, Jeffrey C. Kitchen to the Secretary, May 29, 1965.
43 USNA, RG59, E5172, Box21, "Potential U.S. Participation in Foreign and Joint V/STOL Programs," May 19, 1965.
44 USNA, RG59, E5172, Box 17, "McNamara-Healey Visit, 29 May 1965,"; Zuckerman, *Monkeys, Men and Missiles, op cit.*, p. 200.
45 USNA, RG59, E5178, Box1, Jeffrey C. Kitchen to the Secretary, May 25, 1965; USNA, RG59, E5172, Box21, "DOD Procurement in the U.K.," August 23, 1965; USNA, RG59, E5172, Box17, "R&D Cooperation with the United Kingdom," October 11, 1965.
46 TNA, CAB148/22, OPD (65) 111, July 16, 1965; TNA, PREM13/118, "Proposed U.S./U.K. Development for Advanced Lift Engine," Note by the Minister of Aviation, September 3, 1965.
47 TNA, PREM13/118, "Proposed U.S./U.K. Development for Advanced Lift Engine," S. Zuckerman to Prime Minister, September 7, 1965; TNA, PREM13/118, Foreign Office to Bonn. October 8, 1965. 米英 V/STOL エンジンのアメリカ側の契約社には GM 社が選定され、ロウルズ-ロイス社・GM 社協同で開発にあたっていたが、米独 V/STOL 戦闘機計画は 1968 年 1 月に開発中止となる。『航空情報』1968 年 4 月号、29 ページ。米国防省は、V/STOL 戦闘機としては、イギリス・ホーカー・シドレー社ハリアーを海兵隊用に調達する。
48 Thayer, *The War Business, op cit.*, p. 260. セイヤー『戦争商売』(前掲)、211–212 ページ ; Sampson, Anthony, *The Arms Bazaar* (London: Coronet Books, 1987), pp. 157–163; Stonehouse, John, *Death of Idealist* (London: W. H. Allen, 1975), p. 50.
49 USNA, RG59, E5172, Box21, "British Arms Sales to Saudi Arabia and Jordan". October 13, 1965.

第5章　イギリス主力軍用機開発中止をめぐる米英機体・エンジン間生産形成の成立

50　USNA, RG59, E5172, Box21, "British and U.S. Arms Sales to Saudi Arabia and Jordan," December 12, 1965; Stonehouse, *Death of Idealist, op cit.*, p. 53; *AWST*, November 8, 1965, p. 32, December 20, 1965, p. 21; TNA, PREM13/1312, "Saudi Arabian Deal and the F111 Purchase," April 26, 1966.

51　TNA, PREM13/716, "Spey-Mirage IV," December 13, 1965.

52　TNA, CAB148/25, OPD (66) 11th Meeting, February 9, 1966; USNA, RG59, E5178, Box 1, From British Embassy, February 23, 1966; Hayward, *Industry, op cit.*, p. 94. 1966年1月の米英交渉から、米英独間のドイツ駐留軍費をめぐるオフセット協定交渉が進行する。英独間オフセット協定は、英独伊トルネード戦闘機のエンジンにロウルズ-ロイス社が選定される大きな要因となった。オフセット協定については補論を、トルネード戦闘機開発については第6章を参照されたい。Edgar, Alistair, "The MRCA/Tornado: The Politics and Economics of Collaborative Procurement," p. 56, in David G. Hauglund, ed., *The Defence Industrial Base* (London: Routledge, 1989); *AWST*, September 8, 1969, pp. 19-20.

53　TNA, CAB128/41, CC (66) 9th Conclusions, February 14, 1966; TNA, PREM13/1312, Foreign Office to Washington, February 15, 1966.

54　TNA, PREM13/2003, "Offset Arrangements with the United States," December 5, 1967；『航空情報』1966年10月号、28ページ。ウィルソン政権のスエズ以東撤退決定と1968年1月のF111購入破棄決定にもかかわらず、F111オフセットによる契約は大部分生き残った。*AWST*, January 22, 1968, pp. 18-19.

55　*Plowden*, paras. 241, 248.

56　Goldは、スペイ・ミラージュ案棄却（F111購入決定）により、BAC社がダッソー社に対する信頼を喪失し、AFVGキャンセルの原因となったとしている。Gold, *Politics, op cit.*, p. 76; *AWST*, July 10, 1967, p. 32.

57　英独伊トルネード戦闘機共同開発については第6章を参照せよ。ウィルソン政権が欧州共同開発と米英生産提携の間で最終的な決断を迫られるのは、民間旅客機エアバス開発においてであるが、この経緯については第7章を参照せよ。

58　Cain, P. J. and A. G. Hopkins, *British Imperialism, Crisis and Deconstruction, 1914-1990* (London: Longman, 1993), p. 293 P. J. ケイン＝A. G. ホプキンス（木畑洋一・旦祐介訳）『ジェントルマン資本主義の帝国II』（名古屋大学出版会、1997年）、201ページ；Cain, P. J. and A. G. Hopkins, *British Imperialism, 1688-2000*, 2nd edition (London: Longman, 2002), p. 678.

59　西川は、航空機の下請生産・外部生産における下請企業（sub-contractor）と供給企業（supplier）との機能の相違を、元請企業（prime-contractor）に対する独立性に着目して峻別した（西川純子「下請生産関係」『冷戦後のアメリカ軍需産業』日本経済評論社、1997年、所収）。この分類に基づき、本稿で分析したアメリカ航空機産業の下請生産・外部生産へのイギリス航空機産業の包摂過程は、次のように整理される。イギリス機体部門は、1960年代後半から1970年代前半までの世代の機種生産においてはF4の下請生産（元請企業はアメリカ・マクダネルダグラス社）に組み込まれたものの、1975年以降の主力機種（AFVG）の開発においてはフランスとの提携を通じて元請企業としての地位を保持した。イギリス・エンジン部門（ロウルズ-ロイス社）は、F4搭載スペイ・エンジン・LTV社A7コルセアII搭載スペイ・エンジンの生産・米英共同V/STOLエンジンの開発を通じて、アメリカ機体メーカーの最終製品への供給企業の役割を担うようになっていった。

第III部

帝国からの撤退期における国際共同開発先のアメリカかヨーロッパかの選択

(1966-1971 年)

第6章

帝国からの撤退期におけるイギリス軍用機国際共同開発路線の特質——プルーデン委員会を中心に
——1965-1969年——

はじめに

　イギリス第一次ウィルソン（Harold Wilson）労働党政権期（1964年10月～1970年6月）は，1967年11月のポンド切り下げと1968年1月のスエズ以東撤退を決断し，経済面・軍事面でイギリスが帝国から撤退したという意味で，「帝国からの撤退期」とよぶことが可能であろう。この帝国からの撤退期において，ウィルソン政権は，第二次大戦後，歴代イギリス政府が，大国としての地位を保持するために，①イギリス連邦ならびに帝国，②英米特殊関係，③統合欧州という外交政策の「3つの円環」の再編を余儀なくされた。帝国終焉の状況において，②英米特殊関係と③統一欧州のどちらを選択するかという問題にウィルソン政権は直面した。

　本章は，ウィルソン政権のアメリカと欧州との選択を，軍事産業基盤（defence industrial base）である航空機産業の技術開発における国際共同開発を対象として，検討したい。軍事産業基盤とは，軍事力と国家安全保障のために重要な要素を供給する産業資源であり，そのような資源は国家の関心を集めるものである。[1] ウィルソン政権は，1964年10月の発足後，従来保守党政権が進めてきた軍用航空機自主開発計画を中止し，自国独自の軍事産業基盤維持をあきらめ，軍事先端技術開発を国際共同開発にふりむけた。[2] イギリスがその国際共同開発の相手を，アメリカを主にするか，ヨーロッパを主にするかは，

第6章　帝国からの撤退期におけるイギリス軍用機国際共同開発路線の特質

1970年代に向けての米欧の軍事費の構図を大きく左右するものであった。まず，1950年代後半から1960年代前半にかけての米英独仏の軍事産業の構図を概括すると以下のようになる。

　アメリカは，西欧諸国とは隔絶する軍事支出を有していた。西ドイツは，植民地防衛費用がなく，巨大な軍事支出を有しているのに対し，軍事産業は未成熟であった。したがって，巨大な西ドイツ軍事市場は，共同兵站・対ソ防衛誓約を梃子に，アメリカによって掌握されていた。イギリスは，スエズ以東防衛・BAOR（ドイツ駐留イギリス軍）駐留などの海外軍事支出の必要があった。フランスは，アルジェリアから撤退したものの，独自核抑止力保有政策を続けていた。そのため，イギリス・フランスは，国力に比して過大な軍事支出に悩まされていたといえる。

　以上のような軍事費・軍事産業の構図の中で，1960年代中葉，軍用機の西欧共同開発の機運が高まってきた。各国の軍備費不足の中，戦闘機の高度化による開発費用の高騰により，規模の経済性を確保しうる調達機数を賄うのが困難になってきたからである。西ドイツは，アメリカとの共同開発に満足していたが，エアハルト政権が崩壊し，キージンガー政権が1966年12月に発足すると，アメリカからの相対的自立を追求するようになった。フランスは，1966年4月のNATO軍事機構脱退によりアメリカとの政治的亀裂が深まると，共同開発のパートナーはイギリスに限定されるようになった。こうした状況において，イギリスの選択は，第一の路線であるアメリカとの共同開発か，第二の路線であるフランスとの共同開発かを選択する必要があった。

　このイギリスの選択を検討するにあたって，本章では，第一に，ウィルソン政権が任命した航空機産業調査委員会（プルーデン委員会）国際開発小委員会が米仏独政府及びイギリス航空機メーカーと国際共同開発について折衝し，1965年12月，政府に勧告した報告書（プルーデン報告）を検討する。そのため，第1節では，1965年4月までの時期におけるイギリス航空機国際共同開発の2つの路線であるアメリカとの共同開発とフランスとの共同開発の特徴を検討し，第2節では，1965年5〜6月における，プルーデン委員会の米仏政府との折衝を，第3節では，1965年7〜8月におけるプルーデン委員会のイギリス主要航空機メーカーへのヒアリングとボン訪問を検討する。次に，本章の第二の課題

第1節　イギリス航空機国際共同開発の2つの路線

として，プルーデン報告作成以後，イギリスの軍用機国際共同開発がどのように展開し，1969年の英独伊トルネード戦闘機共同開発に決着したかを検討する。そのため，1966年から1970年にかけて，英仏AFVG機から英独トルネード戦闘機への，イギリスの軍用機国際共同開発の展開を考察する。

　当該期における次世代戦闘機技術開発の2つの焦点は，VG（可変翼）技術とV/STOL（垂直・短距離離着陸）技術であった。可変翼技術は，低速時から高速時まで適切な空気抵抗と揚力を得ることができる一方，複雑な機構が必要であった。V/STOL技術は，滑走路を破壊された状況でも離陸できる戦闘前線での機能，艦載用途などが期待された。本章は，この2つの技術革新をめぐって，英米仏独がいかなる合従連衡を繰り広げたか，検討することとしたい。

第1節　イギリス航空機国際共同開発の2つの路線

1　1950年代後半から1960年代前半にかけての米英独仏の軍事費

　1960年代に活性化した軍用機国際共同開発の機運は，軍用機開発の財源である各国の軍事費の状況に大きく依存する。したがって，まず，1950年代後半から1960年代前半にかけての米英独仏各国の軍事費とその国際的連関を概括しよう。まず，アメリカは，対ソ冷戦開始以来，西欧諸国とは隔絶する膨大な軍事支出を行い，F111・F4など次世代戦闘機の開発を推進していた。西ドイツは，再軍備後，巨大な軍事支出を行っていると同時に，植民地防衛費用はなく，軍需産業が未成熟であったために巨大な軍事市場となっていた。この西ドイツの軍事市場は，1961年からの駐独軍費と兵器購入のオフセット（相殺）協定によって，アメリカが，共同兵站・対ソ防衛誓約を梃子に，西ドイツ軍事市場を掌握していた。1961年10月24日締結されたオフセット協定は，2年間で14億2500万ドルのアメリカ製品の軍事調達を約束した。同様に，1962年9月14日には，2年間で14億ドルのアメリカ製品軍事調達を，1964年5月11日には，2年間で13億5000万ドルのアメリカ製品軍事調達を約束した。このオフセット協定を通じて，ドイツ側も，シュトラウス（Franz Josef Strauß）国防相が主張するように，「最も先進的な」兵器を購入すべきとの方針をもち，先進軍事技術へのアクセスを求めた。ドイツはアメリカから，DDGs（ミサイ

ル駆逐艦)・F104戦闘機など最新の軍事製品を輸入した。ドイツは,アメリカ兵器購入,さらには米独共同開発を通じて最先端の軍事技術へのアクセスを進めた。

アメリカと同様にドイツにBAOR(ドイツ駐留イギリス軍)を駐留していたイギリスも,アメリカと同様に駐留に必要な外貨支出のオフセット協定を締結し,ドイツ軍事市場への参入をうかがったが,オフセット目標額に達しなかった。これは,イギリス軍事製品にアメリカ製品に比べ魅力がなかったためであった。ドイツ側のオフセット目標未達成に対し,イギリスはBAOR削減をちらつかせ,この軍事費をめぐる衝突が,英独間の軋轢の源となっていた。イギリスにとって,スエズ以東防衛・BAOR駐留による海外軍事支出は,国力に比して過大な軍事支出であった。フランスのドゴール政権は,アルジェリアから撤退したものの独自核抑止力保有政策をとっており,このための軍事費がイギリス同様,国力に比して過大な軍事支出となっていた。以上のように,イギリスとフランスは,軍事費の重圧に苦しんでいた。

2 イギリスの主力軍用機開発中止

1964年10月,イギリス総選挙で労働党が勝利し,ウィルソン政権が成立した。ウィルソンは,政権発足に当たってまず国防政策の見直しに着手した。1964年11月,ウィルソンは,主要閣僚による国防政策再検討を行った。経済問題相ブラウン(George Brown, Minister of Economic Affairs)は,保守党政権下の「ストップ・ゴー」サイクル(国際収支の天井)を抜け出すために,今後10年間,20億ポンドの国防費シーリングを設定することを提案し,ウィルソンはこの提案を承認した。この財政的制約の中で,ヒーリー国防相は,スエズ以東任務の継続を優先し,TSR2・P1154・HS681という保守党が進めてきた軍用機3機種の開発中止とアメリカ製航空機購入を提案した。このヒーリー提案から,イギリス航空機産業の国内経済における位置づけと,自国独自計画停止という状況下での国際共同開発の方向性の検討の必要性が生じてきた。そこで,ジェンキンス(Roy Jenkins)航空相は,プルーデン卿(Lord Edwin Plowden)を委員長とする航空機産業調査委員会(プルーデン委員会)を設置した。委員会の任務は,国防・輸出・他産業との関係などを通じて,イギリス国

第 1 節　イギリス航空機国際共同開発の 2 つの路線

民経済全体に占める航空機産業の位置と方向性を検討し，必要な提言を政府に行うことにあった。委員会は，航空機産業国有化問題をも俎上にあげたが，同時に，国際共同開発小委員会（Sub-Committee on International Cooperation）において，イギリスのあるべき国際共同開発について検討した。1964 年 12 月 7 日，ワシントンにおいて，ウィルソン首相と米ジョンソン大統領の首脳会談が開催され，TSR2 の代替機として米ゼネラル・ダイナミックス社 F111 を購入する問題が検討された。1965 年 2 月 1 日のウィルソン内閣閣議では，P1154・HS681 の開発中止と，代替機としてアメリカ製 F4・C130 の購入が決定された。TSR2 についても閣僚の大勢は，開発中止やむなしという見解に傾いていった。こうした自力軍用機開発の放棄というという状況下で，イギリスの最先端技術開発能力をどう維持していくかという問題が生じた。その方策は国際共同開発にあったが，その相手先をフランスとの共同に求めるのか，アメリカとの共同に求めるのか，模索が始まった。次世代航空技術の焦点は，F111 も採用した可変翼（VG）技術と垂直・短距離離着陸（V/STOL）機体・エンジンの開発にあった。[8]

3　米独 V/STOL 戦闘機との提携

V/STOL 技術においては，機体・エンジンともにイギリスが先行していたが，アメリカとドイツは ADO12V/STOL 戦闘機共同開発計画を進めていた。イギリスは自国のロウルズ−ロイス社の V/STOL エンジンを米独 V/STOL 戦闘機に売り込むため，米独共同開発の米独英 3 国共同開発への展開を希望したが，アメリカ側の拒絶にあっていた。[9]

4　英仏ディフェンス・パッケージ

TSR2 開発中止直前の 3 月 25 日，ロウルズ−ロイス社のピアソン会長がウィルソン首相宛に英仏共同を提案する覚書「航空分野での英仏共同についての覚書」を送っていた。この覚書において，ピアソンは，アメリカとの共同は，不可避的にアメリカ技術依存にいきついてしまうため反対だと述べた。そのうえで，フランスが，アメリカから自立した技術基盤確保のための唯一の相手であり，フランスの航空関係者が，「航空機条約」を希望しているとともに，イギ

リスのTSR2開発中止の真意に疑念を抱いていると伝えた。[10] 3月31日付けのヒーリー国防相からウィルソン首相への書簡では，攻撃・練習機（後のジャガー）・可変翼機（Anglo-French Variable Geometry）の英仏共同開発を推奨した。TSR2開発中止により，TSR2開発に向けられてきた資源を転換することによりこれら英仏共同開発機の開発が可能になると述べた。[11]

1965年4月1日，TSR2開発中止が閣議決定され，米英間で，F111購入オプション協定が結ばれた。その翌日から2日間（4月2〜3日），ウィルソン首相とドゴール大統領の首脳会談が開催され，航空機開発問題が大きな焦点となった。4月2日の会談において，ウィルソン首相は，次のように語った。「TSR2の教訓はシンプルなものである。この種の洗練された機種を生産するには，150機に対して7億5000万ポンドの費用がかかる。1機当たり500万ポンドとなる。イギリス軍の要求機数は150機以下である。研究開発費用のために1機当たり費用は700万〜900万ポンドに高騰する。こうした推計から，イギリスの規模の国にとっては，1国による生産には未来がないと判断した。1つの代替案は同種の航空機をアメリカから購入することである。アメリカは，巨大な生産計画をもっているため，十分に研究開発費用を回収することができる。アメリカはTSR2と同クラスの機種を半分の価格で生産することができる。この方策は航空機生産においてアメリカに従属することを意味している。そこで，次世代航空機である可変翼機の開発・生産はフランスとの共同で行いたい。イギリスが，自国1国で航空機プロジェクトを進めることは不経済であると確信している。」ウィルソンは次のように述べた。「イギリスはアメリカに依存したくないし，それを避けるために，フランス及び他の欧州諸国との共同開発・生産を進めたいと考えている。」これに対してドゴールは，次のように述べた。「現在から将来にわたってどの国も自国単独では軍民の航空機開発計画を保持し得ないだろう。しかし，フランスもイギリスもアメリカ航空機産業に吸収されたくはない。もしイギリスが航空という特別に重要な分野で実際的な協力を望むならフランスに異論はない。」[12]

翌4月3日の会談では，ウィルソンはドゴールに，イギリスがTSR2を開発中止した事実とその理由を次のように説明した。ウィルソンは，「TSR2開発中止は，英仏の航空機共同開発計画を損なう決定ではなく，国内資源を英仏

共同開発に振り向けるための必要な措置であり，代替機としてアメリカ製F111購入を決定したわけではない」と述べた。ドゴールは，次のように返答した。「フランスは，特に航空分野でのイギリス産業とフランス産業の結合を重要視している。この問題は両国の生き残りを賭けた問題である。さもなければ，両国はアメリカの販売市場となってしまい，アメリカ産業に依存してしまうことになるであろう。[13]」

第2節　プルーデン委員会の米仏政府との折衝

1　対仏折衝――パリ訪問（4月7～9日）

4月6日，プルーデン委員会国際共同小委員会が開催され，7～9日に予定されているプルーデン委員会によるパリ訪問への対応を協議した。国際共同小委員は，英仏間での攻撃・練習機と可変翼機の2機種の英仏共同開発をめぐる英仏間の要求について討議した。攻撃・練習機については，英仏が50対50ベースで開発する見込みであり，この共同開発についてのフランスの意思は固いとプルーデン委員会メンバーは見込んだ。これに対して，英仏可変翼機（Anglo-French Variable Geometry）については，就航年及びイギリスが可変翼機に必要とする軍事的要求を検討する必要があると考えた。[14]

4月7～9日，プルーデン委員会とフランス政府高官の英仏航空機共同開発に関する会談がパリで行われた。プルーデン委員会からのフランス訪問メンバーは，プルーデン・ジョーンズが中心であり，彼らは7～9日にかけて，ブロッホ（Rebe Bloch）フランス国防省国際協力担当と協議し，メスメル（Pierre Messmer）国防相とも非公式会談を行った。また，4月10日には，プルーデン委員長がフーケ将軍（Fourquet）と私的会合をもった。このフランス訪問では，フランス側は，共同軍事航空プロジェクトを英仏委員会の管理下に置くなど，英仏共同開発に積極的な姿勢を示した。ジョーンズとフランス政府関係者との会談では，フランス側は，航空機産業の生き残りのための英仏共同開発の重要性を訴えた。ジョーンズに対してフランス側は，英仏が共同しなければ，5～10年以内に，まずフランス航空機産業が，次にイギリス航空機産業が消滅するであろうと述べた。また，TSR2キャンセルに対して，「アメリカ製のF111

を購入した場合，アメリカ政府は英仏が可変翼機を開発することを邪魔する手段をみつけるのではないか，また，英仏可変翼機の必要すらなくなるのではないか」との懸念を示した。[15]

2 対米折衝――ワシントン訪問（5月12～14日）

5月上旬のプルーデン委員会のワシントン訪問は，プルーデン，ジョーンズらを訪問メンバーとし，マクナマラ国防長官・カス（Henry J. Kuss 国防総省国際兵站交渉担当次官）らと会談した。

5月13日，プルーデン委員会メンバーはクスを含むアメリカ国防省関係者と会談した。プルーデン委員会は次のように問うた。「イギリスは『軍事共同市場』――すなわちアメリカ・プラス・ヨーロッパ――を通じた自由競争を試みるべきなのか，それとも欧州共同開発によってより小さな，しかしヨーロッパでの確実なシェアを確保すべきなのかと問うた。我々は共同開発しうる相手を（アメリカかフランスか）1国を選ばなければならない。2カ国以上との少しずつの共同開発では我々の問題を解決できない。」それに対してカスは，1962年から1971年にかけての防衛機器市場は，スカンジナビア諸国19億ドル，ヨーロッパ560億～610億ドル，極東34億～47億ドル，合計640億～680億ドルにのぼると予測すると述べた。「この中で，イギリス航空機産業が参入しうる部分は，100億～150億ドルと予測される。同時期にアメリカの防衛機器市場は2000億ドルになるであろう。われわれは，イギリスがアメリカ市場で競争することを勧めたい。もしイギリスがフランスとの共同を推進しようとするならば，超音速旅客機コンコルドの時のようなアメリカの競争圧力を思い起こしたほうがよい。アメリカの軍事予算が英仏合計の5倍にもなることからすれば，アメリカ機はイギリス機より確実に安価に提供することが可能であろう」と返答した。さらに，プルーデン委員会は欧州共同開発についてのアメリカの反応を次のように聞いた。「もしイギリスがその未来をヨーロッパに委ね，ヨーロッパとの共同を開始したとしても，アメリカは現存する米英間における技術情報の交換を継続するか？」これに対してアメリカ側は，「もしイギリスの主要な共同がアメリカ以外の国となされるようになった場合，協力方針を再検討する必要があるだろう」と応えた。[16]

第 2 節　プルーデン委員会の米仏政府との折衝

　5月14日，プルーデンは，マクナマラ国防長官と会談した。プルーデンは，マクナマラに対して，イギリス航空機産業の国際共同開発における次の3つの選択肢を提示し，マクナマラの見解を尋ねた。第一に，アメリカ航空機の全面的導入である。第二に，エンジン・部品生産におけるイギリス企業とアメリカ企業の自由競争である。第三に，フランスとの一意専心（whole-hearted）の提携であった。これに対して，マクナマラは，第二の，エンジン・部品生産におけるイギリス企業とアメリカ企業の自由競争がイギリスにとっての最善の選択肢であろうと応えた。マクナマラは続けて，アメリカの今後の政権の政策を制約するものではないが，西側同盟内の自由競争が今後のアメリカの方針であると述べ，第三の，フランスとの「完全な（root and branch）」連携は，イギリスにとって，「誤り」であると述べた。

　5月14日，訪問メンバーは会合し，ワシントン訪問の結論を以下のように整理した。アメリカは，イギリスが対抗できない規模で最先端航空機開発を継続するであろう。第一に，現代の技術開発の要求水準は非常に高いので，イギリスは少数の分野に絞り込んだうえで，より深いレベルで技術開発すべきである。第二に，航空機産業の生き残りが，国際共同開発にかかっているのは間違いないが，その方向性は，①フランスとの共同，②西側兵器産業におけるアメリカの下請け，③可能ならば，その折衷，のどれかである。そのうえで，アメリカとの提携の不利益としては以下の点が挙げられた。第一に，少なくとも最先端分野において，航空機システムの開発能力を喪失する。他方，効率的なイギリス企業は巨大なアメリカ市場に参入する機会を得る。第二に，イギリス航空機産業は，アメリカ政府の強力な影響下に置かれる。第三に，アメリカ側のイギリス企業に対する寛大さは，イギリス政府が将来的にもアメリカ製品を購入し続けるかどうかに依存する。他方，フランスとの提携の不利益としては，以下の点が挙げられた。第一に，英仏航空機産業は，英仏以外の欧州市場を確保しなければ，アメリカ産業との競争に対抗できない。この場合，鍵はドイツ市場である。しかし，ドイツ市場へのアメリカ航空機産業の食い込みからすると，英仏機のドイツ市場進出は，困難である。第二に，英仏共同が進展すると，現在の英米間で行われている技術情報の交換は損なわれる。第三に，世界市場でのアメリカ産業からの強力な競争圧力にさらされ，アメリカ市場からも保護

圧力によりしめだされるおそれがある。選択は困難である。[17]

3　ジョーンズからプルーデン委員長への書簡（5月24日）

　5月24日，パリ・ワシントンの訪問を終えたジョーンズはプルーデン委員長に以下のような書簡を送った。ジョーンズは次のように記した。イギリス1国の市場は，航空機産業が存立するには，狭隘である。市場を拡大するには，開発・生産を他国と行う必要がある。可能な共同相手は，フランスか，アメリカ，2国のみである。いずれも一長一短があり，フランスは，対等な共同が可能という利点がある反面，共同を通じて獲得できる市場はアメリカとの共同より小さいことが予測される。さらに，ドイツがアメリカとの関係を継続することが予想されるため，英仏産業が世界的に孤立するおそれがある。他方，アメリカとの共同も，アメリカの自給自足的伝統，およびこの伝統を支えるアメリカ産業界を考慮すると困難が予想される。解決策としてジョーンズは以下のように記した。「アメリカとの共同により，市場を最大限拡大する。これがうまくいかない場合には，フランスと共同する。換言すれば，フランスとの共同はそれ自体が目標ではなく，アメリカに対してプレッシャーを与える，そして，アメリカ産業界からワシントンの政治的指導者を引き離すための手段である。フランスは明らかにこのやり方を好まないだろうが，彼らにはわれわれのやり方について何も口出しできない。なぜなら，フランスはイギリス以外に共同相手がいないのだから。米英仏3国の中で，現時点では，唯一，イギリスのみが，こうした交渉力を有している。」[18]

　以上のようなイギリスのアメリカとの共同かフランスとの共同かの選択は，軍事経済論からは次のように整理できる。アメリカの下請け化ないしNATO共同軍事市場への参加は，ヒッチ＝マッキーン分析（1960年）によれば，防衛装備品の特化と国際貿易を通じた相互利益の潜在的可能性の追求にある。第一に，国家は異なる生産部門で比較優位を追求することが可能である。第二に，1国あるいは数カ国の供給国に生産部門を集中すれば，規模の経済および習熟効果を通じた利益が見込める。[19] 他方，国際提携の理論モデルは，提携国全てが，自国の政府発注の一体化を通じて高価な研究開発支出を複数分担することができ，さらに，長期生産操業によって規模の経済および学習効果を享受すること

ができる。典型的な例は，300機の国内需要を抱える2つの国が，両国とも100億ポンドの開発コストで航空機を生産する（生産重複）場合である。他の事情が変わらなければ，対等分担の共同事業により開発コストが100億ドル節減されるであろう。そして，産出量が300機から600機に倍増されるので，単位生産当たり生産コストが10%低下するという習熟効果も生まれるであろう。[20]
イギリスの，アメリカかフランスかという選択は，これらヒッチ＝マッキーン分析と国際提携の理論モデルのどちらのロジックを航空機国際共同開発に適用するかという問題であった。

4　プルーデン委員会本委員会（5月31日）

　5月31日，プルーデン委員会本委員会が開催された。プルーデン委員長は，イギリスが自国独自の航空機産業を維持できないのであれば，次の3つの路線が可能であると述べた。第一の路線は，フランスとの共同である。この路線の長所としては，フランスが，英仏両国の緊密な共同のみが両国の航空機産業の生き残りの方策だと明確に示している点にある。しかしながら，フランスとの共同は，不可避的に，アメリカからの従来通りの軍事技術情報の入手が損なわれるというデメリットが予測される。第二の路線は，アメリカとの共同である。ワシントンでマクナマラ国防長官からプルーデン委員長へ提示した条件であればアメリカとの提携は可能であろう。マクナマラ国防長官は彼が提唱するNATO共同軍事市場論に対して真剣である。しかし，将来のアメリカの政権がこの路線を見直す危険性は存在する。第三の路線は，第一・第二の路線の折衷案である。いくつかの兵器開発ではフランスと共同し，アメリカ産業に最大限に部品を販売し，最も先進的な兵器はアメリカから購入するというものである。プルーデン委員長は個人的には第三の路線（折衷案）を推した。

　ジョーンズは，プルーデン委員長によるイギリスが進むべき路線の分析に同意するとともに次のように述べた。「委員会は，航空省がフランスとの共同に傾いているという証言を聞いている。それらの証言は英仏共同路線の経済的含意をまったく考慮したものではなく，純粋に技術的可能性を追求したものである。危機は，もしイギリスが英仏共同路線を追求した場合，10年後には英仏共同開発製品は市場不足に陥るだろうということである。」ジョーンズは，彼

の印象では、航空省は、イギリス製品に対して巨大な市場へのアクセスを意味するアメリカとの共同開発を真剣に追求してこなかったと述べた。イギリスは交渉に有利な位置にいる。というのは、アメリカがイギリスに対して真の提携協定を締結しないならば、イギリスはフランスと提携することを明らかにしたからである。しかし、この方向での交渉の努力はまったくなされていない。ジョーンズは、次のように提案した。「イギリスは国際共同開発の主要目標は、アメリカとの共同に置き、アメリカとの共同が不可能であったり、満足すべきものでなかった場合にのみ、フランスとの共同を進めたらよい。」

これに対して、クローニン（John Cronin）は、アメリカ航空機産業の支配志向と、もし可能であれば、英仏の航空機産業を破壊しようとする志向を強調した。クローニンは、「マクナマラ国防長官の進める共同軍事市場論も、たとえ、マクナマラによる真剣な提案であったとしても、アメリカ航空機産業の政府への圧力を考慮すれば維持可能とは信じられない」と述べた。

プルーデン委員長は次のように議論を総括した。提案されているフランスとの共同は、イギリスの共同市場への加入が認められた場合にのみ意味をもつ。正しい答えは、イギリスのエンジン・部品メーカーがアメリカ市場で政治的障害なく競争できるように、アメリカと政治的協定を結ぶよう交渉することにあり、イギリスが機体生産から徐々に姿を消すことを認めることにある。[21]

第3節　主要航空機メーカーへのヒアリングとボン訪問（7～8月）

1　BAC（British Aircraft Corporation）社へのヒアリング（7月13日）

1965年7～8月にかけて、プルーデン委員会は、産業合理化によって成立したイギリス主要航空機メーカー（機体2社・エンジン2社）に対するヒアリングと英仏共同開発の成否を握る鍵である西ドイツへの訪問を行った。

BAC社の代表はプルーデン委員会に次のように述べた。「国際共同開発はしばしば苦痛を伴うが、確保された市場規模の拡大のためには不可欠であるから、BAC社は、フランス及び他の欧州諸国との共同事業を歓迎する。」[22]

2　ボン訪問（7月21〜23日）

　7月21〜23日にかけて，ジョーンズを中心とするプルーデン委員会はボンを訪問し，西ドイツ経済省・国防省官僚および国防長官ハッセルと会談した。プルーデン委員会はドイツ側に対して次のような質問を用意し，ドイツ側はニーパー博士（Dr. Kniper，国防省）が返答した。

　（問）　英独の将来における共同——2国間ないし多国間の共同の一部として——についてどう考えるか？航空機の研究開発と生産，軍用機と民間機における戦略についてそれぞれ聞きたい。

　（答）　ドイツは，航空機分野における技術的・経済的国際共同を，非常に強く望んでいる。国際共同については，2国間か，多国的な共同か，どちらも可能である。

　（問）　これから数年におけるアメリカとの共同についてどう考えるか？

　（答）　アメリカとの共同は現在拡大しているし，将来においても継続するであろう。

　（問）　欧州航空機産業のコンセプトを現実的だと思うか？もし，現実的だと考えるならドイツに参加の意思はあるか？

　（答）　ドイツは，「欧州航空機産業」を必要としている。

　また，ニーパー博士は，ドイツは，国際共同開発を，欧州内部の共同か，アメリカとの共同か，という二者択一の選択だとは考えていない，と述べた。

　この訪問を終えた国際共同小委員会は，西ドイツの国際共同開発にするスタンスを次のように分析した。「ドイツはアメリカとの共同に対して並々ならぬ重要性を置いている。ドイツはこれを決して損なうまいと決意している。ドイツは軍事的にアメリカに依存しているので，大部分の最先端の兵器はアメリカの設計（ドイツでのライセンス生産）が唯一の現実的可能性であると認識している。」「と同時に，ドイツは，欧州との協同を熱望している。とりわけ，研究開発分野で，ドイツはすでにいくつかの分野で共同開発の経験をもっており，軍民双方で拡大しようと考えている。ドイツは，国際共同開発をケースバイケースでとらえており，ドクトリンとして公に宣言するような方針としては考えていない。」「ドイツは，アメリカとの連携と，欧州内部の共同拡大に，根本的な衝突があるとは考えておらず，補完的なものと考えている。」[23]

3 仏スネクマ社社長ブランカード（M. Blancard）のプルーデン委員長訪問（7月23日）

7月23日，仏スネクマ社長ブランカードがプルーデン委員長を訪問し，欧米の航空エンジン業界再編について会談した。ブランカードは次のように述べた。「自分は，昨年末，石油業界から転出してスネクマ社社長に就任したばかりだが，明白な点は，スネクマ社は，有力な他社と共同でないと航空エンジン業界で生き残ることはできないということである。これが，スネクマ社が米P&W社の11％株式保有を認め，協力関係を進めている要因である。私は，スネクマ社とP&W社の関係継続と，スネクマ社のイギリス産業との共同志向は衝突がないと考える。超音速旅客機コンコルド搭載のオリンパス・エンジンの英ブリストル・シドレー・エンジン社との共同開発は満足のいく結果であったし，両社の新規計画での協力を望んでいる。英仏共同で得られた技術情報がP&W社に流出することはなかった。しかし，英仏共同市場は，新規プロジェクトのコストを賄うのに十分ではないことに注意が払われなければならない。また，『欧州航空機産業』には懐疑的である。ドイツは，アメリカとの結びつきが強く，独自の航空機産業をもつことを最優先としないであろう。もし，欧州航空機産業が，アメリカと対抗しうる規模をもつことを志向するなら，関税障壁を設けることが必要であるし，アメリカ国内市場に進出できる見込みが薄いことをわきまえる必要がある。」[24]

4 ロウルズ-ロイス社へのヒアリング（7月26日）

ロウルズ-ロイス社は，すでに1965年6月，「プルーデン委員会への報告」を委員会に提出していた。この報告書によると，フランスにおける同社の基本目標は，P&W社のスネクマ社の影響力を排除し，フランス戦闘機搭載のP&W社のJTF30エンジンをロウルズ-ロイス社スペイ・エンジンに切り替えることにあった。[25]

7月26日，プルーデン委員会本委員会が開催され，ロウルズ-ロイス社は，米英V/STOLエンジン共同開発交渉の経緯から，アメリカとの共同開発は困難であるものの，「可能」であると述べた。同社は，フランスが自然な共同開発先であると述べた。フランスとの共同においては，アメリカとの共同よりも

第3節　主要航空機メーカーへのヒアリングとボン訪問（7〜8月）

はるかに強力な交渉姿勢が可能であると述べた。また，イギリス機体産業の将来の位置づけとして，フランスが機体分野において，イギリスがエンジン部門において，主導する，という考え方を望まないと述べた。その理由として，航空機の仕様を決定するのは最終的に機体メーカーであり，このイギリスがエンジン部門で，フランスが機体部門で主導権をもつという路線では，フランスが共同開発全体の主導権を握ることになってしまうことを挙げた。[26]

5　ブリストル・シドレー・エンジン社へのヒアリング（本委員会，8月12日）

8月12日，プルーデン委員会はブリストル・シドレー・エンジン社のヒアリングを行った。国際提携について，ブリストル・シドレー・エンジン社は，次のように同社の見解を述べた。ブリストル・シドレー社は，アメリカとの共同は，アメリカ政府とアメリカ企業が積極的になってはじめて可能であり，アメリカとの共同には希望がもてないとの見解を示した。イギリスが国際共同開発を志向するなら，欧州に目を向けるべきであろう。ブリストル・シドレー社のこれまでの国際共同開発の経験からすると，アドホックな取り決めでは不十分で，欧州で二大メーカーを創設する（ブリストル・シドレー・エンジン社／スネクマ社／チュルボメカ社グループとロウルズ－ロイス社／MAN社グループ）ことが理想であると述べた。[27]

6　プルーデン報告の作成――「ジョーンズ修正」

主要な共同開発相手である米仏独の航空関係者，国内航空機メーカーとの協議を終え，1965年秋，プルーデン委員会は，内閣に提出する報告書作成にはいった。10月23日，本委員会が開催され，報告草稿を検討した。9月7日付け「プルーデン報告（草稿）」の以下の叙述に対して，ジョーンズは批判し，修正を要求した。草稿は結論として，「英仏共同は将来の国際相互依存政策における『要石（corner-stone）』である」と叙述したが，ジョーンズは，このような欧州とアメリカとの二者択一の宣言は不要であると削除を要求した。「こうした欧州とアメリカとの二者択一の表明は，政治経済的にイギリスに以下のような不利益がある。アメリカからの技術情報の途絶，最近結論をみた米英

V/STOL エンジン協定を損なう,NATO から離脱したフランスとイギリスが結びつけて考えられるようになる。」ジョーンズはさらに削除した場合の利点を次のように述べた。「これに対して,イギリスが,国際共同開発のあらゆる可能性をオープンにしておいた場合,イギリスの交渉力は強力になる。一方において,フランスは,英仏共同をそれが排他的でないという理由だけで却下することはできないし,他方,アメリカはイギリスに航空機を売り込むことにやっきになっているので,彼らは近い将来,可能な限り,エンジンと部品の作業をイギリスに与えようとするだろう。」[28]

10月25日の本委員会は,ジョーンズの指摘にしたがって,英仏共同は「将来の国際相互依存政策における要石(corner-stone)である」との叙述を削除した。[29] プルーデン委員会は,1965年12月に報告書 *Report of the Committee of Inquiry into the Aircraft Industry*(通称,プルーデン報告)を公表した。プルーデン報告は国際提携について以下のように述べている。

「全ての欧州諸国は国内市場が狭隘であるという共通する基本問題を抱えている。欧州諸国は単独では,世界市場におけるアメリカからの競争圧力に抗して十分なシェアを確保しうるほど強力ではない。いずれの国も世界の航空市場において長期的に生き残ることは難しい。しかし,イギリスとフランスの航空機産業の結合は,1970年代を通じて欧州における主要な航空機産業の維持に向けた基礎を,多分唯一の基礎を先導するであろう。」「……目標は,イギリス・フランス・ドイツ・オランダ・イタリアの航空機産業及び参画を希望する他の欧州諸国の航空機産業からなる欧州航空機産業を推進することにある。」[30]

プルーデン報告は,今後の国際共同開発について,まず,上のように,英仏共同を基盤とした「単一欧州航空機産業」創設を掲げるとともに,ジョーンズが追求したアメリカへの部品販売については,「よりたくさんのイギリス製のエンジン・部品をアメリカの航空機に装備品として売り込む余地がある。(略)今までのところ最大の困難は,イギリス製品がバイ・アメリカン法と国防省調達規制双方による価格差別とたたかわなくてはならなかった点にある。しかし,この政策はロウルズ-ロイス社の V/STOL エンジンの共同開発においては緩和された」と記した。[31]

ここから、プルーデン報告の二面性が浮き彫りになる。プルーデン報告の、「欧州航空機産業創設」構想は、英仏提携の基本となる考え方を示した章句であるが、本章で検討したプルーデン報告の作成過程における議論とそれによりプルーデン報告草稿から削除された文言の性格は、この時点におけるイギリスの欧州共同開発路線へのコミットメントの限定的性格を表している。

第4節　英仏 AFVG 機から英独トルネード戦闘機へ

1　AFVG 開発合意

1966 年 2 月、イギリス政府は『国防白書』を公表し、1950 年代初頭以降、キャンベラ爆撃機が担ってきた核抑止任務を、1970 年代中葉以降、AFVG が担うことを表明した。このことは、AFVG が、作戦上も産業上も航空機の長期的計画の中核であることを意味した。AFVG 就航まで 5 年ほどのギャップが生じるが、このギャップは、アメリカから 50 機の F111 を購入することにより埋めるとした。AFVG は、英仏が 150 機ずつ 300 機を調達する予定であった。[32]

1966 年 3 月、フランスは、NATO 軍事機構離脱を宣言し、1966 年 NATO 危機が発生した。これにより、フランスとアメリカの亀裂は決定的となった。こうした状況下で、スチュアート（Michael Stewart）外相は、英仏共同計画の見直しを閣僚に提言した。1966 年 5 月 4 日の内閣国防海外政策委員会において、スチュアート外相は、検討中の英仏ヘリコプター計画について言及し、次のように述べた。「イギリスは、現在フランスとの 2 国間協定を新しく開始するべきではない。英仏の 2 国間軍事協定の拡大は、NATO のパートナーに悪影響を与える。さらにいえば、フランスはもはや信頼すべき同盟国とはいえず、フランスとの軍事面での相互依存はリスクがある。ウィルソン首相は内閣国防海外政策委員会の議論を総括して、フランスの NATO 軍事機構離脱に鑑みると、イギリスは、フランスとの提携の拡大を追求するべきではない。個別的な計画に限って、それが好条件であったときにのみ推進することにしよう。」[33]

1966 年中葉以降は AFVG のコスト問題が、英仏間で議論の対象となった。1966 年 5 月 6 日、両国は、パリでの、ヒーリー＝メスメル会談で、コスト削

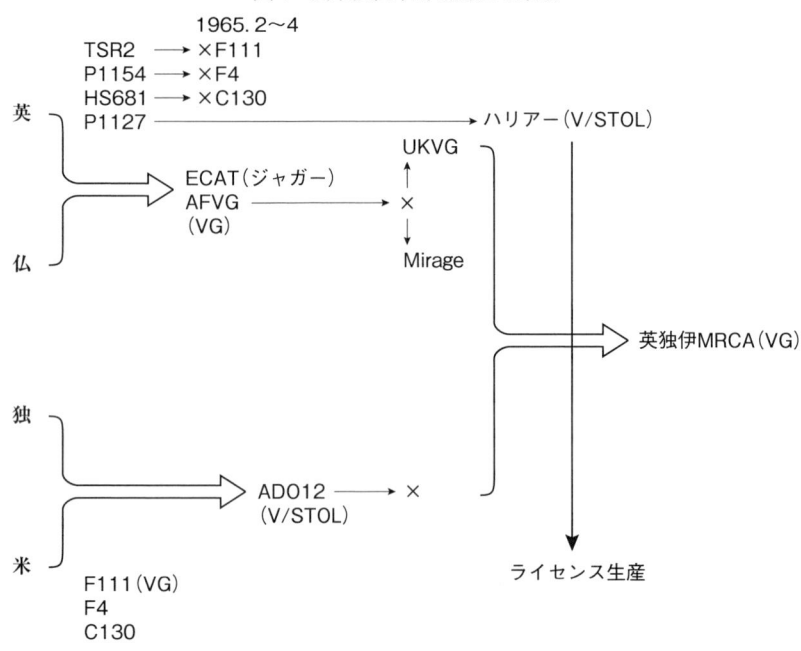

図1 英米独仏軍用機開発の系譜

```
              1965.2～4
     TSR2   → ×F111
     P1154  → ×F4
英    HS681  → ×C130
     P1127 ──────────────────→ ハリアー(V/STOL)
              ↓
              ECAT(ジャガー)      UKVG
              AFVG         →    ×
              (VG)              Mirage
仏            ↑
                                    ──→ 英独伊MRCA(VG)
独    ──→ ADO12 ──→ ×
              (V/STOL)
                                    ──→ ライセンス生産
米    F111(VG)
     F4
     C130
```

減に合意した。[34] 1966年7月のヒーリー＝メスメル会談では，英仏双方が1機当たりコスト見積り175万ポンドは高すぎるとの懸念を表明した。コスト削減案としては，第一に，エンジン推力を落とし，機体を小型化する，第二に，エンジン1基化，第三に，エンジンの再選定があった。イギリスは第一案・第二案は拒否し，第三案を推した。当初の予定では，仏スネクマ社が英ブリストル・シドレー・エンジン社と提携してエンジンを開発することになっていたが，イギリス側は，ロウルズ-ロイス社による設計にすることでエンジン開発費を6800万ポンドから5300万ポンドへ削減することが可能で，1機当たりコストを150万ポンドから160万ポンドの間に削減できると主張した。[35]

1966年末には，イギリスは，財政難からフランスがAFVGから離脱する可能性とそのときの対応策を検討するようになっていった。1966年11月7日，ヒーリー＝メスメル国防相会談では，フランスの財政的理由による交渉決裂の可能性の存在が示唆され，代替案の検討が必要とされた。代替案としては，オ

第 4 節　英仏 AFVG 機から英独トルネード戦闘機へ

ルタナティブ A——イギリス独自の VG 機，オルタナティブ B——他国との提携（①ドイツ，②アメリカ），オルタナテティブ C——イギリス製バッカニア 2 の開発，オルタナティブ D——F111K の追加購入があった。ヒーリー国防相は，選択はオルタナティブ A（イギリス独自の VG 機）か D（アメリカ製 F111K の追加購入）であるとした。結論として，ヒーリーは，われわれの第一の優先順位は，AFVG の継続にあるが，フランスが撤退した場合は，F111K の追加購入か，イギリス独自の VG 機開発が代替案であると考えた。[36] ヒーリー国防相は，AFVG 機を開発するために，P1127V/STOL 戦闘機をキャンセルすることを主張した。1966 年 12 月 2 日付けの内閣国防海外政策委員会文書 OPD (66) 130 で，ヒーリーは，国防費削減の状況下では，VG 機と P1127V/STOL 機双方の開発を継続するのは困難であり，P1127 をキャンセルすべきであると勧告した。[37]

1966 年 12 月 9 日，内閣国防海外政策委員会が開催された。ヒーリー国防相は，翌 1967 年 1 月に予定されている英仏会談で，フランスが AFVG から撤退する可能性があると指摘した。その場合のオルタナティブとして，ドイツとの共同開発案を提示した。ウィルソン首相は会議を総括し，次のように述べた。「我々の第一の目標は，フランスが AFVG 計画を継続することである。この見込みは十分にある。もし，フランスが撤退した場合には，国防相と航空相が支持するイギリス独自の VG 機開発を進めるべきであろう。また，ドイツとの共同開発も追求すべきであろう。」[38] P1127 キャンセル問題については，12 月 22 日の閣議で議論された。ウィルソン首相自らが用意した P1127 についての開発推進派と反対派の両論を整理した文書に基づき，閣議が行われ，最終的にウィルソン首相が，P1127 をキャンセルせず，60 機の P1127 を発注することで会議を締めくくった。[39]

1967 年 1 月 16 日，ヒーリー＝メスメル国防相会談が開催され，英仏両国は，AFVG の共同開発に合意した。機体開発の主導権はイギリスが，エンジン開発の主導権はフランスが担うことになった。機体開発は，イギリス側が BAC 社，フランス側がダッソー（Dassault）社が担当し，エンジン開発はフランス側がスネクマ社，イギリス側がロウルズ-ロイス社・ブリストル・シドレー・エンジン社が担当することが合意された。英仏両国は，第三国の参加の重要性

について合意し，ドイツ・オランダとの交渉を開始することが合意された。この会談で，フランスは財政的問題を話題に上げなかった。[40]

2 フランスの AFVG からの撤退

1967年5月12日の内閣国防海外政策委員会に向けてヒーリー国防相は5月10日付けのメモランダムを作成した。そのメモランダムは以下のように述べていた。1966年10月のコスト試算では，AFVG の R&D 費用は2億〜2億1500万ポンドで，1機当たり生産費は150万〜160万ポンドであった。今週開催されたヒーリー＝メスメル国防相会談で，メスメルは次のように述べた。「フランスはイギリスよりも航空機の性能の劣化に苦痛を感じる。イギリスは，長距離偵察機として F111 に，最上級の迎撃機として F4 に依存することができる。それに対し，フランスは代替機がないので，迎撃機・攻撃機双方の任務を果たさなければならない。」ヒーリーのメモランダムは次のように述べた。「ドイツが欧州共同を進めるための鍵であろう。ドイツが AFVG 機を受け入れれば，他の欧州諸国もそれにつづくだろう。」ヒーリーは，1機当たり見積コストを161万ポンドから175万ポンドに上昇することを許容するべきであると勧告した。5月12日の内閣国防海外政策委員会は，ヒーリーのメモランダムで設定された条件の下で AFVG が計画策定段階（project definition stage）に進むべきことを決定した。[41]

しかし，1967年6月16日，フランス政府は，AFVG からの撤退を決断した。翌6月17日，パリ大使館から外務省への外交電報は，フランス政府は AFVG 撤退を決定し，この決定は純粋に財政的理由だと伝えた。つづいて，メスメル国防相が，フランスが AFVG から撤退せざるを得ないことを書簡でイギリスに通告した。6月29日，ヒーリー＝メスメル会談が開催され，メスメル仏国防相は，フランスが，1968から1970年にかけて政府支出の劇的な削減をする必要があることを説明した。ヒーリー国防相は，内閣国防海外政策委員会への7月3日付けのメモランダム OPD (67) 51 で，AFVG からのフランス撤退への対応策を検討した。オルタナティブとしては，OPD (66) 129（1966年12月2日）で検討した諸案を踏襲した。A 案は，イギリス独自の VG 機であり，BAC 社の設計能力は維持できる案であった。B 案は，アメリカな

いし欧州諸国との国際提携であったが、問題は、ドイツのコミットメントの獲得が困難な点にあった。C案は、F111Kの追加購入であるが、この案の採用はイギリスは先進的戦闘機の設計能力を喪失することを意味した。あるいは、決断を遅らせるという選択肢もあった。ヒーリーは結論として、80万ポンドの費用が見込まれる6ヵ月の研究延長を国防海外政策委員会に勧告した。[42]

1967年7月5日に開催された内閣国防海外政策委員会は、フランスのAFVG撤退へのイギリスの対応策を検討した。ヒーリー国防相は、イギリスが戦闘機の設計開発能力を喪失してしまう危機に直面していると述べ、次の3つの選択肢を提示した。第一は、イギリス独自のVG機開発で、開発コストは3億5000万ポンドと見積もられた。第二は、フランス以外の国との共同開発であったが、相手先の急速な選定は困難と考えられた。第三に、アメリカ製F111Kの追加購入であるが、この選択肢は、軍用機の設計開発能力の喪失と国際収支の悪化を意味した。ウィルソン首相は議論を総括し、イギリスVG攻撃機に対して80万ポンドの予算で6ヵ月間研究を継続し、ヒーリーの提示した選択肢を保留することとした。[43]

3 英独オフセット新方針

こうした状況の中、ドイツも従来のアメリカの軍用機受け入れ一辺倒の姿勢からの転換を模索するようになっていった。1966年12月、エアハルト政権が崩壊し、キージンガー大連立政権が成立した。アメリカ兵器購入のための増税とアメリカ製F104G連続墜落への敵対的世論を要因とする米独兵器オフセットの行き詰まりがエアハルト政権崩壊の主たる要因であった。1967年3月には米英独3国オフセット交渉が妥結し、ドイツ政府に自国の軍事調達を自国で決定する権限が与えられた。[44]

キージンガー大連立政権の成立という新たな状況の中で、駐独イギリス大使ロバーツ（Frank K. Roberts）は、英独間のドイツ駐留イギリス軍の駐留軍費オフセットについての方針を政府に提出した。ロバーツ文書は次のように従来の英独オフセット協定の問題点を指摘した。現在、1967-68年のオフセット協定が実効化しつつあるが、1962年以来、オフセット交渉は英独関係に軋轢を加えてきた。（ドイツ駐留軍費をドイツのイギリス兵器購入で相殺する）伝統

的な手法でのオフセットの見通しは暗い。そこで，われわれは，英独間の軋轢を生まない，真の経済利益を生むような「新アプローチ」を必要としている。「新アプローチ」の本質は，「政府レベル・産業レベル双方における，英独ないし欧州諸国を組み込んだ，先端技術分野での共同開発」である。これにより，ドイツのイギリスへの支払いは自然に増加する。そうした支払いは，1969年以降発生するであろう。われわれの戦略は，より主要な計画での計画を機能させることにある。長期的には，公式のオフセット協定はなしですませられるようになるべきである。1966-67年，フランスがNATO軍事機構から離脱し，エアハルト政権が崩壊し大連立政権が成立した。これらの事件はヨーロッパの軍事的政治的地勢の分水嶺であった。その結果，従来のオフセット方式は機能不全に陥り，アメリカもオフセットの伝統的パターンを止めた。イギリスもオフセットに対して新たなアプローチをとらなければならない。そこで，「新アプローチ」の第一の目標は，ドイツ軍の自然な要求のパターンに従う兵器を開発しなければならないというものである。従来，アメリカの対ドイツ軍事販売は，ドイツ軍（Bundeswehr）創設におけるオフセットの自然の要素であった。また，ドイツのフランスへの支払いは，軍事品共同開発のパターンによるものであった。それに対して，イギリスのオフセット販売は失敗であった。しかし，状況は変わりつつある。1970年代へ向けて兵器システムの更新が近づいている。第二の目標は，イギリス産業とドイツ産業の提携にある。第三の目標は，西ヨーロッパを基盤とした先端技術基盤の創設にある。つまり，オフセット問題の解決は，先端技術分野での共通仕様による西ヨーロッパによる計画の策定にあり，民間旅客機エアバス，F104Gの後継機が候補である。ロバーツ文書は，結論として，英独間オフセットにこの新方針の適用を求めた。[45]

4 MRCA（トルネード）計画

1968年1月，米独V/STOL戦闘機が開発中止となった。1968年1月31日，米独AVS計画委員会会合は，米独AVS可変後退翼V/STOL戦闘機開発打ち切りを決定した。複雑すぎて実現が不可能というのが開発中止の理由であった。[46]この決定の結果，ドイツは，戦闘機新規開発計画の再編を迫られ，アメリカは，V/STOL戦闘機の入手が困難になった。

第 4 節　英仏 AFVG 機から英独トルネード戦闘機へ

　他方，1967 年末から，イギリスは F104G 運用諸国へのアプローチを開始した。1967 年末，NATO の F104G 運用諸国の空軍の代表が後継機の仕様検討を開始した。イギリスはこの討議への参加を招待された。NATO 諸国の最重要メンバーはドイツであった。[47] 1968 年 6 月 28 日，内閣国防海外政策委員会は，先進的戦闘機の開発生産の国際提携のために，他の諸国との協議をさらに 6 ヵ月続ける決定を下した。[48]

　1968 年 10 月 11 日，ヒーリー＝シュレーダー英独国防相会談が開催された。ヒーリーは，多用途戦闘機（multi-role combat aircraft）について，次のように述べた。「イギリスのこの計画についての立場は，この計画は，今後 10 年間における最大の軍事調達計画であり，もしこの計画が成功したら，欧州軍事調達の政策の出発点となるであろうし，逆に失敗したら，欧州軍事調達の概念は現実化しないだろう。イギリスは，F104 コンソーシアム諸国と戦闘機の仕様について妥協を行う準備をしている。」さらに，「共同会社はミュンヘンに置くことにイギリスは同意する」と述べた。このヒーリーの説明に対して，シュレーダーは，「きわめて満足した」と述べた。[49] ヒーリー＝シュレーダー会談と前後して，イギリスと各国との協議が活発に行われ，進展があった。F104 コンソーシアムとの討議を通じて，ドイツ・オランダ・イタリア・ベルギー・カナダとの運用要求の調整が行われ，国際提携を運営する産業・管理組織の探求も行われた。[50] MRCA（multi-role combat aircraft）計画は，イギリス・ドイツ・イタリア・オランダが候補であった。F104 運用諸国（ドイツ・イタリア・オランダ・カナダ・ベルギー）が，1970 年代半ばの更新を考慮していたが，カナダとベルギーが交渉から脱落し，イギリスが討議に参加し，英独伊共同開発となっていった。ドイツは，ドイツ航空機産業の建設を目標とし，ドイツ企業を主契約企業に後押しした。イギリスは，開発を担う国際会社を，独メッサーシュミット社（Messerschmidt-Bolkow）が所在するミュンヘンに置くことを譲歩している。MRCA の共同調達は，作戦・産業・金融上のメリットだけでなく，政治的協力の実例となることが期待される。MRCA は，欧州共同調達の機会を提供しており，1970 年代後半には 1000 機の調達が見込まれる。[51]

　内閣国防海外政策委員会へのヒーリー国防相の 1969 年 5 月 2 日付けメモランダム OPD（69）20 は次のように述べた。1968 年 6 月の国防海外政策委員会

は，NATO諸国の先進的戦闘機開発の協議に参加することを決定した。1968年11月には，国防海外政策委員会は，MRCAの実現可能性研究（feasibility study）に参加することを決定した。MRCAは，イギリスの先進的軍用機設計能力を維持する唯一の計画である。これにより，BAC社のウォートン（Warton）設計チームは高い競争力を維持することができるし，ロウルズ-ロイス・エンジンが選定されたならば，ロウルズ-ロイス社に最先端の技術を要する作業を提供することになる。さらには，欧州航空機企業・欧州エンジンメーカーを創設し，アメリカの欧州軍用機市場へのさらなる侵入を防ぐ欧州の「バリアー」をつくることができる。エンジンの選択については，実現可能性研究では，ロウルズ-ロイスRB199と，アメリカの2機種を検討している。ヒーリーは結論として，MRCAの開発了解覚書（MoU）への署名を勧告した。[52]エンジンの選択について，ドイツは，開発中のロウルズ-ロイスRB199と違い，即時に利用可能なアメリカP&W社TF30エンジンを採用する意向をもっていた。[53]

これに対して，内閣国防海外政策委員会への5月5日付けベン技術相メモランダムOPD（69）24は，ヒーリー・メモランダムOPD（69）20に多くの点で合意するとして，MRCAが，第一に，1970年代後半から1980年代にかけて欧州で必要とされる先進戦闘機を供給する，第二に，先進戦闘機を開発・生産する欧州における基盤を供給する，第三に，確固たる欧州軍事市場を形成する，第四に，欧州技術協力が飛躍的に推進される，として，MRCAの利点を指摘した。しかし，MRCAのエンジン選定に関しては，以下のように，ヒーリーに反論した。産業的観点からすると，航空エンジン技術の維持は機体技術の維持以上に重要である。ロウルズ-ロイス社は，国際的ステータスをもつ数少ない企業の1つである。民間機・軍用機の世界市場で勢力を広げられる可能性を有している。したがって，MoU締結にあたって，エンジン選定を競争にまかせたら，ロウルズ-ロイス社が選定されない可能性がある。われわれは，ロウルズ・エンジン採用が，イギリスが計画を続行する前提条件だと主張するかどうか検討しなければならない。したがって，「ロウルズ・エンジンが採用されなければ，イギリスはMRCAに参加すべきではない」と結論づけた。[54]

こうして，MRCA国際共同開発をめぐっては，エンジン選定問題をめぐってウィルソン政権閣僚内で対立が生じた。ヒーリー国防相は，エンジン選定を

第4節　英仏AFVG機から英独トルネード戦闘機へ

めぐる競争があってしかるべきであるとの意向だった。これに対して，ベン技術相は，ロウルズ・エンジンの選定は計画にとって「決定的」であり，ロウルズ・エンジンが選定されないならばMRCA計画は続行の価値がないとの考えだった。[55]

1969年5月8日，内閣国防海外政策委員会が開催された。ヒーリー国防相は，MRCAの実現可能性研究が完了したことを報告し，MRCA開発のMoU署名を勧告した。これに対して，ベン技術相は，「ドイツに対して，ロウルズ・エンジンが採用されなければイギリスは計画を続行しないことを明確にすべきだ」と述べた。ウィルソン首相は議論を総括し，われわれは，MRCAの計画策定段階（project definition stage）に参加し，了解覚書（General Memorandum of Understanding）に署名すべきであると述べた。エンジン問題については，ウィルソンは，「ヒーリー国防相とベン技術相はロウルズ・エンジンが選定されるために最大限の努力をしなければならない」と述べた。[56]

MRCAのエンジン選定問題については，最終的に，1969年8月頃，米P&W社JTF16でなくロウルズ−ロイス社RB199エンジンがMRCAのエンジンに選定されることで決着した。RB199は，ロウルズ−ロイス社32％，独MTU社52％，伊Fiat社16％の仕事量のシェアで共同生産されることになった。[57]

他方，V/STOL戦闘機については，米独V/STOL戦闘機が開発中止になった結果，イギリスのP1127（ハリアー）が唯一の実用機となった。1968年末，アメリカ海兵隊は1970年度予算でハリアーV/STOL戦闘機を，評価用として12機購入することを要求したが，ジョンソン政権によって否決されていた。しかし，ニクソン政権に代わって1970年度予算として再要求した。1971会計年度で30機購入し，1974年度まで購入を続け，18機編成の3個飛行隊と練習飛行隊1を編成する予定となった。米上院は，英ホーカー・シドレー社ハリアー（P1127）V/STOL戦闘機の米国内でのマクダネル・ダグラス社による生産を承認した。結果として，P1127ハリアーV/STOL戦闘機はアメリカ軍に納入されることになった。アメリカはV/STOL戦闘機の自国開発をあきらめ，イギリスの技術を導入することになった。[58]

第 6 章　帝国からの撤退期におけるイギリス軍用機国際共同開発路線の特質

おわりに

　1960年代，軍用機技術の高度化により，開発費用が莫大化し，少ない調達機数では1機当たりコストが高騰するようになり，イギリス1国規模の軍事予算では，必要な軍用機を調達することが不可能になった。その結果，ウィルソン政権は，「プロジェクト・キャンセル」（主力3軍用機開発中止）を行い，自国単独での軍用機開発を中止した。その代替案としては，アメリカと共同し，エンジン等比較優位部門へイギリスが特化することになる方途と，対等な共同が可能なフランスとの共同という2つの選択肢が残されていた。プルーデン委員会（航空機産業調査委員会）は，米仏独政府，イギリス航空機メーカーとの折衝・ヒアリングをふまえ，政府に勧告するプルーデン報告を作成した。プルーデン報告は，第一に，英仏共同に基づく欧州航空機産業創設，第二に，部品販売によるアメリカ市場への参入という二面性を有していた。

　イギリス政府は，プルーデン報告をふまえ，軍用機国際共同開発へ乗り出した。AFVGについては，英仏双方が150機調達することにより1機当たり研究開発費用を低減することを目標にしていたが，コスト高騰問題から，1967年6月，フランス政府が財政難により計画から撤退し流産した。フランス撤退時のイギリスの選択肢には，第一に，イギリス独自の可変翼機開発，第二に，ドイツを念頭に置いた他国との共同開発，第三に，アメリカ製F111Kの追加購入があったが，第二の他国との共同開発を選択した。このイギリスの選択には，1967年4月米英独オフセット（相殺）協定が大きな影響を与えた。この協定は，ドイツに自国の軍事調達を自国で決定できる原則を新たに導入した。このオフセット協定を受けて，イギリスは，英独オフセット新方針を採用し，BAOR（ドイツ駐留イギリス軍）駐留外貨支出のオフセットから，共同開発方式を通じて外貨支出を循環させる方式に転換した。

　1968年中葉からは，イギリスは，アメリカ製F104コンソーシアム諸国（ドイツ・オランダ・イタリア・ベルギー・カナダ）の次世代機開発交渉へ参加し，軍用機国際共同開発の方向性を探った。1968年10月のヒーリー＝シュレーダー英独国防相会談では，MRCA（多用途戦闘機）計画について，ヒーリー英国防

相は譲歩し，機体開発国際会社は独メッサーシュミット（Messerschmitt-Boelkow）社が所在するミュンヘンへ置くことが合意された。MRCA のエンジンについては，イギリスがロウルズ-ロイス社を推したのに対し，ドイツはアメリカ製エンジンを主張した。ベン英技術相によるロウルズ・エンジン採用への強硬案もあり，MRCA にはロウルズ RB199 エンジンが採用された。一方，P1127 ハリアー V/STOL 戦闘機は，ライセンス生産により，自国による V/STOL 戦闘機開発を断念したアメリカ（海兵隊）に納入された。

　イギリス政府・航空機産業は，軍用機開発費用の莫大化・高度化という危機を，欧州共同開発を通じて軍事産業基盤を確保することに成功し，アメリカ市場にも V/STOL 戦闘機という比較優位製品で参入した。このプロセスを通じて，イギリス航空機産業軍用機部門は，V/STOL と可変翼という 1960 年代の戦闘機の二大技術革新を達成し，1970 年代に向けて生き残っていった。この時期形成された，フランスを排除した英独共同開発戦闘機の枠組みは 1980 年代以降の英独のユーロファイター・タイフーン共同開発とフランスのラファール戦闘機独自開発という形で継続する。

1　Taylor, Trevor and Keith Hayward, *The UK Defence Industrial Base* (London: Brassey's 1989), p.1.
2　第 5 章第 2 節を参照せよ。
3　坂井昭夫『軍拡経済の構図』（有斐閣選書 R, 1984 年），164–173 ページ。
4　Zimmermann, Hubert, *Money and Security: Troops, Monetary Policy, and West Germany's Relations with the United States and Britain, 1950–1971* (Cambridge: Cambridge University Press, 2002), p.252.
5　Zimmermann, *ibid.*, pp. 131–132.
6　USNA, RG59, E5178, Box 1, "Germany (draft)," Military Export Sales Program, Office of Assistant Secretary of Defense.
7　USNA, RG59, E5178, Box 1, Bergsten, C. Fred, "Effect on UK Balance of Payments of New US-German Military Offset Agreement," July 26, 1965.
8　第 5 章第 2 節を参照せよ。
9　第 5 章第 4 節を参照せよ。
10　TNA, PREM13/163, Denning Pearson to Prime Minister, March 25, 1965.
11　TNA, PREM13/714, Healey to Prime Minister, March 31, 1965.
12　TNA, PREM13/714, "Record of a Conversation between the Prime Minister and the President of France at the Elysee Palace at 11 a.m. on Friday, April 2, 1965."

13 TNA, PREM13/714, "Record of a conversation between the Prime Minister and President de Gaulle at the Elysee Palace at 10.00 a.m. on Saturday, April 3, 1965."
14 TNA, AVIA97/18, "Committee of Inquiry into the Aircraft Industry, Sub-Committee on International Co-operation, Minutes of a Meeting held at the Ministry of Aviation, Shell Mex House, on Tuesday, April 6, 1965."
15 TNA, AVIA97/18, "Sub-Committee on International Cooperation, Report of Visit to Paris"; PLDN5/7/1, "Committee of Enquiry into the Aircraft Industry, Sub-committee on International Cooperation."
16 USNA, RG59, E5172, Box17, "Discussion with the Lord Plowden Committee on the Future of the British Aircraft Industry, May 13, 1965."
17 TNA, AVIA97/18, "Sub-Committee on International Cooperation, Report of Visit to Washington."
18 PLDN5/7/3, Note from Aubrey Jones to Lord Plowden, May 24, 1965.
19 サンドラー・ハートレー（深谷庄一監訳）『防衛の経済学』（日本評論社，1999 年），227 ページ。
20 サンドラー・ハートレー，同上，237-238 ページ。
21 TNA, AVIA97/3, "Minutes of a meeting at the Ministry of Aviation, Shell-Mex House on Monday, May 31, 1965."
22 TNA, AVIA97/7, "Minutes of a meeting at the Ministry of Aviation, Shell-Mex House on Tuesday, July 13, 1965."
23 TNA, AVIA97/18, "Committee of Inquiry into the Aircraft Industry Sub-committee.on International Co-operation, Visit to Bonn, 1965."
24 TNA, AVIA97/18, "Committee of Inquiry into the Aircraft Industry, Sub-Committee on International Co-operation, French Organisation and Procedures."
25 TNA, AVIA97/8, "Report to the Plowden Committee," Rolls-Royce Limited, June 1965.
26 TNA, AVIA97/7, "Minutes of a Meeting at the Ministry of Aviation, Shell Mex House on Monday, July 26, 1965."
27 TNA, AVIA97/7, "Minutes of a Meeting at the Ministry of Aviation, Shell Mex House on Thursday, August 12, 1965."
28 TNA, AVIA97/9, "Draft Report - Section VII, September 7, 1965"; TNA, AVIA97/11, "Minutes of a Meeting held at Bridgewater House on Monday, October 23, 1965."
29 TNA, AVIA97/9, "Minutes of a Meeting at the Ministry of Aviation, Shell Mex House on Monday, October 25, 1965."
30 *Report of the Committee of Inquiry into the Aircraft Industry* (London: HMSO, 1965), cmnd.2538 (thereafter *Plowden*), paras. 252, 263.
31 *Plowden*, para. 248.
32 TNA, PREM13/714, "Extract from draft U.K. Statement on the Defence Estimates-1966," February 15 1966; TNA, CAB148/29, OPD (66) 99, "Statement on the Defence Estimate," October 13, 1966.
33 TNA, CAB148/25, OPD (66) 23th Meeting, May 4, 1966.
34 TNA, PREM13/1937, "Anglo-French Co-operation in the Aircraft Field," Zuckerman to

Prime Minister; TNA, CAB148/28, OPD (66) 52, May 3, 1966.
35　TNA, CAB148/28, OPD (66) 99, October 13, 1966; TNA, CAB148/25, OPD (66) 40th Meeting, October 17, 1966.
36　TNA, CAB148/29, OPD (66) 129, December 2, 1966.
37　TNA, CAB148/29, OPD (66) 130, December 2, 1966.
38　TNA, CAB148/25, OPD (66) 48th Meeting, December 9, 1966.
39　TNA, CAB129/127, C (66) 185, December 20, 1966; TNA, CAB128/41, CC (66) 68th Conclusions, December 22, 1966.
40　TNA, CAB148/31, OPD (67) 7, February 3, 1967.
41　TNA, CAB148/32, OPD (67) 35, May 10, 1967; TNA, CAB148/30, OPD (67) 19th Meeting, May 12, 1967.
42　TNA, PREM13/1937, Paris to Foreign Office, June 17, 1967; TNA, CAB148/33, OPD (67) 51, July 3, 1967; TNA, CAB148/29, OPD (66) 129, December 2, 1966.
43　TNA, CAB148/30, OPD (67) 26th Meeting, July 5, 1967.
44　補論を参照せよ。
45　TNA, PREM13/1526, "Anglo-German Offset Arrangement," Sir Frank Roberts to Mr. Brown, July 13, 1967.
46　『航空情報』1968年4月号，29ページ。
47　TNA, PREM13/3048, Healy to Prime Minister, December 8, 1967.
48　TNA, CAB148/38, OPD (68) 68, November 5, 1968.
49　TNA, T225/3187, Note of Discussion between the Secretary of State for Defence and Dr. G. Schrorder, Federal German Minister of Defence, at 5 p.m. on October 9 and 9 a.m. on October 11, 1968.
50　TNA, CAB148/38,OPD (68) 68, November 5, 1968.
51　TNA, CAB133/387, PMVB (69) 5, "Prime Minister's Visit to Bonn, February 1969, Collaboration in Defence," January 22, 1969.
52　TNA, CAB148/92, OPD (69) 20, May 2, 1969.
53　*AWST*, January 13, 1969, p. 20.
54　TNA, CAB148/92, OPD (69) 24, May 5, 1969.
55　TNA, T225/3191, "MRCA," May 8, 1969.
56　TNA, CAB148/91, OPD (69) 7th Meeting, May 8, 1969.
57　*AWST*, September 8, 1969, p. 19.
58　『航空情報』1969年4月号，30ページ，同1971年3月号，113–114ページ，同1972年1月号，143ページ。

第7章

ワイドボディ旅客機開発をめぐる
米英航空機生産提携の展開
―― 1967-1969 年 ――

はじめに

　第二次大戦後，歴代イギリス政府は，イギリスが大国としての地位を保持するために，①イギリス連邦ならびに帝国，②英米特殊関係，③統合欧州という「3つの円環」を外交政策の基軸に据えてきた。しかし，1967年11月のポンド切り下げと1968年1月のスエズ以東撤退という経済面・軍事面でのイギリス帝国の終焉というべき事態は，「3つの円環」相互関係の再編を迫った。この時期，何より重視されたのはEEC加盟を目標とした統合ヨーロッパへの参加であったが，英米特殊関係への傾斜・イギリスの独自性を維持せんとする傾向も根強く残っていたため，「3つの円環」再編は複雑な様相を呈した。この錯綜した関係に大きな影響を受け，また反作用を与えたのが，1960年代後半から1970年代初頭にかけてのワイドボディ（2通路）旅客機開発をめぐる米英独仏の政府・企業の合従連衡であった。本章は，この合従連衡において，英航空エンジン企業ロウルズ-ロイス社とイギリス政府が，上の「3つの円環」に対応する，①イギリス独自開発のBAC211/311機計画，②米ロッキード社トライスター機へのロウルズ-ロイス社によるエンジン供給，③欧州エアバスA300/A300B計画への参加という3つのワイドボディ機開発路線の選択と組み合わせを模索するプロセスを検討する。

　筆者は，本章で，1960年代末におけるワイドボディ民間旅客機開発をめぐ

第 7 章 ワイドボディ旅客機開発をめぐる米英航空機生産提携の展開

る機体部門・エンジン部門両部門内における競争過程と，これをめぐる米英仏独政府の航空機産業政策の衝突とその調整過程を検討し，そこにおけるアメリカ機体部門とイギリス・エンジン部門の提携関係の成立過程を位置づけたい。当該期，イギリス政府は，一方においてアメリカ航空機産業のワイドボディ機市場独占に対抗するため英仏独共同の欧州エアバス計画を推進し，他方において，アメリカ製ワイドボディ機トライスターへのロウルズ-ロイス社のエンジン搭載を支援するというアンビバレントなポジションに位置し，エアバス開発をめぐる米欧航空機産業再編の旋回軸をなしていた。この点について，ニューハウスは『スポーティゲーム』(1988年)において，「この著名な企業（ロウルズ-ロイス社）は，政治上と通商上のより大きな権益を欧州に求めるのかそれとも米国に置くかに関するイギリスの根の深い，かつ以前から続いているはっきりとしない態度を反映していた」と述べているように，欧州共同開発とアメリカ製エアバスの狭間で経営戦略を模索するロウルズ-ロイス社の姿は，イギリスの戦後外交政策を象徴しているといえよう。これは，帝国終焉の過程において欧州統合と英米特殊関係との相克に揺れるイギリス戦後外交政策というより大きな問題を指し示している。

以下，第1節では，欧州エアバス A300 搭載エンジンをめぐる英仏政府の交渉過程を，第2節では，アメリカ・ロッキード社のワイドボディ機トライスターへのエンジン搭載をめぐるロウルズ-ロイス社の対応を検討する。第3節では，A300 の設計変更とその結果としてのイギリス政府の欧州エアバス計画からの脱退を，第4節では，イギリス政府の欧州エアバス脱退後における，英独のオフセット協定と A300B のエンジン選定の関係について考察する。

第1節 A300 搭載エンジンをめぐる英仏交渉と 1967 年了解覚書

1 「エアバス戦争」の背景

本論に入る前に，当該期の「エアバス戦争」の背景と米欧間の競争関係について概略的に説明しよう。「エアバス」という語は，今日では，欧州機体開発共同体・エアバスインダストリー社およびその旅客機を指すのが通例であるが，元来は，1960 年代後半に開発が開始された乗客数 250〜300 席クラスのワイド

第1節　A300搭載エンジンをめぐる英仏交渉と1967年了解覚書

表1　当時の2通路旅客機（エアバス）の競争状況（及び米軍用輸送機C-5A）

	機体	エンジン（（　）内は推力）
軍用輸送機	ロッキードC-5A	GE TF39（5万ポンド級）
長距離400席超クラス	ボーイング747④	P&W JT10D（5万ポンド級）
長距離300席クラス	マクダネル・ダグラスDC10③ ロッキード　トライスター③	GE CF6（5万ポンド級） ロウルズ-ロイスRB211-50シリーズ（5万ポンド級）
中距離300席クラス	マクダネル・ダグラスDC10③ ロッキード　トライスター③	GE CF6（TF39と同一機種，5万ポンド級） ロウルズ-ロイスRB211（4万ポンド級）
中短距離300席クラス	仏英独蘭A300②	ロウルズ-ロイスRB207（5万ポンド級）
中短距離250席クラス	仏独蘭A300B②	GE CF6（5万ポンド級） ロウルズ-ロイスRB211-50シリーズ（5万ポンド級）
	英BAC BAC311②	ロウルズ-ロイスRB211（5万ポンド級）

注）　②双発機，③3発機，④4発機，300席クラスの3発機ロッキード社トライスターには推力4万ポンドクラスのRB211-22が必要，250席クラスの双発機BAC311ないしA300Bには推力5万ポンドクラスのRB211-61が必要であった。網掛けは計画のみで開発着手されていない計画である。
出典）　筆者作成。

ボディ（2通路）中短距離ジェット旅客機のニックネームであった。[3] 1960年代中頃，航空旅客需要の増大に対応し，ボーイング727/737・ダグラスDC9などのナローボディ（単通路）機からなる米欧の中短距離機市場に，運航コストが低く，[4] 大量輸送が可能なワイドボディ機の投入が，機体メーカーの間で検討が開始された。この市場をめぐって，アメリカ・ロッキード社のトライスターとマクダネル・ダグラス社のDC10，欧州共同開発のA300/A300Bが，「エアバス戦争」とも呼ばれる激しい開発・販売競争を繰り広げた。表1は当時のワイドボディ・エアバスの競争状況，表2は，米英仏独の関連する機体メーカー・エンジンメーカー・エアラインを示したものである。このエアバス開発は，機体部門における機体メーカー間の競争とともに，エアバスに搭載するエンジンをめぐって，エンジン部門における米P&W社（JT9D），GE社（CF6），英ロウルズ-ロイス社（RB207/RB211）の三大エンジンメーカーの大型ファンエ

表2 「エアバス戦争」の主な登場企業

	アメリカ	イギリス	フランス	西ドイツ
機体部門	ボーイング（747） ロッキード（トライスター） マクダネル・ダグラス（DC10）	BAC（211/311） ホーカー・シドレー（A300主翼）	シュド（A300） ダッソー	ドイツ・エアバス（7社からなるコンソーシアム）
エンジン部門	Pratt & Whitney（JT9D） GE（CF6）	ロウルズ-ロイス（RB207/RB211） ブリストル・シドレー・エンジン	スネクマ	MTU
エアライン	アメリカン航空 ユナイテッド航空 TWA イースタン航空	BEA BOAC	エールフランス	ルフトハンザ

注）（　）内は製品。
出典　筆者作成。

ンジン開発・販売をめぐる競争をともなっていた。また，エアラインもワイドボディ機の購入者として局面の変化に重要な役割を果たしていた。[5]

2　欧州エアバス A300 エンジン選定をめぐる英仏対立

　ボーイング707・ダグラスDC8に代表されるジェット旅客機第一世代，ボーイング727/737・ダグラスDC9に代表されるジェット旅客機第二世代において，アメリカ航空機産業の欧州航空機産業に対する優位は決定的となった。このアメリカによるジェット旅客機市場独占を打破するため，英仏政府は，次世代旅客機の欧州共同開発について協議を開始した。1964年，英仏政府は，超音速旅客機コンコルドの共同開発合意後，エアバスのコンセプトを表明した。[6]
エアバスは，ワイドボディ（2通路）・亜音速，短中距離機で250人前後の乗客を搭載可能という仕様であった。英BAC（British Aircraft Corporation）社，仏シュド（Sud Aviation）社は，種々のエアバス仕様案を提案した。1965年4月，英仏政府の代表が欧州共同開発の可能性を検討する会議を開催した。また，英仏政府は西ドイツに共同開発への参加を要請し，西ドイツ政府もこれを受け入れた。1966年7月，英仏独3カ国政府は欧州エアバスの共同開発に合意し，機体仕様の概略と各国の主契約社を決定した。仏シュド社，英ホーカー・シド

第1節　A300搭載エンジンをめぐる英仏交渉と1967年了解覚書

レー社，ドイツは7社からなるコンソーシアムが参加することになった。1966年10月，上記3社は，座席数225〜250席・エンジン数双発という欧州エアバスA300の仕様の詳細を発表した。[7]

　一方，1965年，アメリカ空軍は，後にC5Aと名付けられる超大型輸送機およびそのエンジンを調達することを明らかにした。機体受注においては，設計段階の競争の結果，ロッキード社が，ボーイング社・ダグラス社に勝利した。エンジン契約においては，GE社が，P&W社との設計競争に勝利し，契約を受注した。設計を通じて，アメリカの機体3社・エンジン2社は，受注を獲得できなかったメーカーも含め，大型の機体・エンジンに関する技術を政府負担で蓄積した。空軍大型輸送機契約に敗れたボーイング社・P&W社は，設計競争で得られた技術・設計を民間機・エンジンに転用した。ボーイング社は，機体受注競争の敗北後，長距離・ワイドボディ旅客機（747）開発を決定した。1966年3月，ボーイング社は，747のエンジンとして，ロウルズ—ロイス社のRB178エンジンの提案を退け，P&W社JT9Dを選定した。[8]C5Aと747の開発の結果，GE社・P&W社は次世代大型ファンエンジンの搭載機を確保した。これに対して，イギリス・ロウルズ—ロイス社は，アメリカ軍契約では競争に参加できず，イギリス空軍に同種の計画はなく，ボーイング747エンジン契約においても実績のあるP&W社に敗れ，新世代大型ファンエンジンの計画と技術は有していたものの，搭載機の見込みがたたず，先にみた欧州エアバス計画へのエンジン搭載が大型ファンエンジン開発の生命線となった。[9]

　しかし，英仏政府は，A300に搭載するエンジンについて意見が衝突していた。イギリス政府は，エアバス・エンジンのイギリス側の契約社にロウルズ—ロイス社を選び，A300へのロウルズ・エンジン搭載を主張した。[10]他方，英ブリストル・シドレー・エンジン社と仏スネクマ（Snecma）社は，P&W社のJT9Dエンジンのライセンス生産を主張した。その背景には，以下のようなP&W社—スネクマ社—ブリストル・シドレー・エンジン社の提携関係があった。ブリストル・シドレー・エンジン社とスネクマ社は，1961年10月に，英仏共同開発の超音速旅客機コンコルド搭載のエンジン・オリンパス（ブリストル・シドレー・エンジン社設計）を共同開発する協定を締結して以来，提携関係をもっていた。[11]

こうした情勢の中で，1965年12月，ロウルズ−ロイス社取締役社長ピアスン（Denning Pearson）は，航空相ミューレー（Frederick Mulley）に対して，ブリストル・シドレー・エンジン社とスネクマ社の進めるP&Wエンジンのライセンス生産は，欧州のプロジェクトとはいえ，アメリカメーカー（P&W社）に欧州市場への橋頭堡を築かせる結果に終わるだけであると述べ，欧州エアバスA300にロウルズ・エンジンを選定するよう要請する書簡を送付した。[12] ロウルズ−ロイス社は，さらに，ブリストル・シドレー・エンジン社・スネクマ社のライセンス生産によるP&W社JT9Dエンジンのエアバス搭載の危険性を取り除くため，ロウルズ−ロイス社とブリストル・シドレー・エンジン社の合併交渉を開始した。1966年9月，ロウルズ−ロイス社はブリストル・シドレー・エンジン社と合併した。イギリス政府はこの合併を次のような論理で承認した。「合併は，P&W社とブリストル・シドレー・エンジン社の提携を通じたアメリカ航空エンジン産業のイギリスでの橋頭堡の確保を阻止しようとするロウルズ−ロイス社の願望によるものである。これは，イギリス航空エンジンの競争的地位を強化するものであるので，政府はこの合併を推進するべきである。」[13] ロウルズ−ロイス社は，フランス・スネクマ社と協力してP&W社JT9Dエンジンのライセンス生産を推進するブリストル・シドレー・エンジン社を合併することで，P&W社の欧州進出阻止を試みた。

3 欧州エアバス1967年了解覚書をめぐる英仏間交渉

欧州エアバス開発の機運が高まる中で，1967年3月，イギリス・ウィルソン（Harold Wilson）労働党政権のベン（Anthony W. Benn）技術相は，以下のような諸要因から，エアバス・プロジェクトへの参加を内閣に要請した。その要因とは以下に挙げる5つであった。第一に，イギリス航空機産業が生き残るためには，イギリスのメーカーは他国のメーカーとの国際共同を進める必要がある。第二に，実行される計画はアメリカ機体メーカーによる世界旅客機市場の支配を揺るがすものでなくてはならない。第三に，もし欧州エアバスが存在しなかったなら，イギリス航空機産業は，生産ラインを維持するために十分な仕事量を確保することができない。第四に，欧州エアバス・プロジェクトは，欧州協調を進めるうえで政治的重要性をもっていた。最後に，次世代旅客機で

第 1 節　A300 搭載エンジンをめぐる英仏交渉と 1967 年了解覚書

ある欧州エアバスのエンジン供給者にロウルズ–ロイス社が選ばれることには死活的な利害がある。こうした理由付けと同時に，ベン技術相は，イギリス政府の欧州エアバスの開発設計段階（project definition stage）への参加を判断する，5つの前提条件を設定した。そのうち重視したのが，第一に，ロウルズ・エンジンの搭載，第二に，3国の国営エアライン（仏エールフランス，英BEA，独ルフトハンザ）への75機の販売確保，第三に，開発費用の上限1億3000万ポンド，第四に，現在運航している機種より30％のコスト削減，第五に，参加メーカーが相応の開発費負担をすることの5条件であった。3月16日の閣議は，ベン技術相のエアバス提案を検討した。閣僚の意見は二分されたが，ウィルソン首相が閣議を総括し，ベン技術相の5つの前提条件，とりわけロウルズ・エンジンの搭載を条件とすることで，イギリスがエアバスの開発設計段階に参加することが閣議決定された。[14]

　1967年5月9日，パリで欧州エアバスに関する3国閣僚会議が開催され，特にロウルズ–ロイス・エンジンとP&Wエンジンのどちらを採用するかが焦点となった。従来，独仏代表がP&W社JT9Dエンジンを希望したのに対し，イギリス代表ストーンハウス（John Stonehouse, Minister of State, Ministry of Technology）航空機産業担当国務大臣は，ロウルズ・エンジン（RB207）使用を主張した。会議では，独仏代表はRB207エンジン搭載を了承した。この会議で，ストーンハウス英国務大臣は，RB211の3発エンジン搭載案をも検討したが，困難に直面した。この欧州エアバス3発エンジン提案の背景には，イギリス政府・ロウルズ–ロイス社の以下のような思惑があった。当時，アメリカ・ロッキード社が開発を進め，ロウルズ–ロイス社が搭載を熱望していたエアバス（トライスター）は，3発エンジン案になる見込みであった。3発エンジンには，推力4万ポンドクラスのRB211が最適であったのに対し，欧州エアバスは，経済性の高い双発案を想定していたため，推力5万ポンドクラスのRB207を必要としていた。イギリス政府・ロウルズ–ロイス社は，トライスター用RB211と欧州エアバス用RB207の並行開発のリスクを回避するため，欧州エアバスもRB211を使用した3発エンジン案の採用し，ロウルズ–ロイス社の開発するエンジンをRB211に一本化する案を仏独に提案した。イギリスのRB211 3発エンジン提案は，とりわけフランスから極端に敵対的な反応を引

き起こした。仏独両国の代表は，「イギリスが，同時に2頭の馬（アメリカ機とヨーロッパ機）に乗ろうとしているのではないか」というイギリスに対する不信感を抱いた。機体開発の主導権をどの国が握るのかという問題については，この会議で決着がつかなかった。イギリス側は，ホーカー・シドレー社に開発の主導権を与えたいと考えていたが，フランス側は，エンジン開発においてロウルズ−ロイス社が主導権をもつことを譲歩した以上，機体開発においてはフランスの主導権確保を当然のことと考えていた。[15]

1967年7月25日，ロンドンで3国閣僚会議が開催された。フランス代表は，イギリスBAC社のBAC211開発と英国営航空BEAがBAC211を購入する可能性について懸念を表明した。1967年中頃，欧州エアバス開発に参加しなかったBAC社は，250席クラス・ロウルズ−ロイス社RB211エンジン2基搭載のBAC211のマーケティングを開始していた。機体開発の主導権問題については，イギリス代表はイギリス機体部門の重要性について力説したものの，西ドイツがフランスの側に立ち，この点について，イギリスはフランスの立場を認めざるを得なかった。[16]

9月末には，3国閣僚会議が開催され，公式に開発設計段階の開始する了解覚書（memorandum of understanding）へ3国が署名することになった。開発設計段階完了予定は，1968年7月と設定され，この時点で開発するかどうかの最終決定がなされることになった。了解覚書では，各国国営エアライン――BEA，ルフトハンザ，エールフランス――が各25機ずつ購入することを要請された。しかし，了解覚書締結に際してもなお，英仏両国はなお未解決な問題――BAC211開発問題――を抱えていた。仏運輸相シャーマン（Jean Chamant）は了解覚書締結に際し，イギリス政府に対して，BAC211開発中止を要求した。[17] BAC211は，A300（300席クラス）と乗客数が異なるため，直接的には競合しなかったが，フランス政府はA300の潜在的なライバルであるとみなしていた。フランスはイギリスに対して，欧州エアバスと競合するおそれのあるBAC211をイギリス政府が開発支援するのではないかとの疑念を抱き，会議は暗礁に乗り上げた。結局，了解覚書は締結され，英ストーンハウス国務大臣は「これは航空界の巨人であるアメリカとソ連との競争に対抗して，新世代の全種類の航空機を製造し，存続しうる欧州航空機産業への実質的な歩みで

ある」と記者会見で述べた。[18]

　1967年了解覚書締結をめぐる英仏交渉を通じて，イギリスは，ロウルズ・エンジンの採用を求め，機体部門でも主導権を確保しようとした。フランスは，P&W社JT9Dエンジンのライセンス生産と機体部門でのシュド社の主導権を求めた。交渉を通じて，ロウルズ–ロイスRB207エンジンの搭載と機体部門での仏シュド社の主導権という両国にとっての死活的な利害を相互に認め合ったといえる。

4　BEAによるBAC211購入問題

　1967年12月14日の閣議では，BEAによるBAC211購入問題が検討された。BEAは，BAC211を購入する許可を政府に申請しており，内閣は，政府がこの要求に同意するか，それともBEAに代替機としてホーカー・シドレー社トライデントを購入するよう要請するか，決断を求められていた。閣僚では，商務院総裁クロスランド（Anthony Crosland, President of the Board of Trade）がBEAの商業的判断を尊重する視点からBAC211購入を支持した。これに対して，技術相ベンは，トライデント購入を支持した。ベンは，BAC211購入反対の理由として，第一に，BAC211開発推進は，欧州エアバスA300計画を損なうことになることを挙げた。A300計画が成功しなければ，BEAも1970年代後半にはアメリカ機を購入せざるを得なくなると論じた。第二に，BAC211推進は，形成されつつあるロウルズ–ロイス社・スネクマ社の提携を危うくすることを挙げた。第三に，BAC211の輸出の見込みは不確実であり，第四に，BAC211開発は約1億2000万ポンドの政府資金を必要とし，トライデントの1500万ポンドを大幅に上回ると説いた。閣議では，ウィルソン首相の裁定により，政府はBAC211ではなくトライデントの開発を支持し，BEAに対して，政府見解はトライデントを購入すべきであると要請することを決定した。[19]このBAC211購入問題の背景には，欧州エアバスの競合機種にイギリスが開発に乗り出すかどうかという問題を含んでいた。イギリス政府が，BEAによるBAC211購入を許可しなかったことは，欧州エアバス開発を優先させることによって欧州共同開発路線を支持し，BAC社による自主開発路線を棄却する決断であった。

第2節 ロッキード社トライスター・エンジン搭載をめぐるロウルズ-ロイス社の経営戦略

1 アメリカ市場をめぐるロッキード社トライスター対マクダネル・ダグラス社 DC10

　欧州諸国間のエアバス交渉と並行して，アメリカの機体メーカー2社（ロッキード社とマクダネル・ダグラス社）は中短距離型のA300よりも幾分長距離型のワイドボディ旅客機の開発を検討していた。1967年はじめ，連邦政府の超音速旅客機契約でボーイング社に敗れたロッキード社は，それまで超音速旅客機設計に注いでいた社内資源をワイドボディ機トライスター開発に振り向けることを決定した。[20] 1967年中頃，長距離航路を運航するTWAの意見が通り，ロッキード社はトライスターの仕様を3発案に決定した。[21] ロウルズ-ロイス社は，双発A300用のRB207（推力5万ポンドクラス）と3発トライスター用のRB211（推力4万ポンドクラス）の並行開発は可能であると判断し，RB211の開発を決定し，アメリカでの売り込みを開始した。[22] 1967年9月11日，ロッキード社は，記者会見し「L1011機（トライスター）の注文を受ける体制が整った」と発表した。他方，マクダネル・ダグラス社は，長距離部門でボーイング社の747に競争するには遅すぎ，中短距離部門もロッキード社に席捲される危険性に直面した。そのため，マクダネル・ダグラス社も2ヵ月後，エンジン3基をそなえたエアバス（DC10）を製造すると発表した。乗客数（300席クラス）・形状・性能とも，ほぼ同一の内容の設計であるトライスターとDC10の2機種が同時に市場に投入されることになり，1967年秋以降，両社の間で激しい販売競争が開始されることになった。[23] ロッキード社・マクダネル・ダグラス社とも，生産開始の最低条件として，アメリカの四大エアライン（アメリカン・TWA・イースタン・ユナイテッド）のうち2社の発注を必要条件として設定していた。この条件は，ロッキード社，マクダネル・ダグラス社，両社のうちどちらかが，四大エアラインのうち3社の発注を確保したら，もう1社はエアバス開発から撤退するというチキン・レースの様相を呈していた。[24] 両機のエンジンについては，ロウルズ-ロイス社RB211とGE社CF6の2エンジンが候補として挙げられた。[25] ロッキード，マクダネル・ダグラス両社は，RB211とCF6の双方を搭載

した設計案をエアラインに提示した。GE社CF6は，先にみたようにアメリカ空軍輸送機C5Aに搭載されることになっており，開発において先行していたが，ロウルズ−ロイス社RB211は，3軸スプールなど先進的な技術を盛り込むことを約束していた。

2　アメリカ国際収支問題とロッキード社のオフセット提案

　ロッキード社とマクダネル・ダグラス社がエアラインに売り込みを始めた時期，アメリカ政府は深刻な国際収支問題に悩まされていた。アメリカ製エアバスへロウルズ・エンジンが搭載されることによる，アメリカのエアラインのイギリスからの巨額の輸入は，国際収支問題を悪化させると考えられていた。そのため，1968年初頭，ロッキード社会長ホートン（Daniel J. Haughton, Chairman of Lockheed Aircraft Corporation）は，ロンドンを訪問し，ストーンハウス国務大臣に対して，この国際収支問題への対応として，以下の提案を申し入れた。ロッキード提案は，ロッキード社が，同社のエアバス・トライスターにロウルズ−ロイス社のRB211エンジンを搭載する代わりに，イギリスのエアラインがロッキード・トライスターを購入するというオフセット提案であった。つまり，イギリス製エンジンのアメリカによる輸入に対して，イギリスによるアメリカ製機体購入によりドルを還流させようという提案であった。ホートンは当初，BEAとBritish United航空にトライスター購入を提案した。しかし，ストーンハウス国務大臣は，英政府がA300計画にコミットしていることを理由に，BOACおよびBEAの国営エアラインによるトライスター発注は考えられないと述べた。[26]

　ホートンは，次に，イギリスの航空機産業政策に大きな影響力をもつズッカーマン（Sir Solly Zuckerman）内閣科学技術顧問へオフセット案件を持ち込んだ。1968年1月25日，ロッキード社会長ホートンとズッカーマンの会談が内閣事務室でもたれた。ホートンは次のように説明した。ロッキード社はエアバスエンジンの選択においてGEエンジンよりロウルズ・エンジンに傾いているが，1968年1月1日の大統領演説と結びついた現下のアメリカの国際収支問題は，ロッキード社が外国製エンジンを採用することを困難にしている。今回の訪問は，ロッキード社とロウルズ−ロウルズ社と同様に，米英両政府に受け

第7章　ワイドボディ旅客機開発をめぐる米英航空機生産提携の展開

入れ可能な解決策について内密に協議することを目的としている。ロウルズ−ロウルズ社がエアバスに供給するに際してロッキード社が望んでいるエンジンの費用は1機当たり約400万ドルである。ロッキードの試算によると，この種の航空機世界市場での需要は1000機であり，そのうちロッキード製品は250機を占めることが確実であろう。250機の航空機にかかるエンジンの費用は10億ドルにのぼる。このような規模の外国エンジンの購入が引き起こす国際収支問題のバランスをとるために，ホートン氏は次のように提案した。イギリスは1機当たり1600万ドルで50機の機体──総計8億ドル──を購入するべきである。これに対して，ズッカーマンは次のように指摘した。「提案は，実際のところ，イギリスがロッキード計画の開発コストの一定額を保証するものである」と。ホートンはズッカーマンの指摘を認め，「最低限100機の注文が計画の生産開始への前提条件である」といった。「もしイギリスが50機を注文すれば，アメリカの主要エアラインからもう50機の注文が得られるであろう。発注することが確実なのは，アメリカン航空とイースタン航空であり，そしてTWAの発注も確実である。」ホートンによるこのロンドン訪問の時点では，イギリス政府は何らの決定も行わなかった。[27]

　1968年2月から3月にかけて，ロッキード社とマクダネル・ダグラス社は，四大エアライン──アメリカン航空・ユナイテッド航空・TWA・イースタン航空──のエアバス発注をめぐって熾烈な競争を繰り広げた。ロッキード社は，トライスターの機体価格を1600万ドルから1500万ドルに値下げし，マクダネル・ダグラス社もDC10の機体価格を1500万ドル以下に対抗値下げした。エアバス発注は，エンジン選定をめぐる競争を伴ったが，そこにおいてロウルズ−ロイス社にとっての懸案事項となったのは，アメリカのエアラインが，政府・世論を考慮して，オフセット案件を望んでいるということだった。[28]アメリカのエアラインによるロウルズ・エンジン購入が見込まれる状況になって，GE社の工場を選挙区に抱えるタフト（Robert Taft, Jr.）下院議員とローシェ（Frank J. Lausche）上院議員が議会で，アメリカ・エアラインのロウルズ・エンジン搭載反対の姿勢を示し，ジョンソン政権にも同内容の書簡を送った。彼らは，アメリカのエアラインのRB211購入による米国の国際収支への影響と米国各地での雇用の減少を強調した。ウォール・ストリート・ジャーナル，ニ

第2節　ロッキード社トライスター・エンジン搭載をめぐるロウルズ-ロイス社の経営戦略

ューヨーク・タイムズなどの主要紙もこの問題を取り上げ，とりわけ後者は国際収支問題に与える影響について論じた。こうしたアジテーションがエンジン選定のなされるまで続くとすると，ジョンソン政権やアメリカの機体メーカー・エアラインの取締役会に与える影響が懸念された。そのため，ロウルズ-ロイス社はオフセット案件を早急にアレンジするための行動を始めた。[29]

1968年2月19日，四大エアラインの一角であるアメリカン航空が最初に動いた。アメリカン航空はDC10を確定25機とオプション25機，総額4億ドルで発注した。[30] これに対して，ロッキード社とロウルズ-ロイス社は猛然と巻き返しをはかった。イギリス政府がロッキードのオフセット提案を呑まないという状況下において，ロウルズ-ロイス社は，ロッキード機へのRB211エンジン搭載を熱望し，民間ベースでのオフセット提案の具体化を進めた。ロウルズ-ロイス社取締役会は，ラザード・ブラザーズ商会取締役でもあるロウルズ-ロイス社会長キンダースレイ卿（Lord Kindersley）に，ラザード商会会長プール卿（Lord Pool）にオフセット案件を依頼するよう要請した。プール卿は，メーカーとエアラインの販売代理店であるエア・ホールディングス社（Air Holdings Ltd.）との交渉を進めた。エア・ホールディングス社は，実際に旅客機を購入するのではなく，アメリカ以外の国のエアラインが機体を販売する権利をロッキードから購入し，その権利をエアラインに転売する手筈になっていた。このエア・ホールディングス社の取引をニューハウスは次のように描写している。「エア・ホールディングス社との取引は，イギリスとロッキード社の同盟関係をあたかも条約でもあるかのように最終的に固めたのであった。」この取引の結果，ロッキード社トライスターのエンジンにはロウルズ・エンジンが独占的に搭載されることになった。[31]

3　トライスター──RB211搭載契約

1968年3月29日，イースタン航空が50機，TWAが44機のロウルズ-ロイス社RB211エンジンを搭載したトライスターを購入することを発表した。エア・ホールディングス社発注の50機，4月2日，デルタ航空が発注した24機を合わせると，168機約27億ドルにのぼる巨額の契約が成立したことを意味した。この契約は，アメリカ航空界史上最大の契約であった。[32] この契約によ

り，ロッキード社は「エアバス戦争」の局面を一気に逆転した。ロッキード社はこの受注によりトライスターの生産を決定した。逆にマクダネル・ダグラス社と先にDC10を発注したアメリカン航空は苦境に立たされた。この時点で，トライスターの発注数168機に対してDC10の発注数は25機であった。そのため，四大エアラインの残りのユナイテッド航空のエアバス発注が焦点になった。もし，ユナイテッド航空がトライスターを発注すれば，マクダネル・ダグラス社はDC10の生産に踏み切れず，エアバス市場はロッキード社・ロウルズ－ロイス社が独占することになる。その場合，先にDC10を発注していたアメリカン航空は注文をDC10からトライスターに振り替えざるを得ず，そうなった場合，アメリカン航空へのトライスター納入は後回しになるからである。しかし，1968年4月25日，ユナイテッド航空は，30機のDC10発注（オプション30機）を公表した。エンジンにはGE社CF6が選定された。ユナイテッド航空の発注により，マクダネル・ダグラス社もDC10の生産開始を決定した。[33]

アメリカン航空のDC10にもGE社CF6が搭載されることになり，以後エアバスをめぐる競争は，ロッキード社（トライスター）・ロウルズ－ロイス社（RB211）対マクダネル・ダグラス社（DC10）・GE社（CF6）の対決の構図となった。発注は，トライスター172機[34]に対して，DC10は110機となり，限られた市場にほぼ同じ性能をもつ2機種が投入されることになった。両陣営ともこれらの機数の販売では損益分岐点を越えられる見込みはなかった。[35]両陣営は続いて欧州の長距離型市場をめぐって激しい販売競争を繰り広げることになった。同時に，ロウルズ－ロイス社のRB207エンジンのトライスター搭載決定は，ロウルズ－ロイス社にはたして，ロッキード社トライスター用のRB211と欧州エアバスA300用のRB207の両エンジンを開発する経営資源があるのかという疑念を，各方面，とりわけフランスに呼び起こした。

第3節　A300設計変更とイギリス政府のエアバス脱退

1　A300研究段階延長問題

ロウルズ－ロイス社にとって，RB207/RB211二重計画は負担となっていった。ヘイワード（K. Hayward）はこの時点でのこの二重計画に対するロウルズ

−ロイス社の対応を次のように述べている。「ロッキードの注文は，大型民間機エンジンの重要な製造者にとどまるのか否かというロウルズ−ロイス社の懸念を取り除いた。第二のプロジェクト――RB207――は，実際，厄介なものになっていった。」ロウルズ−ロイス社は，両計画のうち，大量の販売機数を期待できない欧州エアバスに対する関心を失い，大量の販売機数が期待できるロッキード社トライスターへのエンジンRB211搭載を優先するようになっていった。ベン技術相は，1968年4月1日，下院で，ロッキード・トライスターへのロウルズ−ロイスRB211エンジンの搭載契約について次のように発言した。ロウルズ−ロイス社は，ロッキード社との契約によりアメリカ民間航空市場にかつてない地歩を築いた。しかし，RB211受注の確保によっても，欧州エアバスへの支持と仏独との連携は弱められないとして，A300/RB207へのイギリスのコミットメントを強調した。とはいえ，フランス側はロウルズ−ロイス社のRB207開発意欲について疑念を強めた。

シュド社技術部門チーフ・ベテイユ（Roger Beteille）は，1968年5月，ロウルズ−ロイス社の意図に疑念を抱き，ロウルズ−ロイス社のダービー本社を訪問し，ロウルズ−ロイス社の真意をただした。しかし，ロウルズ−ロイス社はベテイユに対して，欧州エアバス用RB207エンジン2基をロッキード用RB211エンジン3基と同じ値段に設定するという提案を提示した。この提案は，双発の欧州エアバスA300のアメリカ製3発エアバスに対する価格優位を打ち消すものであった。他方，エアバス・コンソーシアム参加社である英ホーカー・シドレー社社長ホール（Arnold Hall）も，シュド社社長ジーグラー（Henri Ziegler）に対して「われわれは世界最大のグライダーを造る」ことになる危険性を有していると伝えていた。ベテイユは，ロウルズ−ロイス社はロッキード契約に全力を注いでおり，RB207は「死んだ」ものと結論づけた。ベテイユはパリに帰り，シュド社内にA300再設計チームを組織した。このチームは，1968年晩春から夏にかけてロウルズ−ロイスエンジンを搭載しない，つまりアメリカ・エンジンを搭載するA300の再設計に取り組んだ。

欧州エアバス計画は，国営エアラインのA300購入への抵抗によっても悩まされた。BEA，ルフトハンザは，A300の300席は乗客数が多すぎるとして，A300購入に抵抗した。BEA会長ミルウォード（Sir Anthony Milward）は，

第7章　ワイドボディ旅客機開発をめぐる米英航空機生産提携の展開

A300購入に懐疑的な姿勢を示し，ルフトハンザは，当初購入を予定していた25機のうち，6機しか活用できないとドイツ政府に伝えた[40]。1968年7月は，A300の開発設計段階を終了し，実際に開発するかどうかの最終決定がなされることになっていた。そのため，イギリス政府は，A300へのイギリス政府のコミットメントを決定する必要に迫られた。1968年5月30日のイギリス閣僚航空機産業委員会で，ストーンハウス国務大臣は，A300計画は，第一に，開発費用の1億3000万ポンドから1億7500万ポンドへの増大，第二に，ルフトハンザ・BEAの消極的姿勢により国営エアラインへの75機の販売の見通しが立たないという理由により，危機に陥っているとの認識を示した。この問題について，ベン技術相が作成したA300欧州エアバス継続問題についてのメモランダムは次のように問題を整理した。ベン・メモランダムは，まず、欧州エアバスをめぐる2つの状況変化を指摘した。第一に，トライスターとDC10という2機のアメリカ製エアバスが出現したこと。アメリカとの競争は常に想定はしていたことではあるが，ロッキード社とマクダネル・ダグラス社との激しい競争は，彼らが，少なくとも近い将来において，我々（欧州）が対抗し得ないような，切りつめられた価格で航空機を供給することを意味する。第二に，昨年の欧州エアバス・プロジェクト研究の結果得られたコスト試算は失望を与えるほど高く，政府に対する経済的還元の見通しは暗い。

　この状況変化を，イギリス政府が直面する選択肢についてベン技術相は、内閣に対してのメモランダムで次のように整理した。エアバスについて我々が直面している選択は極端に困難なものである。一方で，経済合理的な提案ではないという理由で，私（ベン技術相）は，現在確定しているプロジェクトを推進することを勧告しない。その一方で，現在表面化している欠点を修正する機会を企業側に与えないまま，イギリス政府がエアバス計画から撤退するという決断は，実に，重大な決断である。欧州航空機産業に及ぼす長期的影響は極端に深刻なものであり，それによるロウルズ−ロイス社に対する影響も深刻なものである。この状況からは，次の2つの行動の選択肢がありうる。(A) 即時撤退し，そのことを7月30日にパリで予定されている3国閣僚会議で公表し，エアバス運営委員会が勧告し仏独が強力に後押ししている研究のさらなる進展を断る。(B) 以下に挙げる，我々が主張している基準を設定する。生産コストを

少なくとも10％削減する。エアラインに対する運航パフォーマンス保証を改善する。政府によって保証された75機の販売を確保する[41]。

この2つの選択肢の決断をめぐって，8月1日，閣議が開催された。ベン技術相は，次のように発言した。「焦眉の問題は，我々がプロジェクトから即時撤退するか，それとも，開発設計段階を継続するかということにある。現行のプロジェクトは，経済的に実行可能とは思われず，了解覚書に組み込まれた基準も達成可能とは思われないが，我々は，参加企業に，提案を現行の提案より受け入れ可能な内容に修正する機会を与えるべきである。とはいえ，我々がこのプロジェクトを継続するのならば，我々は達成しうる基準を定めなければならない。我々は先のメモランダムで挙げた達成基準を主張しなければならない。もし，我々が即時撤退すると，重要で将来性のあるプロジェクトを損なうことの責任を我々が負うだけでなく，将来における欧州での共同の見通しをも損なうであろう。」討議の結果，技術相メモランダムで設定された基準に厳密に適合するという条件の下に，内閣は，プロジェクトを推進するかどうかの決断を4ヵ月遅らせることに同意した[42]。

8月2日にパリで開催された3国閣僚会議は，A300開発を決定するかどうかの決断を11月まで延期することに合意した。この合意により，各国政府にエアラインと交渉する時間が確保された。しかし，A300開発をめぐっては，イギリス政府とフランス・ドイツ政府の間で次のような見解の相違が明確となった。イギリス政府は，エアバス建設は経済的に達成可能でなければならない。計画は航空機産業への補助金であってはならないとしたのに対し，フランス・ドイツ政府は，たとえ初期において計画の経済的採算がとれなくても推進するべきだと表明した。フランス政府担当者は，A300は民間航空機分野にヨーロッパが生き残る最後の機会であるとの見解を示した[43]。

イギリス政府内のA300推進の気運が弱まったことを背景に，1968年7月，BAC社は，BAC311計画を公表し，イギリスの独自プロジェクト推進の姿勢を示した。BAC311の仕様は，ワイドボディ，2基のRB211を搭載し，乗客250席クラスとすることで，300席クラスのDC10・トライスターとの競合を回避した。アメリカ市場獲得の見込みもあり，イギリスの国営エアラインBEAが購入に関心を示した[44]。

2　A300 の 250 席クラスへの設計変更

　4ヵ月の開発設計段階延長の期日をひかえ，12月11日，仏シュド社が主導する，同社・独ドイツ・エアバス社・英ホーカー・シドレー社からなるコンソーシアムは，ロンドンで記者会見し，欧州エアバスに関する次のような新たな提案を明らかにした。新提案は，乗客数と搭載エンジンについて根本的な設計の変更を内容としていた。乗客数については，300席クラスから250席クラスへ変更することによって（名称もA300Bへ変更），国営エアラインの小型化要求に応え，300席クラスのDC10/トライスターとの競合を回避した。このスケールダウンは，欧州エアバスが，BAC311とは直接競合することを意味した。搭載エンジンについては，乗客数の削減に伴い，ロウルズ-ロイス社RB207（推力5万ポンドクラス）から同社のRB211-28（推力4万7500ポンドクラス）へスケールダウンした。同時に，米P&W社JT9・GE社CF6エンジンを搭載可能なオプション・エンジンに加えた。[45]

　この新提案に対して，イギリス政府は次のように反応した。ベン技術相は，12月12日，下院で次のように表明した。A300の撤回とA300Bの提案は「新しい提案」であり，「新しい状況」だとし，イギリス政府のA300Bへの対応については「厳格な経済的基準」で検討されなければならないと述べた。[46] 翌1969年1月8日，ベン技術相は，仏独政府に対し，BACの同じ250席クラスの機体BAC311を欧州共同開発のプロジェクトとして検討することを要請した。[47] 1月17日，西ドイツ・ドーナンニ国務大臣（Klaus von Dohnanyi, Secretary of State at the Federal German Ministry of Economic Affairs）とフランス・シャーマン運輸大臣は，パリで会談をもち，エアバス問題を協議した。この会談には英ベン技術相は招待されなかった。この会談で，仏独両国は，BAC311を欧州プロジェクトとしては認めず，エアバス運営委員会でも検討しないことを確認した。また，ドイツ側は，A300B計画をイギリスの参加，不参加にかかわらず，仏独2カ国ベースで推進する意思を示した。[48]

　2月5日，西ドイツ内閣は，イギリスの参加が望ましいが，もしイギリスが脱退した場合でも，A300Bエアバス計画をフランスとの2国間ベースで続行するという決定を下した。[49] 2月13日，ボンで開催された英独首脳会談でも，エアバス問題が議論された。ウィルソン英首相は，ドイツ政府が計画の十分な

第3節　A300設計変更とイギリス政府のエアバス脱退

経済合理性を調査せずにエアバス開発決定を下したことに「驚き」を表明した。ウィルソンは，A300BはA300よりは良い航空機だが，イギリス政府は「厳しい経済合理性」の観点から満足していないと述べた。これに対して，シュトラウス（Franz Joseph Strauss）独国防相は，アメリカに対抗してヨーロッパが団結してエアバスを開発する必要性を述べるとともに，BAC311を欧州共同開発とすることに対しては，フランスが決して受け入れないであろうと述べた。[50]

3　イギリス政府のエアバス脱退

3月25日，イギリス内閣は，イギリス政府のエアバス脱退問題を討議した。閣議では，A300Bは，市場調査が不十分であることに加え，国営エアラインに対してA300の購入を強制し得ないため，A300Bは支持しえないとの意見が表明された。他の不支持の理由としては，フランス・シュド社のマネージメント能力に対する不信に加え，3国の国営エアライン，とりわけBEAとルフトハンザがA300B発注を回避する態度をとっており，小型化してもなお国営エアラインの発注の見込みが薄いこと，ボーイング社が同クラスの市場に参入の姿勢を見せていたこと，そして，何より，エアバス運営委員会が，A300Bをアメリカ製エンジンを搭載可能にしており，ロウルズ・エンジン搭載の確証がなくなったことであった。むしろBAC311の開発を支援する方が好ましいと閣僚達は判断した。その理由として，BEAがBAC311に対する強い支持を表明しているのに加え，アメリカのイースタン航空がBAC311の50機の発注を検討していることが挙げられた。以上のような理由から，内閣は，欧州エアバス計画から脱退することを決断した。[51]

4月10日，ロンドンで開催された3国閣僚会議では，ベン技術相は，市場的見通し，開発コスト，ヨーロッパ・エンジン（ロウルズ・エンジン）搭載保証の欠如を理由として，イギリス政府が欧州エアバス計画から脱退することを正式に表明した。独仏政府は，将来におけるイギリスの復帰の可能性を残すとともに，2国ベースでエアバスを開発することを明らかにした。[52]イギリス政府の脱退は，A300Bの主翼製作者であったホーカー・シドレー社を危機に追いやった。ホーカー・シドレー社は，民間ベースで参加することを希望したが，政府援助なしに主翼の開発を進めることはできなかったのである。独仏政府も代

替メーカーがいないためジレンマに直面したが，ドイツ国防相シュトラウスが，主翼の開発費3100万ポンドのうち1800万ポンドをドイツ政府が負担するという条件を提示し，問題を解決した。1969年5月，パリ・エアショーに際して，独仏政府はA300Bを開発する新了解覚書を締結し，欧州エアバス計画は仏独2国間のプロジェクトとして再出発した。[53]

第4節　英独オフセット協定とA300Bエンジン選定

1　欧州市場をめぐるロッキード社・ロウルズ-ロイス社の経営戦略

他方，ロッキード社トライスター・ロウルズ-ロイス社RB211対マクダネル・ダグラス社DC10・GE社CF6の販売競争の次なる焦点である長距離市場（中距離機であったDC10・トライスターの長距離型への改造）は，ボーイング747と競合する厳しい市場であった。ロッキード社は長距離型トライスター（L1011/8）の開発着手を計画した。長距離型トライスター開発には，ロウルズ-ロイス社のRB211-50シリーズ（-56と-57）（推力5万2500ポンド）の新規開発が必要であった。[54]

欧州長距離市場の最初の商戦は，KUSSグループ（KLM（オランダ），UTA（フランス），Swissair（スイス），SAS（スカンジナビア諸国））商戦であった。この商戦においては，トライスター/RB211ではなくDC10/CF6が勝利した。DC10の主な勝因は，CF6エンジンを開発するGE社が，ロッキード社・ロウルズ-ロイス社が及ばないような長期・低利率の融資条件を提示したことにあった。[55]

欧州市場での次の主要商戦は，ATLASグループ——エールフランス（仏）・ルフトハンザ（独）・アリタリア（イタリア）・サベナ（ベルギー）——の長距離3発ジェットの発注であった。ロッキード社は，このATLASグループ商戦に勝利するために，7月9日，ロッキード社会長ホートンはベン技術相との会談をもち，エアラインの長距離機と短距離機のエンジン共通化志向を説明し，A300Bへのロウルズ・エンジンRB211搭載を訴えた。ロッキード社は，ATLASグループ商戦でマクダネル・ダグラス社に勝利し，長距離型トライスター（L1011/8）の開発に着手することの重要性を次のようにとらえていた。

第4節　英独オフセット協定とA300Bエンジン選定

　ATLASグループ商戦に失敗したら，ロッキード社は長距離型トライスターを開発着手できない。もしこの結果，長距離市場がマクダネル・ダグラス社DC10により独占されると，マクダネル・ダグラス社の提供する旅客機の多様性・柔軟性にロッキード社は対抗できなくなり，基本型を含めてトライスターの販売機会は減少する。逆にATLASグループが長距離型トライスターを発注すれば，ロッキード社は長距離型トライスターの開発に着手できる。これにより，他の有力エアラインへの販売の道が開ける。エアラインの発注に関しての意思決定においては，次の点についての考慮が決定的であった。エアラインは，いったん，中長距離機において機体―エンジンの組み合わせを選択したら，部品の共通化・メンテナンスの必要などの理由で，短距離機にも同じエンジンを使用する。そのため，ルフトハンザとエールフランスは，A300Bを購入する予定であるが，A300Bと長距離型3発エアバス（DC10あるいはトライスター）のエンジンの共通化を図るはずである。ということは，フランス・ドイツの国営エアラインによるA300Bのエンジン選定次第（GEエンジンかロウルズ・エンジンか）で，ATLASグループが，トライスター（ロウルズのRB211エンジン搭載）か，DC10（GEエンジン搭載）か，どちらを選択するか決まる。現時点では，ドイツはロウルズ－ロイス・エンジンを選好している様子である。そのため，ロウルズ－ロイス社がA300Bのエンジン契約を獲得することが決定的である。同じ目的のため，GE社もA300Bへのエンジン搭載を強くはたらきかけている。GE社は仏スネクマ社と提携し，A300BへのGEエンジン搭載をはたらきかけている。[56]

　この時点で，A300Bエンジン選定におけるロウルズ－ロイス社とGE社の提示案は次のように相違していた。長距離型トライスター（L1011/8）には，RB211-56, 57, A300Bには，RB211-51, 52という50シリーズ・エンジンの新規開発が必要であった。ロウルズ－ロイス社による開発コスト予想は表3の通りであった。

　ロウルズ－ロイス社の経営判断としては，長距離型トライスター（L1011/8）・A300B双方の発注が確保できるのであれば，RB211-50シリーズの開発・新規投資は採算がとれるが，L1011/8の注文がとれず，A300Bだけのために-50シリーズの開発に着手するのは，採算がとれない。そのため，A300Bに対する

217

第 7 章　ワイドボディ旅客機開発をめぐる米英航空機生産提携の展開

表 3　開発コスト予想

長距離型トライスター（RB211-56, -57）のみ	6600 万ポンド
A300B（RB211-51, -52）のみ	5040 万ポンド
長距離型トライスター・A300B 双方	7200 万ポンド

出典）　TNA, T225/3441, "Streched RB211," August 5, 1969.

　GE 社のオファーは無条件なのに対し，ロウルズ-ロイス社の A300B に対するオファーは条件付き——エールフランス・ルフトハンザが長距離型トライスターを発注するという条件——であった。[57]

　これに対して，フランスには，GE 社・マクダネル・ダグラス社との提携案を好むいくつかの理由があった。第一に，GE 社はすでに KUSS グループの発注を確保しているので，ロウルズ-ロイス社と違い，エンジンに関する無条件のオファーが可能であった。第二に，GE 社は，スネクマ社に対して有利な提携案を提示している。GE 社—スネクマ社間の提携交渉では，スネクマ社は，CF6 の全体の 25％ というかなり大きな割合を生産する提携を GE と結んでいた。[58] そのため，ロウルズ-ロイス社にとっては，ルフトハンザ・エールフランスによる長距離型トライスター（L1011/8）・RB211-56, 57 の発注が，それ自体としても，A300B の発注に関しても重大な意味をもっていた。

2　英独オフセット提案と A300B エンジン選定

　9 月 5 日，ライヒャルト（Reichardt）西ドイツ経済相は，駐ボン英大使館防衛供給顧問（counselor, defence supply）と会談した。ライヒャルト経済相は，ルフトハンザ・エールフランスの A300B エンジン選定状況を以下のように説明した。P&W 社は，価格面での問題のため，レースから脱落し，GE 社が先頭を走っている。その理由としては，第一に，GE 社は A300B が就航する以前にすでに他の機体に搭載されたエンジンを提示していること，第二に，ロウルズ-ロイス社提案は条件付き——ルフトハンザ・エールフランスのトライスター発注——である。防衛供給顧問は，ライヒャルト経済相に対して，英独オフセット協定資金をロウルズ-ロイス社のトライスター用 RB211 エンジン提示に補助金として活用するアイデアを提起した。英独オフセット協定によって，西ドイツ政府は BAOR（ライン駐留イギリス軍）軍費の一定額を相殺のためイギ

第4節　英独オフセット協定とA300Bエンジン選定

リスに対して支払う取り決めになっていた。この資金の一部を，ルフトハンザ・エールフランスがトライスター/RB211を購入する際の補助金として活用するという案である。ライヒャルト経済相はこのアイデアに賛意を示した。[59]
9月26日，ボンでの英独官僚の会合において，西ドイツ側は次のような提案をおこなった。英独オフセット協定資金を，ルフトハンザが，ロウルズ-ロイス社RB211を搭載したトライスターを購入する資金に対する補助金として活用する。[60]この提案は，次のような効果をもたらすものであった。英独オフセット資金を補助金として活用することで，ルフトハンザがトライスターを購入するよう方向づける。ルフトハンザがトライスターを発注すれば，ロウルズ-ロイス社のA300Bに対する提示は条件付きでなくなる。また，ルフトハンザは，エンジンの共通化を図るため，A300BのエンジンにもRB211を選定する。結果として，ATLASグループが，長距離機にトライスター/RB211を発注する可能性が高まる。

こうした英独間の動きに対して，アメリカ政府は，英独オフセット資金活用に対する反対の姿勢を示した。既に，9月11日，在ロンドン・ボンのアメリカ大使館は，英独オフセット資金のイギリス航空機産業の輸出への活用は，アメリカの利害に反し，GATTを通じた貿易の慣行にも反するとして抗議する書簡を届けた。アメリカ国務省は，英独オフセット資金がイギリス航空エンジンの輸出に対する補助金に使用されることはGATT16条4項の補助金規定に反すると在ボン・ロンドンの大使館に通達した。アメリカ政府が，英独オフセット資金の活用に改めて抗議したため，11月26日，西ドイツは駐ボン英大使館に，9月26日に提示した提案を撤回した。[61]

結果として，エアバス・コンソーシアムは，GEエンジン，ロウルズ・エンジン双方を，A300Bのエンジンとしてエアラインに提示した。双方を提示することで，DC10/CF6とトライスター/RB211双方のユーザーに対してA300Bをアピールできるというメリットがあった。また，フランスはイギリスに対する敵対心をもっていた。イギリス政府は，A300Bに対して何らの資金援助をしていないにも関わらず，もしロウルズ・エンジンがA300Bに搭載されたら，ホーカー・シドレー社が担当する主翼を含め，イギリス企業がA300Bの大部分を生産することになる。もう1つの事情として，進行中であ

ったGE社と仏スネクマ社・独MTU社との提携交渉が進展していた。これら2点を背景として，ルフトハンザは，1970年9月23日，長距離機種としてDC10を選定した。ATLASグループの長距離エアバス選定は，エールフランスを除き，DC10/CF6に決まった。ルフトハンザ・エールフランスは，購入するA300BのエンジンにもGEのCF6エンジンを採用した。この結果，ロッキード社・ロウルズ-ロイス社は，長距離型トライスター/RB211（-50シリーズ）の開発を着手できず，旅客機のファミリー化によりエアラインの多様な要求に応えるという点で，マクダネル・ダグラス社・GE社に大きく遅れをとる結果となった。[62]

イギリス政府のエアバス脱退後，ロッキード社・ロウルズ-ロイス社は，ルフトハンザ・エールフランスへの長距離型トライスター売り込みを図るため，欧州エアバスへのRB211エンジン搭載を目論み，英独オフセット協定を活用しようとした。しかし，アメリカ政府の反対によりこの試みは頓挫し，欧州長距離型エアバス市場はマクダネル・ダグラス社（DC10）・GE社（CF6）の手に渡った。

おわりに

ワイドボディ機開発（機体およびエンジン部門）において，イギリスの4つの主要メーカー——機体部門のBAC社，ホーカー・シドレー社，エンジン部門のロウルズ-ロイス社，ブリストル・シドレー・エンジン社——は，次の3つの選択肢のうちから異なる判断を下した。第一にイギリスの自国独自のエアバス開発，第二にアメリカ製エアバス開発との提携，第三に欧州エアバス開発である。機体部門においては，BAC社は，自国独自のワイドボディ機BAC211/BAC311開発を追求した。ホーカー・シドレー社は，欧州エアバス計画への参画を志向した。エンジン部門では，ブリストル・シドレー・エンジン社は欧州エアバスへの米P&W社エンジンのライセンス生産を追求した。ロウルズ-ロイス社は，自社エンジンのワイドボディ機体への搭載のあらゆる機会を追求した。1966年9月，ロウルズ-ロイス社は，ブリストル・シドレー・エンジン社を合併し，P&W社エンジンの欧州エアバスへの搭載という脅威を除去した。

合併後，ロウルズ-ロイス社は，欧州エアバスとロッキード社トライスター双方にエンジンを供給する戦略を追求した。

イギリス政府は当初，欧州エアバス A300 へのロウルズ-ロイス社 RB207 エンジン搭載を目指した。そのため，イギリス政府は，1967年9月の開発覚書ではフランスに機体開発の主導権を譲り，国営エアライン BEA 社の BAC211 購入要求も退けた。しかし，1968年3月に，ロウルズ-ロイス社がロッキード社トライスターへの搭載契約を結んだ後は，欧州エアバス A300 へのエンジン搭載はもはやロウルズ-ロイス社にとってもイギリス政府にとっても決定的な利益とはいえなくなった。他方，エアバス運営委員会もアメリカ製エアバスと競合する 300 席級 A300 設計案を 250 席級の A300B にスケールダウンし，A300B にアメリカ製エンジンを搭載する可能性を示唆した。その結果，1969年3月，イギリス政府は欧州エアバス計画からの脱退を決定した。

しかし，イギリス政府の欧州エアバス計画からの脱退後，状況は変化した。短距離機である A300B 導入を予定している欧州のエアラインが，長距離機種として，ロッキード社トライスター（ロウルズ-ロイス社 RB211 エンジン搭載）か，マクダネル・ダグラス社 DC10（GE 社 CF6 エンジン搭載）かの選定を開始したのである。欧州エアラインは，長距離機選定にあたって，経済性の観点から A300B と長距離機のエンジン——GE 社 CF6 かロウルズ-ロイス社 RB211 ——の共通化を重視した。そのため，イギリス政府は，独ルフトハンザ社が RB211 エンジンを搭載した長距離型トライスターを購入するのに，駐独イギリス軍経費分担金を補助金として活用するよう試みた。しかし，この英独オフセット資金活用の試みは，アメリカ政府から GATT 第 16 条 4 項の輸出補助金規定に反するとの理由から反対され，未然に阻止された。ロウルズ-ロイス社とイギリス政府は，エアラインによる長距離機と短距離機の2つの選定の間におけるエンジン共通性志向という問題を見過ごし，米 GE 社による欧州エアバス A300B への CF6 エンジン供給を招き，大陸欧州航空機産業と米エンジンメーカーとの関係構築を許すことになった。

以上の推移を，「なぜ，1960 年代後半における欧州共同開発の機運の中でイギリス航空機産業・政府は，ヨーロッパよりむしろアメリカとの共同を選択したのか？」という視点から意義を検討しよう。イギリス政府は，機体開発で，

第 7 章　ワイドボディ旅客機開発をめぐる米英航空機生産提携の展開

イギリス独自，あるいは欧州共同でアメリカ航空機産業と対抗するという路線を選択せず，アメリカ機体メーカーへの部品（エンジン）サプライヤーとしてイギリス航空機産業が生き残る路線を選択した。ロッキード社トライスター・ロウルズ−ロイス社 RB211 提携は，アメリカ機体部門，イギリス・エンジン部門双方の市場拡大戦略から考察すると次のように整理できる。アメリカの機体メーカーにとって，イギリスのエンジンメーカーと生産提携関係を結ぶことには，次のようなメリットがあった。ロウルズ−ロイス・エンジンを搭載することは，エア・ホールディングス社の取引関係を通じたイギリス航空機産業の固有の商圏への販路拡大につながった。一方，イギリスのエンジンメーカーにとっても，アメリカの機体メーカーにエンジンを供給することは，死活的な意味をもっていた。たとえ優秀なエンジンを開発しようと，そのエンジンの販売数は，それが搭載される機体の販売数に制約される。そのため，イギリスのエンジンメーカーにとって，企業として存続していくためには，アメリカ市場および世界市場を圧倒しているアメリカ機体メーカーにエンジンを供給することが，不可欠の条件だったのである。欧州共同開発の主唱者であり最有力メンバーであるイギリスの欧州共同開発離脱と対米提携は，アメリカ航空機産業の民間部門での支配的地位に対するヨーロッパ航空機産業最初の挑戦の挫折を意味した。こうして，第 5 章で検討した軍事部門における米英生産提携成立に続き，本章で検討したように，民間機部門においても，米英生産提携が成立した。つまり，軍民双方において，イギリス航空機産業は，アメリカ主導の航空機産業のグローバルな市場構造に組み込まれ，そこで部品（エンジン）サプライヤーとしての「新しい役割」を能動的に担っていったのである。

1　第 5 章においては，1960 年代中葉の軍用航空機開発におけるアメリカ機体部門とイギリス・エンジン部門の生産提携の成立を検討した。本章では，軍用機部門と並ぶ重要分野である民間機部門におけるアメリカ機体部門とイギリス・エンジン部門の生産提携の成立過程の特質を検討することとしたい。

2　Newhouse, John, *The Sporty Game* (New York: Alfred A. Knopf, 1982), p. 126. ジョン・ニューハウス（航空機産業研究グループ訳）『スポーティゲーム──国際ビジネス戦争の内幕』学生社，1988 年），284 ページ。

3　アメリカでは「バス」の語は，「大衆的」という印象から好まれず，マクダネル・ダグラス社もロッキード社も「トライジェット」（3 発ジェット）という名を多用した。石川潤一『旅客機

発達物語』(グリーンアロー出版社, 1993 年), 171 ページ。

4 1座席当たり飛行距離 1 マイルのコストは, ボーイング 727 が 1.38 セントであったのに対し, ロッキード社トライスター, マクダネル・ダグラス社 DC10 は 1 セントと見積もられた。Eddy, Paul, Elaine Potter and Bruce Page, *Destination Disaster* (Quadrangle: New York Times Book Co., 1976), p. 76. P. エディ＝E. ホッター＝B. ペイジ (井草隆雄, 河野健一訳)『予測された大惨事 (上)』(草思社, 1978 年), 100 ページ。

5 当該期の「エアバス戦争」および欧州エアバスの起源を扱った著作には以下のものがある。① Newhouse, John, *The Sporty Game, op. cit.*, ② Hayward, Keith, *Government and British Aerospace* (Manchester: Manchester University Press, 1983), ③ Thornton, David Weldon, *Airbus Industrie: The Politics of an International Industrial Collaboration* (New York: St. Martin's Press, 1995), ④ Lynn, Matthew, *Birds of Prey*, Rev. ed. (New York: Four Walls Eight Windows, 1998). マシュー・リーン (清谷信一監訳)『ボーイング vs エアバス――旅客機メーカーの栄光と挫折』アリアドネ企画, 2000 年), ⑤ Aris, Stephen, *Close to the Sun* (London: Aurum Press, 2002), ⑥ Lynch, Francis and Lewis Johnman, "Technological Non-Co-operation: Britain and Airbus, 1965-1969, *Journal of European Integration History*, 12:1, 2006. ①・④・⑤は, ジャーナリストの手になるもので, 熾烈な航空機販売競争という視点から「エアバス戦争」を活写している。②の Chapter 3 "Subsonic Politics, 1964-70" が, 学術的著作として当該期のエアバスをめぐる欧州関係を分析した嚆矢といえるであろう。⑥は, 公開された政府資料に基づき, 1969 年 3 月のウィルソン政権の欧州エアバス計画からの離脱に焦点を当てた。離脱の要因として, ロウルズ-ロイス社による欧州エアバスへのエンジン供給に対する保証の欠如, イギリス独自開発の BAC311 計画の存在等を指摘した。しかし, 本章第 4 節で指摘したように, イギリス政府のエアバス参加問題は, 1969 年 3 月の計画離脱後も継続したことを考慮するべきであると筆者は考える。

6 Lynn, *Birds, op. cit.*, p. 103. リーン『ボーイング vs エアバス』(前掲), 123 ページ。

7 Hayward, *Government, op. cit.*, pp. 78-79.

8 石川『物語』(前掲), 162-163 ページ; Lynn, *Birds*, pp. 85-86. リーン『ボーイング vs エアバス』(前掲), 102-103 ページ; Department of Trade and Industry, *Rolls-Royce Limited* (London, HMSO, 1973), paras. 200-201; Newhouse, *Game, op. cit.*, p. 120. ニューハウス『スポーティゲーム』(前掲), 270 ページ。

9 Department of Trade and Industry, *Rolls-Royce, op. cit.*, para. 201.

10 Hayward, *Government, op. cit.*, pp. 81-83.

11 Hayward, Keith, *International Collaboration in Civil Aerospace* (London: Pinter Publishers, 1986), pp.128-129.

12 Hayward, *Government, op. cit.*, p. 81.

13 TNA, PREM13/1936, "Aero Engines," the Minister of Aviation to Prime Minister, June 29, 1966; Hayward, *Government, op. cit.*, p.82.

14 TNA, CAB129/128, C (67) 30, "The Airbus," Memorandum by Minister of Technology, March 14, 1967; TNA, CAB128/42, CC (67) 13th Conclusions, March 16, 1967.

15 John Stonehouse, *Death of an Idealist*, (London: W.H. Allen & Co Ltd,1975), p. 75; Lynn, *Birds, op. cit.*, p. 105. リーン『ボーイング vs エアバス』(前掲), 124-125 ページ; TNA, PREM13/1939, "Airbus Discussions in Paris on 9th May," May 12, 1967; *Aviation Week &*

第7章　ワイドボディ旅客機開発をめぐる米英航空機生産提携の展開

  Space Technology（以下，*AWST*），May 15, 1967, p. 31.
16 TNA, PREM13/1939, "Airbus," July 26, 1967; Gardner, Charles, *British Aircraft Corporation*（London: B. T. Batsford Ltd, 1981), pp. 168-169; Hayward, *Government, op. cit.*, p. 76.
17 TNA, T225/3163, Benn to M. J. Chamant, September 14, 1967; TNA, T225/3163, "Airbus," September 20, 1967.
18 Hayward, *Government, op. cit.*, pp. 85-86; *AWST*, October 2, 1967, p. 30; TNA, CAB134/2609, "European Airbus," AI (68) 2, Memorandum by Minister of Technology, May 24, 1968.
19 TNA, CAB129/134, C (67) 191, "British European Airways Re-equipment," Memorandum by Minister of Technology, December 12, 1967; TNA, CAB128/42, CC (67) 70th Conclusions, December 14, 1967; Gardner, *BAC, op. cit.*, p. 170-171.
20 Newhouse, *Game, op. cit.*, p.141. ニューハウス『スポーティゲーム』（前掲），318 ページ；Eddy, *Disaster, op. cit.*, p. 68. エディ他『予測された大惨事（上）』（前掲），89 ページ。
21 Birtles, Philip, *Lockeeed L1011 Tristar* (England: Airlife Publishing Ltd., 1998), p.12; Eddy, *Disaster, op. cit.*, p. 68. エディ他『予測された大惨事（上）』（前掲），89-90 ページ。
22 Hayward, *Government, op. cit.*, pp. 87-88.
23 Eddy, *Disaster, op. cit.*, pp. 68-69. エディ他『予測された大惨事（上）』（前掲），90 ページ。
24 Newhouse, *Game, op. cit.*, p. 149. ニューハウス『スポーティゲーム』（前掲），337 ページ。
25 P&W 社はボーイング 747 のエンジン開発に社内資源の投入を余儀なくされ競争に参加しなかった。
26 *AWST*, April 8, 1968, p. 34.
27 TNA, PREM13/1936, "The Lockheed Airbus, Note for the Record of a Meeting Held at the Cabinet Office, S.W.1. at 10.30 a.m. on Thursday, 25th January 1968."
28 *AWST*, March 18, 1968, p. 325; TNA, T225/3438, Washington to Foreign Office, February 14, 1968.
29 TNA, T225/3438, Washington to Foreign Office, March 6, 1968.
30 この時点では，エンジンは，GE エンジンかロウルズ・エンジンか，未決定であった。*AWST*, February 26, 1968, pp. 26-29; TNA, T225/3438, Foreign Office to Washington, February 19, 1969; Department of Trade and Industry, *Rolls-Royce, op. cit.*, para.247.
31 *AWST*, April 8, 1968, p. 34; Newhouse, *Game, op. cit.*, p. 153-154. ニューハウス『スポーティゲーム』（前掲），347-350 ページ。
32 *AWST*, April 8, 1968, pp. 33-34; *AWST*, April 29, 1968, p. 30; Newhouse, *Game*, p. 153. ニューハウス『スポーティゲーム』（前掲），347 ページ；石川『物語』（前掲），168 ページ。
33 *AWST*, April 29, 1968, p. 34; Newhouse, *Game, op. cit.*, pp. 155-157. ニューハウス『スポーティゲーム』（前掲），353-356 ページ。
34 ノースウエスト航空がトライスターを 4 機発注していた。*AWST*, April 29, 1968, p. 34.
35 *AWST*, May 6, 1968, pp. 39-40.
36 Hayward, *Government, op. cit.*, p. 92.
37 Magaziner, Ira and Mark Patinkin, *The Silent War* (New York: Random House, 1989), pp. 240-241. アイラ・マガジナー＝マーク・パティンキン（青木榮一訳）『競争力の現実』ダイヤモンド社，1991 年），336 ページ。

38 TNA, T225/3439, House of Commons, April 1, 1968, Col. 44, Aris, *Sun, op. cit.*, p.33.
39 Magaziner and Patinkin, *War, op. cit.*, pp. 240–241. マガジナー＝パティンモン『競争力の現実』(前掲), 336–338 ページ；Aris, *Sun, op. cit.*, p. 33–34; Lynn, *Birds, op. cit.*, pp. 106–107. リーン『ボーイング vs エアバス』(前掲), 126–127 ページ。
40 *AWST*, June 17, 1968, p. 29.
41 TNA, CAB134/2609, AI (68) 1st Meeting, "The European Airbus," May 30, 1968; TNA, CAB129/138, C (68) 91, "European Airbus," Memorandum by Minister of Technology, July 29, 1968.
42 TNA, CAB128/43, CC (68) 37th Conclusions, August 1, 1968.
43 *AWST*, August 12, 1968, p. 46.
44 *AWST*, July 29, 1968, p. 29; Hayward, *Government, op. cit.*, pp. 91–92; Gardner, *BAC, op. cit.*, p. 178.
45 RB211 を A300B に搭載するには，長距離型トライスターに搭載する予定の Stage 5 シリーズの新規開発が必要であった。TNA, T225/3166, "European Airbus: Draft SEP Paper"; *AWST*, December 16, 1968, pp. 29–30; Hayward, *Government, op. cit.*, p.93; Aris, *Sun, op. cit.*, pp. 38–39; TNA, AVIA63/159, "Airbus Directing Committee, Minutes of the Meeting with the Associate Constructors in London on 10th December, 1968."
46 TNA, PREM13/2484, "House of Commons, 12 December, 1968."
47 TNA, T225/3166, "Technological Collaboration with Germany in Civil Aircraft."
48 *AWST*, January 27, 1969, p.30; TNA, FCO46/41, Bonn to Foreign and Commonwealth Office, January 22, 1969.
49 TNA, T225/3166, Bonn to Foreign and Commonwealth Office, February 5, 1969.
50 TNA, T225/3166, "Record of a Meeting between the Prime Minister and the Federal German Chancellor at the Federal Chancellery, Bonn, at 10 a.m. on Thursday, February 13, 1969."
51 TNA, CAB129/141, C (69) 28, "European 250-seater Aircraft," Memorandum by Minister of Technology, March 17, 1968; TNA, CAB128/44, CC (69) 14th Conclusions, March 25, 1969.
52 TNA, T225/3259, "Airbus Tripartite Ministerial Meeting, 10th April, 1969"; TNA, FCO46/413, "Minute of a Meeting Between the British, German and French Ministers Held in London on 10th April, 1969."
53 Lynn, *Birds, op. cit.*, p. 108. リーン『ボーイング vs エアバス』(前掲), 128–129 ページ；TNA, AVIA63/177, Bonn to Foreign and Commonwealth Office, November 29, 1969.
54 TNA, T225/3441, "RB211-Applications in Developed Versions in Lockheed Longe Trijet and A300B,"
55 石川『物語』(前掲), 172–173 ページ。欧州のエアラインは，機材購入に際してメーカーに対するバーゲニングパワーを強めるため機種選定を共通化するグループを形成していた。TNA, FCO70/18, Washington to Foreign and Commonwealth Office, June 24, 1969.
56 TNA, FCO46/427, "Commercial In Confidence," June 23, 1969; TNA, FCO70/18, "Note of a meeting held at Millbank Tower on Wednesday, 9th July"; TNA, T225/3441, *op. cit.*
57 TNA, T225/3441, "Streched RB211," August 5, 1969; TNA, T225/3441, *op. cit.*

第7章 ワイドボディ旅客機開発をめぐる米英航空機生産提携の展開

58 A300B 用の CF6 の生産について,スネクマ(仏)は,25%,MTU(独)は,10%の仕事量を割り当てられた。Hayward, *International Collaboration, op. cit.*, p.130; Garvin, Robert, *Starting Something Big: The Commercial Emergence of GE Aircraft Engines* (Virginia: American Institute of Aeronautics and Astronautics, Inc.,1998), p. 56–57.
59 TNA, T225/3260, Bonn to Foreign and Commonwealth Office, September 6, 1969. 米英独政府間の軍事費オフセット関係については,補論を参照せよ。
60 TNA, T225/3442, "OPD (69) 59," November 6, 1969; TNA, FCO46/413, Bonn to Foreign and Commonwealth Office, November 26, 1969.
61 TNA, T225/3442, "OPD (69) 59," November 6, 1969; TNA, FCO46/413, Bonn to Foreign and Commonwealth Office, November 26, 1969; USNA, RG59, Central Files, 1967–69, Box 757, FN12 GER W, Rogers to American Embassy Bonn, London, September 9, 1969. 英独のオフセット資金活用反対を国務省に対して強く働きかけたのはボーイング社であった。ボーイング社がルフトハンザを主要顧客としていたためと考えられる。
62 TNA, FCO46/413, "Extract from Letter from BR. Emb. Paris (Soams) dated 31 October, 1969"; TNA, FCO46/413, Bonn to Foreign and Commonwealth Office, 31 October, 1969; Endres, Gunter, *McDonnell Douglas DC-10* (England: Airlife Publishing Ltd., 1998), p.93; Endres, Gunter, *Airbus A300* (England: Airlife Publishing Ltd.,1999), pp. 66, 89; 石川『物語』(前掲),173 ページ。

第8章

ロウルズ-ロイス社・ロッキード社 救済をめぐる米英関係
―― 1970-1971 年 ――

はじめに

　企業破産にいたるような経営陣の失敗に際して，政府はいかなる対応をするか。第一の選択肢は，破産するにまかせることであり，第二の選択肢は，公的資金を注入して救済（bail out）することである。国家の威信・雇用・技術開発その他の点で第一の選択肢——破産——が困難であり，投入すべき公的資金が巨大にすぎて第二の選択肢——救済——をすることもできなかった好個の事例が，1970 年秋から 1971 年初頭に賭けてのイギリス・ロウルズ-ロイス社の経営危機・倒産劇である。ロウルズ-ロイス社は，1971 年 2 月 4 日倒産した。この第二次大戦戦勝を支えたイギリスの誇るハイテク企業の倒産は，戦後イギリス史において，1956 年のスエズ危機での敗北以来のイギリスの威信失墜を意味した。イギリス政府高官は，「ロウルズ-ロイス社倒産のニュースは，ウェストミンスター寺院が娼窟になったというニュースを聞かされたようなものだった」とも述べている。[1] ロウルズ-ロイス社倒産の直接の原因は，同社がアメリカ・ロッキード社の旅客機トライスターへ供給することを約束していた RB211 エンジンの開発コストの膨張にあった。ロウルズ-ロイス社は，1968 年，ロッキード社の旅客機トライスターに RB211-22 エンジンを搭載する契約を結んでいた。しかし，1969-70 年にかけて，同エンジンの開発見積額は急速に増大していった。ロウルズ-ロイス社倒産に伴う RB211 エンジン計画中止は，ロ

第8章 ロウルズ-ロイス社・ロッキード社救済をめぐる米英関係

ウルズ-ロイス社1社の倒産にとどまらず、ロッキード社およびトライスターを運航する予定であったエアライン、下請企業などの連鎖倒産危機を招く可能性がきわめて高かった。そのため、1971年2月のロウルズ-ロイス社倒産後、イギリス・ヒース政権、ロッキード社、アメリカ銀行団、アメリカ・ニクソン政権は、計画続行をめぐって交渉を続け、ニクソン政権のロッキード社に対する債務保証により、危機は克服された。本稿は、ロウルズ-ロイス社の倒産にいたるプロセスおよび、英米政府・企業間のトライスター/RB211計画救済のための交渉過程において、ヒース政権がいかに危機に対応したか、その特質を検討するものである。

　ロウルズ-ロイス社倒産・救済劇を扱う基本史料として、① Department of Trade and Industry, *Rolls-Royce Ltd and the RB211 Aero-Engine* (London: HMSO, 1972) cmnd. 4860、② Department of Trade and Industry, *Rolls-Royce Limited* (London, HMSO, 1973) が挙げられる。代表的な研究書として、大河内暁男『ロウルズ-ロイス研究』(東京大学出版会、2001年)は、1971年の同社の倒産とその要因を独自の経営史的視角から、上記①②およびロウルズ-ロイス社決算報告書を基本史料として多面的かつ詳細に検討し、予想外の研究開発費の膨張とロッキード社との価格交渉の失敗を、第一に、経営管理面での「ピアスン＝ハディ体制」の楽観論、第二に、研究開発費の会計処理上での操作による研究開発費用の予算的統制の弛緩、第三に、イギリス政府の航空機産業政策の失敗などの要因に分析した。他方、ロッキード社の経営危機と連邦政府債務保証による救済については、西川純子『アメリカ航空宇宙産業――歴史と現在』(日本経済評論社、2008年)「第8章　苦難の時代」が検討している。ロウルズ-ロイス社倒産・ロッキード社に対する連邦債務保証は、航空機産業史研究において関心を集めてきた事件と言えるが、本章は従来の研究では軽視されてきた国際関係史的アプローチをもって、トライスター/RB211計画の救済がいかに遂行されたのか検討することとしたい。また、大河内の倒産要因論分析と対比して、本章の関心は、ロウルズ-ロイス社が倒産にいたった過程・要因よりむしろ、倒産状態に陥ったロウルズ-ロイス社に対して、ヒース政権がいかなるアプローチをとったか、にある。そのアプローチの特質をあらかじめ定義すれば、企業の経営危機において、無制限の財政資金により救済 (bail out) するのではなく，破綻企業に融資していた利害関係者たる金融機関，提携先を「巻き込み」(bail in)，追加的負担を引き出すことで，破綻企業の事業運営を軌道に乗せることにあった。

本章は，第1節において，1970年秋の6000万ポンド流動性危機とイギリス政府イギリス金融機関による救済過程（「経営危機第一段階」），第2節において，1971年1月下旬から2月4日のロウルズ-ロイス倒産にいたるプロセス（「経営危機第二段階」），第3節においては，倒産後のヒース政権とロッキード社・ニクソン政権のトライスター/RB211計画救済をめぐる交渉過程を，それぞれ対象とした。

第1節 1970年秋6000万ポンド救済パッケージ

1 6000万ポンド流動性危機

表1は，1970年代初頭におけるワイドボディ機（2通路）エアバス及び同規模の軍用輸送機の機体・エンジンの競争状況を示したものである。長距離（太平洋・アメリカ東西両岸横断可能）400席超クラスにおいてはボーイング747の，長距離300席クラスにおいてはマクダネル・ダグラス社DC10による独占が成立していた。中距離300席クラスにおいてはマクダネル・ダグラス社DC10とロッキード社トライスターの競争となっていた。250席クラスは欧州A300Bにより独占されていたが，英BAC社がBAC311で市場参入の機会をうかがっていた。

ロウルズ-ロイス社は，推力4万ポンドクラスのRB211-22計画を実行中であったものの，推力5万ポンドクラスのRB211-61開発の資金力を欠いていたため，300席クラス（長距離）・250席クラス（双発）の機体にエンジンを供給できず，米P&W社・GE社との競争から落伍しかかっていた。また，ロッキード社トライスターもロッキード社自身の資金難とRB211-61の不在により，長距離300席クラスに参入できず，旅客機を中距離機から長距離機まで揃える旅客機のファミリー化においてマクダネル・ダグラス社DC10に対して劣勢であった。

1970年9月初頭，技術省（Ministry of Technology）は，政府がRB211-61を

第8章　ロウルズ−ロイス社・ロッキード社救済をめぐる米英関係

表1　当時の2通路エアバスの競争状況（及び米軍用輸送機C5A）

	機体	エンジン
軍用輸送機	ロッキード C5A	GE CF6 同一機種（5万ポンド級）
長距離400席超クラス	ボーイング747 ④	P&W JT10D（5万ポンド級）
長距離300席クラス	マクダネルダグラス DC10 ③	GE CF6（5万ポンド級）
中距離300席クラス	マクダネルダグラス DC10 ③ ロッキード トライスター ③	GE CF6（5万ポンド級） ロウルズ−ロイス RB211-22（4万ポンド級）
250席クラス	仏独蘭 A300B ②	GE CF6（5万ポンド級） ロウルズ−ロイス RB211-61（5万ポンド級）
	英 BAC BAC311 ②	ロウルズ−ロイス RB211-61（5万ポンド級）

注）②双発機、③3発機、④4発機　300席クラスの3発機ロッキード社トライスターには推力4万ポンドクラスのRB211-22が必要、250席クラスの双発機BAC311ないしA300Bには推力5万ポンドクラスのRB211-61が必要であった。網掛けは計画のみで開発着手されていない計画である。
出典）著者作成。

支援しなかった場合、ロウルズ−ロイス社の経営にいかなる影響が及ぶか打診した。この打診に対して、ロウルズ−ロイス社会長ピアスン（Sir Denning Pearson）は、9月9日付けの書簡で、たとえ現存するRB211-22計画に関わる困難が克服されたとしても、RB211-61計画は必要であると述べた。つづく、9月17日付けの、ロウルズ−ロイス社から、技術省に提出した報告書および5カ年経営計画では、ロウルズ−ロイス社はロッキード社へのRB211-22納入契約を遂行するに当たって、深刻な経営危機に陥っていることを訴えた。RB211プロジェクトの開発費用が、当初想定されていた7490万ポンドから1億3750万ポンドに、約6000万ポンド上昇し、1970年中に必要な追加資金は7000万ポンドにおよび、取締役会は、4000万ポンドの長期新規融資を受けなければ、会社清算は不可避であるとの結論に達した。[3]

10月2日、首相官邸で、バーバー蔵相（Anthony Barber）・キャリントン国防相（Lord Carrington）・デイビス技術相（John Davies）ら関係閣僚によるロウルズ−ロイス社の将来に関する会談が開催された。ヒース首相は、政府が公共支出削減に取り組んでいるまさに今、政府は、ロウルズ−ロイス社からの巨

第1節　1970年秋6000万ポンド救済パッケージ

額の資金援助，直近の4000万ポンド，その後のさらなる金額の支援を要求されている，と報告した。ヒースは，劣悪な経営の責任を取るのは納税者ではなく，株主と銀行家であるべきだと述べた。とはいえ，ロウルズ-ロイス社には軍事用エンジン生産者としての戦略的意義から，ロウルズ-ロイス社を救済するのに必要な最小限度はどこにあるのか，決定しなければならない。バーバー蔵相は，3つの対策を提示した。第一は積極策で，ロウルズ-ロイス社の将来を確固としたものにするためにはBAC311計画用のRB211-61エンジンも開発することが必要とするもので，2億ポンドが必要であった。第二は消極策で，政府資金を全く投入しない方策であった。第三は，中間策で，ロッキード社との契約を達成しうるようRB211-22計画だけを支援するというものであった。デイビス技術相は，バーバー蔵相のいう第三の中間策には，ロウルズ-ロイス社がRB211を推力向上させることによって得られる利益を獲得する機会を逸するため反対で，第一の積極策——BAC311とRB211-61双方の開発支援——が望ましいと論じた。[4]

2　政府の対応——10月15日・19日閣議
①　10月15日閣議

10月15日の閣議では，内閣秘書トレンド（Burke Trend）執筆文書「エアバスとRB211-61エンジン」が検討された。トレンド文書は状況を次のように分析している。もし，RB211-22開発を支持する場合，主要な問題は，BAC311とRB211-61の開発に必要な資金を政府が提供するかどうかにある。BAC311/RB211-61は，従来の内閣が支援してきた計画よりも成功する可能性が高いプロジェクトである。BAC311/RB211-61開発に必要な政府資金は1億4400万ポンドという巨額にのぼるため，より現実的な選択肢には以下のようなものがある。第一に，国営エアラインBEAにはロッキード社トライスターを購入するよう薦めるというものである。この場合，政府支出はゼロである。しかし，この選択肢は，ロウルズ-ロイス社とBAC社に確かな将来をもたらすものではない。第二の選択肢は，欧州エアバスA300B-7とRB211-61を開発支援する方途である。この場合，政府支出は，7000万〜9000万ポンドと見込まれる。この場合の問題は，RB211-61を搭載したA300B-7バージョンの

販売見込み数が，RB211-61 は GE 社 CF6 エンジンと競合してエアラインに提供されるため，限定されている点にある。ロウルズ-ロイス社及び技術省は，A300B-7 を，RB211-61 を開発するに足る十分な基盤とはみていない。しかしながら，アメリカへの全面的依存に比べると，欧州航空機産業との提携は政治的には利点がある。第三の選択肢は，BAC311 をアメリカ製エンジン搭載で開発支援する道である。この場合の政府支出は 8400 万ポンドである。決断は緊急にされなければならない。というのも，BAC 社は，政府の開発支援がなければ，10 月末以降は BAC311 の開発を継続できないと伝えてきているからだ。[5]

10 月 15 日の閣議において，デイビス技術相は，ロウルズ-ロイス社の経営状況について次のように報告した。8 月中旬，ロウルズ-ロイス社は，同社が深刻な経営危機に陥っていると次のように報告してきた。RB211-22 の開発コストが 1 億 4000 万ポンドと 2 倍化し，ロッキード社との契約履行のためには 6000 万ポンドが追加で必要になっている。この経営状況が明らかになり，必要な資金手当がされる見通しが立たなければ会社は清算される見込みである。したがって，政府はロウルズ-ロイス社を救済するかどうか，決断を迫られている。[6]

② **10 月 19 日閣議**

10 月 19 日の閣議では，内閣は次の 2 つの選択に対する決断を迫られた。第一に，推力 4 万ポンドクラスのトライスター用 RB211-22 の開発を支援するか？第二に，推力 5 万ポンドクラスの RB211-61（BAC311・A300B 用）を支援するかどうか？の 2 点であった。デイビス通商産業相（Secretary of State for Trade and Industry）は，BAC311/RB211-61 双方の開発見込額は 1 億 4400 万ポンドにおよび，政府は開発資金の全額を回収できる見込みはない。しかし，イギリスが，亜音速の民間航空機とエンジンを開発する能力を維持しようと思うのなら，BAC311/RB211-61 双方の開発はまたとないチャンスである。したがって，私の見解では政府は BAC311/RB211-61 双方を開発支援するべきであると述べた。これに対して，バーバー蔵相は，次のように述べた。「英仏コンコルド計画から撤退できず，BAC311/RB211-61 へ開発支援した場合，『公共支出白書』（White Paper on Public Expenditure）の目標を遵守することはできない。もし，政府が RB211-61 エンジンの開発支援をしなければ，ロウルズ-

第1節　1970年秋6000万ポンド救済パッケージ

ロイス社が，主導的な大型民間エンジン生産者にとどまれないのは明らかだが，たとえ，RB211-61を開発したとしても，ロウルズ-ロイス社が"big league"（米P&W社・GE社と並ぶビッグスリー）にとどまることができるのは，次世代エンジンの開発が始まるまでの一時期に過ぎない。」バーバー蔵相は，オブライエン（Leslie O'Brien）・イングランド銀行総裁の見解を次のように紹介した。政府がRB211-61を支援するのであれば，シティは1500万～2000万ポンドを支出するであろう。その際，イングランド銀行（Bank of England）も1000万ポンドを出すはずであるから，政府は，RB211-22に4000万ポンドと，BAC311/RB211-61に1億5000万ポンドを出せばよい。しかし，政府がRB211-22しか支援しないのであれば，イングランド銀行を含むシティ金融機関は1000万ポンドしか出さない。したがって，政府は5000万ポンドを支出する必要がある。

　内閣は，2つの選択肢をめぐって討論を加えたが，以上の内閣の討議をふまえ，ヒース首相は次のように結論を述べた。「内閣は，ロッキード社トライスター用のRB211-22エンジンを完成させるための開発支援をすることに合意した。他方，内閣は，BAC311とRB211-61の開発支援をすることに合意しなかった。多くの閣僚は，国家資源を非経済的なプロジェクトに投入するべきではないと考えた。一部の閣僚は，イギリス航空機産業を維持するために，欧州航空機産業との提携が有効ではないかと考えた。この点に関しては，デイビス通商産業相が仏独の代表者と会談して仏独との提携の可能性を探ることになった。RB211-22支援については，バーバー蔵相は，オブライエン・イングランド銀行総裁に対して，RB211-22支援については，シティがロウルズ-ロイス社救済に実質的な役割を果たすことを前提としていること，BAC311とRB211-61について内閣は何の決断も下していないことをシティ金融機関に伝えるよう」に述べた。[7]

　10月27日の閣議で，デイビス通商産業相は，仏独蘭閣僚との会合の結果を次のように報告した。「仏独蘭政府はイギリス政府へA300B計画への再参加を打診してきた。しかし，A300Bの販売見通しは芳しくなく，とりわけRB211-61エンジンを搭載したバージョンの販売見通しは暗い。各国政府は，各国国営エアラインにエンジン選択の自由を許すだろう。したがって，BAC311

が依然として有望なプロジェクトである。」閣僚の討議では，RB211-22開発のための6000万ポンドについて，シティは，彼らのロウルズ-ロイス社への投資を保全するために，一定の貢献をしなければならないという見解が示された。ヒース首相は会議をしめくくって，次のように述べた。「内閣は，BAC311，およびA300Bも支持するべきではないという見解に傾いているようであるが，この点についての決定は，今後再開される仏独蘭政府との協議を待つことにしたい。ロウルズ-ロイス経営危機打開のための6000万ポンドについては，政府が6000万ポンド全体を支出するのではなく，シティが一定の貢献をするべきである。」[8]

3　ヒース首相・シティ代表者会談
①　ヒース首相・シティ代表者会談

　10月28日，ヒース首相，バーバー蔵相，オブライエン・イングランド銀行総裁は，銀行・保険会社の代表らシティ代表者と会談した。ヒース首相は，シティ代表者にロウルズ-ロイス社の現状を説明した。ロウルズ-ロイス社はRB211-22の開発について6100万ポンドの損失を推定している。さらに，500基のエンジンを生産するのに4500万ポンドの損失を見通している。そのため，同社は，RB211-22を完成させるために6000万ポンドの資金注入を必要としている。ヒース首相の説明に対して，銀行・手形引受商社は，ロウルズ-ロイス社に対して7000万ポンドの貸出枠を設定しており，そのうち5200万ポンドを既に貸し出し実行しており，1800万ポンドが未執行であると説明した。ヒース首相は，ロウルズ-ロイス社の将来はRB211-61あるいはBAC311に依存していないと指摘した。こうしたヒース首相の説明に対して，銀行側は次のように答えた。銀行側は既に最大限の貸し出しをしている。もし，政府がRB211-22の完成に必要な6000万ポンドを支出するならば，ロウルズ-ロイス社に設定している7000万ポンドの貸出枠のうち未執行の1800万ポンドを貸し出すであろう。しかし，もし政府が支出しないのであれば，現在の貸出額5200万ポンドを越えて貸し出すことはしない。これに対して，ヒース首相は，政府は「青天井（open-ended）」のコミットメントはしないと言明した。[9]

　10月30日，閣僚の会合で，ヒース首相は，独立の会計コンサルティング会

第1節 1970年秋6000万ポンド救済パッケージ

社，可能ならクーパー・ブラザーズ（Cooper Brothers & Co）による，ロウルズ-ロイス社の財務状況に対する調査が必要であると述べた。この調査結果から，政府のロウルズ-ロイス社経営危機への財政負担を決めるべきだと語った。同日午後，ヒース首相は，オブライエン・イングランド銀行総裁，コール（Lord Cole，ユニリーバー前会長）と会談した。彼らは，コールのロウルズ-ロイス社会長就任の可能性について検討した。首相は，ロウルズ-ロイス社に対して，独立の会計コンサルティング会社による RB211-22 開発費用の調査と経営陣の刷新を条件として，RB211-22 開発費用超過額 6000 万ポンドの 70% にあたる開発援助を政府が用意していると語った。コールは，自身のロウルズ-ロイス社会長就任については，同社に対する金融支援が整うまでは就任できないと語ったものの，イングランド銀行総裁とともにシティ金融機関に打診することに同意した[10]。

11月3日の閣議では，ロウルズ-ロイス経営危機の打開策が検討され，関係閣僚は次の2点を提起した。第一に，ロウルズ-ロイス社の新会長として，コールを任命し，同社の財務的再建に着手させる。第二に，独立の会計コンサルティング会社に，RB211-22 完成に必要な最低額を調査させる。これらの措置がなされた後に，6000 万ポンドの 70% にあたる 4200 万ポンドの政府支出を検討する。この場合，シティが残る 1800 万ポンドを支出する責任が残るスキームであった。同日，首相秘書アームストロング（Robert Armstrong）はコールに，政府は，国益に鑑みて，6000 万ポンドの 70% 相当額を開発支援する用意がある，とする書簡を送った[11]。

11月4日，ヒース首相はオブライエン・イングランド銀行総裁およびコールと会談した。オブライエンとコールは，ミッドランド銀行（Midland Bank）とロイズ銀行（Lloyds Bank），イングランド銀行が 1800 万ポンドの特別融資を行う条件について報告した[12]。11月5日，関係閣僚が，銀行側が提案した条件について検討した。銀行側の提示した条件は，政府が 4200 万ポンドを開発支援することであった。また，銀行側が融資する 1800 万ポンドの返済が終わるまでは，政府支援に対する払い戻しは行われないという条件であった。1800 万ポンドの内訳は以下のようであった。イングランド銀行が 800 万ポンド，ミッドランド銀行・ロイズ銀行が各 500 万ポンド，合計 1800 万ポンドを融資す

る。11月6日,クーパー・ブラザーズのベンソン(Sir Henry Benson)が政府の要請により,ロウルズ-ロイス社の調査を開始した。クーパー・ブラザーズは,11月9日,次のような報告書を提出した。ロウルズ-ロイス社のRB211-22完成に向けての資産を精査する時間はないが,同社の資料を基礎とするかぎり,政府が銀行とともに開発支援することに同意するという内容であった。

② 6000万ポンド救済パッケージの成立

11月9日,ロウルズ-ロイス社と銀行は,6000万ポンド追加融資について次のように取り決めを結んだ。第一に,政府は,RB211-22に対する開発支援として4200万ポンドを供給する。第二に特別融資として,イングランド銀行・ミッドランド銀行・ロイズ銀行が合計1800万ポンドを融資する。11月10日,関係閣僚による対策会議が開催された。閣僚らは,ロウルズ-ロイス社に対する4200万ポンドの開発支援支出に同意した。11月11日,コールは,ロウルズ-ロイス社取締役会の新会長に選出された。

12月1日,内閣は,イギリスの欧州エアバス復帰問題とBAC311/RB211-61開発支援問題を討議し,ヒース首相は次のように述べた。「欧州エアバス復帰問題については,仏独蘭政府は自国の国営エアラインにRB211-61を搭載したA300B-7を購入するよう圧力をかけるといってきており,RB211-61エンジンの開発についてもコストとリスクを共有するといっているが,その内容は消極的なものだし,何の保証もない。故に,欧州エアバス復帰は利益がないから見送ることとしたい。BAC311/RB211-61については,まず,BAC311にアメリカ製エンジンを搭載するのは望ましくない。また,内閣はRB211-61を搭載したBAC311を開発する利点については承知しているが,まず,ロウルズ-ロイス社にこのエンジンを開発する能力があるかどうか疑問が残る,また,コンコルドその他の政府支出を考慮すると,政府には開発支援する資金的余裕がないので,BAC311/RB211-61の開発も見送る。」つまり,BAC311, A300B双方およびRB211-61を支援しないという決定を下した。

第2節　ロウルズ-ロイス社破産決定

1　ロウルズ社取締役会（1月26日）
① 　ロウルズ-ロイス社から航空供給省への通告

　1971年1月20日，ロウルズ-ロイス社会長コールは，1月19日に開催されたロウルズ-ロイス社執行委員会（Executive Committee）の協議をふまえ，会計コンサルタント会社・クーパー・ブラザーズのベンソンに会いロウルズ-ロイス社の状況を報告した。この時点で，同社には事実上2つの選択肢しか残されていなかった。第一は，RB211の開発を中止するという選択で，第二は，計画を完了するために納期の遅延についてロッキード社と交渉する道であった。もし，RB211の開発を中止したとすると，政府による追加的開発資金の支援は失われることになる。他方，納入遅延の場合は，ロッキード社と納入予定エアラインから，契約違反による違約金が請求されることになる。違約金は，納入遅延について5000万ポンド，開発中止の場合は3億ポンドにのぼると見積もられた。どちらのコースの選択も，財務的意味合いは極めて深刻であった。[17]

　1月21日，ロウルズ-ロイス社は，ベンソンの協力により，航空供給省に提出する次のようなメモランダムを作成した。「ロウルズ-ロイス社は深刻な事態に陥っていて，ここ数日の間に，RB211の技術的再検討が行われた。その結果，現在の開発・生産計画は納期に間に合わないことが判明した。また，納入期限は，最低限6ヵ月，可能ならば12ヵ月の遅延が必要である。したがって，ロウルズ-ロイス社には，次の2つのコースしか残されていない。『コース1』は，RB211の即時開発中止，『コース2』は，技術的問題が解決することに期待して開発中止を延期する，である。『コース2』は非現実的である。なぜなら，ロッキード社は，納入遅延を拒否し，アメリカ製エンジンの搭載を考えるからである。この場合，他に搭載機のないRB211は開発を中止せざるを得ない。上に挙げたどちらのコースを選択したとしても，銀行からの5000万ポンドと手形引受商社の2000万ポンドの金融支援では対応できない。『コース1』『コース2』いずれかに必要な救済策が見出されない場合，ロウルズ-ロイス社取締役会は，同社が既に破綻しているとみなして，ロウルズ-ロイス社を即時

第8章 ロウルズ-ロイス社・ロッキード社救済をめぐる米英関係

清算しなければならない。」[18]

1月22日午前9時30分，新経営陣（コール会長）とクーパーブラザーズのベンソンは，ロウルズ-ロイス社が深刻な経営危機に陥っていることを航空供給省のメルビル（Sir Ronald Melville）に報告した。ロウルズ-ロイス社取締役会が，政府がRB211エンジン計画の継続を広い国益の観点から支援することを決断しないかぎり，RB211計画を停止し，ロッキード社との契約を破棄すると決定したこととのことであった。[19]

② ロウルズ-ロイス社取締役会

1月26日，ロウルズ取締役会が開催され，19日の執行委員会見解（RB211開発停止）を承認した。さらに，最新のコスト見積もりを検討した結果，RB211計画が継続されたとすると，1億ポンドが必要なことが判明した。さらに，ロッキード社とエアラインへの契約違反によるペナルティが6000万ポンド以上におよぶことも明らかになった。検討の結果，取締役会は，ロッキード社および政府との協議を留保条件として，RB211開発中止を決定した。[20]

2 緊急閣僚委員会

① ベンソンの首相訪問

1月27日水曜日午後7時15分，ヒース首相のもとを，航空供給省のメルビルとベンソン（クーパー・ブラザーズ）が訪問した。ベンソンは次のように述べた。「ロウルズ-ロイス社は管財人を任命するより他に方策はない。銀行借入は限界に達しており，取締役会は，納入期限内にRB211計画を遂行する何の見通しも持っていない。現在のロッキード社との契約では，エンジンを1基生産するごとに11万ポンド損失を出すことになる。」ロウルズ-ロイス社の崩壊は，ロウルズ・エンジンを使用するイギリス空軍とエアラインに深刻なダメージを与える。提案としては，管財人が任命された後，政府が，ロウルズ-ロイス社の航空エンジン事業部が事業を継続できるよう適切な価格でこの事業部を継承することである。[21]

② 閣僚委員会（1月29日）

1月29日金曜日午前10時，ヒース首相を議長とし，外相・財務相・通商産業相・司法長官・航空供給相ら主要閣僚を出席者とする緊急閣僚委員会が開催

された。航空供給相コーフィールドが作成したメモランダムは，政府がとりうる方策として次のいくつかの方策を提示した。第一に，ロッキード社が納入遅延を認めることを前提として，RB211開発継続を支持する。その場合，1億1000万ポンドの政府負担が必要で，ロッキード社が納入遅延に関わるペナルティを請求しないとは考えにくい。第二に，RB211の開発中止を認めると同時に，ロウルズ−ロイス社が倒産するのを回避する。この場合の政府負担は7000万ポンドで，ロッキード社が莫大な賠償を請求してくるリスクがある。第三の方途は，一・二の道はとらず，ロウルズ−ロイス社を倒産するにまかせ，政府はロウルズ−ロイス社の管財人から適切な資産を購入するよう交渉する道である。コーフィールドは，これらの方途のうち，第三の選択肢──RB211は開発を中止するというロウルズ−ロイス社取締役会の結論に同意し，ロウルズ−ロイス社を管財人の管理下に置き，政府は必要な資産を購入すること──を勧告すると記した。ヒース首相は，閣僚委員会は，政府にとって唯一の可能な選択肢──第三のコース──に合意したと述べた。[22]

③ アメリカ政府への通告

ロウルズ−ロイス問題についてのヒース首相からニクソン大統領への親書が作成された。この親書は，キッシンジャー大統領補佐官（Henry Kissinger, Assistant to President for National Security Affairs）を通じて，大統領の目のみに触れるよう手配された。親書は，ロウルズ−ロイス社の苦境を次のように記している。「ロウルズ−ロイス社は，政府に対して，RB211エンジンの開発・生産を中止すると通告してきた。納期までエンジンを引き渡すことができず，生産したとしても，1基生産するごとに損失が発生し，財務的に支持することができない。ロッキード社はこのロウルズ−ロイス社の状態を2日火曜日のイギリス来訪時に知ることになろう。ロウルズ−ロイス社の財務状況は，2億ポンドの負債を抱えて絶望的といえ，さらにRB211開発キャンセルについてのロッキード社からの損害賠償のリスクにさらされている。このため，同社は清算の道を選択した。可能性は低いが，ロッキード社との交渉ではかばかしい成果が得られなければ，3日水曜日に管財人が任命されることになるだろう。イギリス政府はいかに対応するかを検討した。ロウルズ−ロイス社は上に述べたような，2億ポンドの負債とロッキード社からの損害賠償請求の可能性を負って

いるため，政府が同社を支援することは想定外で，同社を破産するに任せることにした。我が国のみならず多数の国の空軍とエアラインは，ロウルズ-ロイス社の航空エンジンに依存している。したがって，我々は，管財人が任命された直後に，同社の航空エンジン・航海用エンジン資産を購入し，空軍・エアライン関連の事業を継続できるような政府所有の会社を設立することを決めた。管財人は，同社の社債保有者に対して責任を負い，同社の残存資産は債権者の請求にさらされることになるが，イギリス政府自身は，これらの請求に対して何の責任も有しない。こうした事態は，イギリス国内経済に深刻な影響をもたらすだけでなく，ロッキード社に対して打撃を与えるだろうし，これはアメリカ産業界・金融界の支持を得られるものではないだろう。このことが，私があらかじめあなたに事態を通告した理由である。」[23]

3 ホートン―イギリス側協議

① ホートン，ロンドン到着（2月2日）

2月2日火曜日午前中，ロッキード社会長ホートン（Daniel J. Haughton, Chairman of Lockheed Aircraft Corporation）がロンドンに到着し，ロウルズ-ロイス社会長コールからロウルズ-ロイス社の経営危機を通告される。この時点までロウルズ側はロッキード社に対して経営危機を一切通知していなかった。ホートンはコールに対して「あなた方は自分達が何をやろうとしているのかがわかっているとは，（私には）とても思えない」と語った。[24]

同日午後4時30分，ロッキード社とロウルズ-ロイス社・コーフィールド航空供給相の会談がもたれた。ロッキード社代表は会議で次の点を指摘した。第一に，RB211の開発中止は，ロッキード社だけでなくいくつかの下請業者・少なくとも2つのエアラインを連鎖倒産に追い込むことになる。第二に，破産し，管財人の管理下にある会社からエンジンを購入するエアラインはない。第三に，ロッキード社は，問題を解決するためにより多くの時間を与えられるべきである。第四に，RB211開発中止は，イギリスのビジネス界における信用を失墜させるであろう。これに対して，コール会長は，ロウルズ-ロイス社側から次の3つの要求をロッキード側に伝えた。第一に，RB211エンジンの価格を，新たに判明した開発・生産コストを賄うのに十分な価格，1基当たり10

万ポンド引き上げることにロッキード社が保証を与えること。第二に、納入遅延についての損害賠償請求を放棄すること。第三に、ロウルズ-ロイス社が必要としている資金注入が緊急に行われること。ホートンは、ロウルズ-ロイス側の3つの要求に応えず、翌朝に協議を再開することに両社は合意した。[25]

② ロッキード社・ロウルズ-ロイス社会談

2月3日水曜日早朝、ロウルズ-ロイス社とロッキード社は会談を開始した。ホートンは、ロッキード社の立場を確定するためにもっと時間が得られるよう要請した。彼は、現時点では何も保証は出来ないと述べた。ロッキード社は、ロウルズ-ロイス社に与えうる財務的余力を有していない。ロッキード社に融資している銀行団は態度を決定するのに30日は要求するであろう。アメリカ政府が、銀行団に対して、ロッキード社へのさらなる融資をするように圧力をかけるとは思われないし、もしそうなったとしても銀行は抵抗するであろう。たとえアメリカ政府が、ロッキード社を救済しようとしても、議会での立法措置が必要となる。ロッキード社が納入遅延についての損害賠償を放棄したとしても、納入予定エアラインは損害賠償を放棄しないであろう。

9時30分には、双方は、以下の諸点について現状を確認した。第一に、次の諸措置がなければ本日中の破産宣告は不可避である。まず、イギリス政府が1億ポンド以上の支出に合意する。他方、ロッキード社が以下の3点、①エンジン価格の引き上げ、②契約違反に関わるすべての請求の放棄、③12ヵ月までの遅延の容認、を認めるよう保証する。第二に、ロッキード社は検討すべき時間がなく、銀行団との協議抜きに、上記の諸保証をロウルズ-ロイス社に与えることはできない。第三に、エアラインからは契約違反について請求のリスクが存在する。第四に、アメリカ政府による財政援助は疑わしく、政権にその意思があったとしても、アメリカ議会による立法が不可欠である。[26]

③ ヒース＝ホートン会談

2月3日午後1時30分、ヒース首相はホートン・ロッキード社会長と会談をもった。ホートンは次のように述べた。「イギリスに来て、ロウルズ-ロイス社の苦境は理解したが、これは彼にとって大きな衝撃だった。トライスターのためにRB211以外のエンジンをみつけることは可能だが、これは計画を1年以上遅らせることになるので、RB211がやはり必要である。ロッキード社に

融資している銀行団は，ロッキード社がRB211エンジンを確保することができれば，同社への支援を続けるだろうが，ロウルズ－ロイス社に対して追加的融資を伴う約束をすることはできない。私は，ロッキード社の取締役会，銀行団，エアラインに状況を説明しに帰らなくてはならない。」

ヒース首相は，次のように述べた。「前政権時の4700万ドルの開発支援，昨年10月のさらなる4200万ドルの開発支援と，既に政府はロウルズ－ロイス社に対して巨額の援助をしている。現時点において，ロウルズ－ロイス社とイギリス政府は，それぞれの法的問題に直面している。ロウルズ－ロイス社の取締役は，会社が破綻状態にあることを認識しながら取引活動を続けた場合，個人的賠償責任が生じる。これは政府にもあてはまり，破綻するとわかっている企業に資金注入を続けた場合，その企業に対する賠償の責任にさらされることになる。したがって，ロッキード社が要求する時間的猶予に対応することはできない。解決策は，ロッキード社が，納入遅延，契約違反についての損害賠償請求の放棄，エンジン価格の上昇について受け入れる用意があるかどうかにかかっている。これらの諸点について，ロッキード社の保証が得られなければ，イギリス政府はこれ以上のロウルズ－ロイス社に対する財政支援を正当化しえない。」[27]

④ 閣　　議

2月3日午後4時に閣議が開始された。閣僚は，ヒース首相がニクソン大統領に電話で会談する際に，次の「コース1」と「オルタナティブ・コース」のどちらをベースに話をするか検討した。「コース1」は，米英両政府が以下のような措置をとるというものであった。アメリカ政府が，ロッキード社に財政支援を与える。ロッキード社は，エンジン価格上昇に同意する。ロッキード社とエアラインは，12ヵ月までの納入遅延を認める。ロッキード社およびエアラインは，原契約の違反に関わるすべての請求を放棄する。他方，イギリス政府はロウルズ－ロイス社に対して1億ポンドまでの追加財政支援を行う。この措置によりロウルズ－ロイス社は救われる。イギリス政府は，エンジンの技術的成功に対するいかなる保証も与えない。「オルタナティブ・コース」は，以下のような内容であった。第一に，ロウルズ－ロイス社の管財人が2月4日木曜日に任命される。第二に，管財人はRB211契約を放棄する。第三に，イギ

リス政府は直ちに航空エンジン事業を購入する。第四に，ロッキード社は，イギリス政府により運営される新会社と適切な価格と納入時期についての条件について再交渉を行う。その交渉内容は事実上「コース1」と同内容である。閣議では，ニクソン大統領に対する提案としては，「オルタナティブ・コース」をとることが大勢の見解であった。[28]

⑤ ヒース＝ニクソン電話会談（午後6時30分）

　午後6時過ぎに，ヒース首相とニクソン大統領の電話会談が開始された。ヒース首相は，同日ホートン会長と会談した内容を次のように伝えた。「事態は，ロウルズ－ロイス社が破産状態に陥ったことを意味する。法的な問題から，管財人の即時任命が不可避である。あなたとは，ロウルズ－ロイス社の破産がロッキード社にもたらす影響について話し合いたい。ロッキード社にとっては，エンジンの納入遅延と価格上昇が問題になるであろう。ホートン会長は，昼の会談で，追加的金融支援を獲得するには30日は必要であると語り，私もこの発言に納得した。会談において，私は，管財人が任命され，旧契約を破棄したら，政府所有の新会社と新契約を締結することが可能であろう」と述べた。ニクソン大統領は，もしロッキード社が金融的措置を獲得したら，新たな契約を交渉することは可能であるか，と尋ねた。ヒース首相は，「イエス」と答えた。ニクソン大統領は，ロウルズ－ロイス社がロッキード社と新たな契約を結ぶことを望むと語った。「我々の目標は，最終的に，ロッキード社が航空機の開発・生産を継続し，新契約を結び，金融支援をとりつけることにある。これが，我々が取り組まなければならないことである。」ヒース首相は，再び「イエス」と答え，「そして我々はできうるかぎりポジティブでなければない」と語った。[29]

　閣議が再開され，ヒース首相はニクソン大統領との会談内容を報告した。「もし，ロッキード社が，我々の『オルタナティブ・コース』にあるRB211エンジン完成のための要求を受け入れる立場を示したら，ロッキード社は，ロウルズ－ロイス社破産後の後継会社と新契約について交渉に入ることができる。ニクソン大統領は，アメリカ政府は，ロッキード社への追加的金融支援を含むイギリス側の本質的な要求について検討をすると語った。我々は声明を公表するにあたって，RB211計画が新契約の下で遂行される可能性を示すようにできうる限りポジティブな表現をもちいなければならない。」[30]

第3節　ロウルズ–ロイス社・ロッキード社救済交渉

1　イギリス政府の再検討
①　英政府 RB211 再調査開始

2月4日木曜日，ロウルズ–ロイス社は倒産した。倒産翌日の2月5日，ヒース首相は，キャリントン国防相を複雑な性格を有するロウルズ–ロイス問題を取り扱う責任者に任命した。2月10日，パッカード米国防副長官は，キャリントン国防相との電話会談で次のように伝えた。「選択肢は広く開かれている。アメリカのエアラインは，トライスター計画の遅延については深刻な心配はしていない。しかし，彼らは，RB211 の納入時期・価格・性能についてのロウルズ–ロイス社とイギリス政府の確約を欲している」と。キャリントン国防相は，クック（Sir William Cook）を議長とする RB211 に対する独立調査委員会を発足させ，RB211 開発継続の可能性があるか否かをめぐる再調査のためのコスト検討を依頼した。

②　アメリカ金融界の見解

イギリス政府によるロウルズ–ロイス社倒産決定は，アメリカ航空機産業・エアライン双方に債権者として重大な利害を有していたアメリカ銀行界から冷たい反応をもって受け止められた。2月12日，イギリスのマーチャントバンカーのキース（Sir Kenneth Keith）は，アームストロング首相秘書との電話会談で，アメリカ銀行界の反応をイギリス政府に伝えた。「私は，一昨日，ロッキード社の主幹事行であるバンカーズ・トラスト（Bankers Trust）会長ムーア（William Moore）と相談する機会をもった。ムーアによれば，ロッキード社の技術陣は依然として RB211 に強い信頼を寄せている。また，エアラインはもう少しエンジンに支払うことができるであろうし，ロッキード社も同様である。そうであれば，銀行ももう少し金を出すことになるであろう。つまり，『オレンジは3つにカットすることができる』と述べ，エアライン・ロッキード・銀行はもう少しずつ払うことができることを示唆した。他方，次のことは確実である。万一，イギリス側に協力の姿勢が欠如し，ロッキード社が破産したら，その反響は深刻で多年にわたって我々（イギリス）は許されないであろう（"we

第3節　ロウルズ-ロイス社・ロッキード社救済交渉

will not be forgiven for very very many years")。ロウルズ-ロイス社が破産したからといって，我々（イギリス）の責任がなくなったとは（アメリカの）誰も考えていない。ムーアはアメリカ銀行団の代表として非常に高い権限を与えられている。」アームストロング首相秘書は，キャリントン国防相とヒース首相にキースの見解を直接伝えると約束した。[34]

2月12日，コナリー（John Connally）米財務長官は，駐米大使クローマー（Lord Cromer）に対して，ニクソン政権のロウルズ-ロイス社倒産に対する見解を伝えた。ロウルズ-ロイス社倒産当初，ロッキード社は，トライスターのエンジンをP&W社かGE社のエンジンに変更する可能性があるように思われた。しかし，設計・価格において変更は問題があり，RB211使用の継続が現実的であることがわかった。ロッキード社は，エアライン（TWA・イースタン）から2億ドル，下請契約者に7億5000万ドル，銀行に3億5000万ドルの債務を有しており，同一の銀行団がこれらの会社にも貸し出している。トライスター計画中止によるロッキード社の破綻はTWAの破綻を招くことは必定であり，国民経済に与える影響もはかりしれない。ニクソン大統領は，クローマーに事態の深刻さを認識してほしいと願っている。コナリーは，アメリカ側は，ロウルズ-ロイス社の破産宣告の取り扱い方に不満をもっていると述べた。ホートン会長は，RB211契約の再交渉にたった1日しか猶予を与えられなかった。このことは，イギリス政府が事前にロウルズ-ロイス問題を知悉していたかのような印象を与える。クローマーは，イギリス政府は，ロウルズ-ロイス社の破産宣言寸前までロウルズ-ロイス社の財務的変調を知らず，ロウルズ-ロイス社とイギリス政府の何らの共謀はあり得ないと答えた。コナリーは，それを聞いて安心したと答えるとともに，しかしながら，明確にしておかなければならないのは，もしロッキード社が倒産したら，その結果は極めて巨大であり，アメリカ政府は深刻な意思表示をしなければならない，ということだ。この会談をふまえ，クローマーは，ロウルズ-ロイス問題に関するアメリカ政府の責任者はコナリー財務長官であり，パッカード国防副長官は技術的側面を取り扱う立場にあることを確認した。[35] コナリーの懸念に対して，ヒース首相は，クローマー駐米大使に，コナリーに対して次のことを確約するよう伝えた。「我々はネガティブでも敗北主義でもなく，現実主義にたっている。我々はトライス

245

ター/RB211プロジェクトを潰してしまうことを望んでいない。RB211計画を完了するためにできるだけのことをやろうと決意している。[36]」

2月19日、ムーア・バンカーズ・トラスト会長は、バンク・オブ・アメリカ副社長とともに、オブライエン・イングランド銀行総裁を訪問し、アメリカ側の状況を説明した。「バンカーズ・トラストとバンク・オブ・アメリカは、ロッキード社とトライスター購入を予定している3エアラインに融資する24行の銀行からなる銀行団の共同代表である。約15億ドルの融資枠が設定され、そのうち3分の2以上が既に引き出されている。銀行は、RB211計画の失敗がもたらす結末に非常な関心を寄せている。RB211について、早急に結論に達することの必要性を強調したい。エアラインは、トライスターをやめて他の機種を購入するとしたら多大な損失を被ることになるが、『逃げ出す（cut and run)』可能性はある。一旦、主要エアラインが『逃げ出し』たら、トライスター計画全体が破綻してしまう。アメリカ政府は、ロッキード社の存続に、国防上の理由、国内雇用の観点、国際収支の観点から、強い関心を持っている。」オブライエン総裁は、ムーア会長が示したロッキード・ロウルズ–ロイス問題についてのアメリカ銀行界の関心を知り得たのは有益であったと述べ、アメリカ銀行界の見解をイギリス政府に伝えると述べた。[37]

③　イギリス政府原案（RB211共同開発案）

2月25日の閣議では、対ロッキード社交渉におけるイギリス側の方針が検討された。キャリントン国防相は、クック調査委員会は次の3つの問題の精査を求められたと述べた。第一に、RB211エンジンは実行可能なプロジェクトなのか？第二に、実行可能だとしたら、いつまでに納入可能なのか？第三に、損失を回避するためには、原契約からのどの程度のエンジン価格上昇が必要なのか？これらの問題に対して、クック調査委員会は、第一に、エンジン開発の技術的トラブルは克服しうると回答した。第二に、納入時期については、原契約より6ヵ月遅延であれば推力3万7000ポンドまで、1973年初頭には推力4万2000ポンドを出力することが可能であると述べた。第三に、エンジン価格上昇については、1基当たり15万ポンドのエンジン価格上昇で生産費用は回収可能であると見積もった。キャリントン国防相は、自らが議長をつとめるロウルズ–ロイス問題閣僚委員会を代表して、上記のコスト見積りに基づき、次

第3節　ロウルズ−ロイス社・ロッキード社救済交渉

のような交渉方針で，ロッキード社との交渉に臨むよう勧告した。第一に，エンジン価格は，エンジン生産コスト全費用をカバーするよう上昇させること。第二に，残存する開発費用の負担割合は，ロッキード側とイギリス側とで50対50で分割すること。第三に，ロッキード社は原契約にある納入遅延についてのペナルティ請求を放棄すること。第四に，納入遅延は原契約から9ヵ月遅延が認められるとともに，さらに3ヵ月の遅延についてはペナルティが課せられないこと。第五に，イギリスはロッキード社自身の財務状況に対する適切な保証を求めること。ヒース首相は，議論を総括して，3月2日からの対ロッキード交渉は，ロウルズ−ロイス問題閣僚委員会が勧告する交渉方針に基づいた交渉を行い，強硬姿勢で臨むよう発言した。[38]

④　3月2〜4日交渉

3月2日から4日まで，ホートンは，ロンドンを訪問し，イギリス政府とRB211開発継続問題について交渉した。3月3日午後の会談では，キャリントン国防相からホートンに以下のイギリス政府案が提示された。第一に，イギリス政府は6000万ポンドまで追加開発費用を負担し，それ以上の開発費用については，ロッキード社が負担する。第二に，ロウルズ−ロイス（1971）社[39]とロッキード社は共同で，RB211計画を運営し，損失・利潤を共有する会社を設立する。第三に，原契約よりエンジン1基当たり14万ポンドの価格引き上げを行う。これは，合計646基として総額9100万ポンドに相当する。第四に，双方が計画を遂行するための適切な保証を得る。第五に，原契約にある納入遅延に関わるペナルティは放棄される。これらのイギリス政府提案に対してホートンは次のように回答した。ロッキード社がこれ以上の金融的負担を負うことは極めて困難である。14万ポンドのエンジン価格上昇は，非現実的である。ロッキード社自身がエンジン価格上昇を吸収するのは不可能であるし，エアラインに提示すれば，1機あたり100万ドルの価格上昇となり，他の機種選択に追いやることになる。RB211運営のための共同会社設立は，次の理由から受け入れがたい。まず，エアラインが信用しないであろう。また，ロッキード社に信用を供与する銀行が，ロッキード社がこれ以上のリスクを負担することを許さないであう。エンジン価格についていえば，4万2000ポンドまでの価格上昇は認める用意がある。キャリントンが，トライスター計画を遂行するため

の保証の見通しについて問うと，ホートンは，そのような保証を与える見通しはなく，銀行もアメリカ政府もそのような保証を与えないであろう，と答えた。[40]

3月4日午前中に開催された閣議では，キャリントン国防相が交渉の進捗状況を報告した。キャリントンは，交渉担当者として次の2つの印象をもったと述べた。第一に，ロッキード社にはこれ以上の負担増を担う余地はない。第二に，ロッキード社は，イギリス側のRB211開発コスト上昇見通しが過大であるという印象を持っている。3月4日午後2時15分より，首相官邸で，ヒース首相・キャリントン国防相とホートン会長の会談がもたれた。ホートンは，次の4つの選択肢をもっていると語った。トライスターを，RB211で続行するか，GEエンジンか，P&Wエンジンで続行するか，計画を中止するかである。ホートンは，ロウルズ・エンジンで計画を続行したいと述べた。14万ポンドのエンジン価格上昇についていえば，単純にそのエンジンは競争力を失うし，ロッキード社は価格上昇を吸収する負荷を担うことはできないと述べた。[41]

2 イギリス政府修正提案
① イギリス政府修正提案

3月18日の閣議で，キャリントン国防相はイギリス政府修正提案を提示した。イギリス政府修正提案は以下の4点を内容としていた。第一に，イギリス政府が推力4万2000ポンド達成にかかるすべての費用に責任をもつ。第二に，ロッキード社はエンジン1基あたり15万ポンドの価格引き上げを受け入れる。第三に，ロッキード社・エアライン各社は1968年契約条項にある納期遅延ペナルティに関する請求を行わない。第四に，アメリカ銀行団かアメリカ政府によるロッキード社に対する債務保証を求める。この第四の条件がなければロッキード社破産の際にイギリス政府がリスクを負うことを意味した。[42]

② 3月19日交渉

3月19日，ロッキード本社のあるバーバンクで，ホートン会長らロッキード社とニールド内閣官房長官（Sir William Nield）を団長とするイギリス側交渉団との会談が行われた。ニールドは，以下の3点についてイギリス政府の修正提案を行った。第一に，もし，ロッキード側の財務的理由でトライスター計画が失敗した場合，2月3日以降にRB211の生産・開発にかかった全費用に

対する保証を求めた。第二に，イギリス政府は推力4万2000ポンドの開発に関わる全費用を負担する。第三に，ロッキード社は，エンジン1基当たり15万ポンド（646基として総額9700万ポンド）を追加的に支払う。この提案に対して，ホートンは，第一の保証に関する問題はロッキード社の力の及ばない問題である。第二のイギリス政府による開発費用負担については受け入れる。第三のエンジン価格上昇については，総額3200万ポンドまでの価格上昇は受け入れる，と述べた。[43]

③ コナリー＝クローマー会談

「保証」問題については，3月22日，コナリー財務長官が，駐米大使クローマーに対して，彼の見解を述べた。クローマーは，ロッキード社との交渉に当たったニールド官房長官が，ロッキード社が万一破綻したら，イギリスは研究開発費総額1億ポンドを含む2億ポンドを負担するリスクにさらされていると強調していると述べた。コナリーは，次のように述べた。「アメリカ政府は，トライスター計画の失敗およびロッキード社の破産を望んでいないし，アメリカ政府ができることを検討している。銀行は，アメリカ政府の主体的行為がなければ，保証を行う意思も能力もないであろう。しかし，保証の問題はいかなる主体が担うかという問題を惹起する。アメリカ政府のどの機関もそうした保証を行う権能を有していない。私は，唯一の解決策は，直接議会を動かすことだとの結論に達した。この件について，私は大統領に要請しようと考えている。しかし，私が大統領のもとへ行ったとしても，政府が議会から保証についての権限を獲得できるかどうかは不確定（open question）である。」[44]

3　キャンリントン交渉団訪米
①　キャリントン交渉団訪米

3月25日，キャリントン国防相を代表とする交渉団がワシントンを訪問し，ホートン会長およびコナリー財務長官と交渉した。3月25日，ワシントンで，キャリントン国防相は，ローリンソン法務相とともに，ホートン会長と会談した。この会談で，キャリントン国防相は，646基のエンジンに対する価格増加を，従来の9700万ポンド増加から8000万ポンドの上乗せに引き下げるという案を提示した。ロッキード社が直面している財務的困難については，コナリー

財務長官が，アメリカ議会からのトライスター計画への保証について議会から権限を得ることについて最大限の努力をしていると認識していると述べた。ローリンソン司法長官は，つけ加えて，「イギリス政府はロウルズ－ロイス(1971)社のバックに立っている，もしアメリカ政府がロッキード社のバックに立つ用意があるならば，アメリカ銀行団がトライスター計画の遂行に対して必要な資金を供給することを意味するであろう」と述べた。これに対して，ホートンは，総額8000万ポンドのエンジン価格引き上げはまだ競争的でないと述べた。1基当たり95000ポンドの引き上げ，総額5000万～6000万ポンド上乗せのエンジン価格案ならばエアラインに提示しうると述べた。キャリントン国防相は，ホートンの提示額をイギリス政府に持ち帰ると述べた。ホートンは，ロッキード社はイギリス政府に何らの保証を与えることはできない。コナリー財務長官の議会の承認を得ようとする提言は，銀行がトライスター計画を支持するために資金をさらに供給するよう説得するのに役立つだろうと述べた。キャリントン国防相は，エンジン価格問題と保証問題は1つのパッケージとして考えられなければならないと述べた。イギリス政府は，何らかの保証が与えられなければ，エンジン価格について同意しないであろうと述べた。[45]

② キャリントン国防相・コナリー財務長官会談

3月25日，キャリントン国防相は，コナリー米財務長官・パッカード国防副長官と，「保証」問題について検討した。コナリー財務長官は，ロッキード社の存続可能性についての懸念はアメリカ政府も共有していると述べた。この問題について検討したところ，彼は，トライスター計画は，アメリカ政府の支援がなければ遂行は不可能であると結論づけた。「銀行は，ロッキード社に対する融資額を3億5000万ドルから5億ドルに拡大するよう説得されるべきであろう。しかし，そのためには，アメリカ政府が2億5000万ドルから3億ドルの融資を提供する必要があるだろう。問題は，議会の承認がなければ，そうした融資を実行する機関がアメリカ政府にはないことである。とはいえ，私は議会の承認を得るようにニクソン大統領に進言してみようと思う。まず必要なことは，イギリス政府とロッキード社がエンジン価格について合意することだ」とコナリーは述べた。この合意により，ロッキード社は，エアラインからの継続的なコミットメントを得，銀行の承認も得られるであろう。ロッキー

第3節　ロウルズ-ロイス社・ロッキード社救済交渉

社・エアライン・銀行が満足すべき合意に達したと判断した後，アメリカ政府は議会に保証について働きかけることができる。[46]

③　ロッキード・英政府間合意

3月29日の閣議では，キャリントン国防相は，ワシントン交渉の経緯を説明し，エンジン価格についてのロッキード社の逆提案である5000万～6000万ポンドは，ロッキード社側の最終提案であると納得したと述べた。その理由として，第一に，ロッキード社にこれ以上の財務的余力は残っていないという判断と，第二に，これ以上のエンジン価格上昇はトライスターを競合機DC10に対して競争劣位にたたせるという判断の双方を挙げた。「保証」問題については，ロッキード社には，トライスター計画が失敗に終わった場合，イギリス政府がRB211計画に投入した資金を補塡する能力がないことが明らかになったと述べた。しかし，コナリー財務長官は，第一に，アメリカ銀行団に対して，ロッキード社への融資額を3億5000万ドルから5億ドルに増額するよう圧力をかけると同時に，第二に，議会から政府による3億ドルの融資を得る権限を獲得するよう働きかける準備があると述べた。ロッキード社とイギリス政府のいかなる新協定も，このアメリカ政府による金融的取り決めにより保護される。したがって，イギリスはRB211計画の継続に何のリスクもないことになる。これらの理由に基づき，キャリントン国防相は，アメリカ政府による金融的保証を条件として，エンジン価格についてのロッキード社の最終提案を受け入れるべきであると提言し，このアメリカ政府の支援は寛大な申し出であり，拒絶するべきでないと言い添えた。ローリンソン法務相は，次のように述べた。「交渉はなんら法的保証をもたらさなかったが，コナリー財務長官の提案はいかなる商業的保証より効率的で，ロッキード社自身の経営的失敗によりRB211への投資が無駄に終わることを防ぐ意味を持つ。このことは，アメリカ政府が，イギリス政府へのコミットメントの結果として，トライスター計画を成功させることに直接的に巻き込まれることを意味する。」

ヒース首相は，議論を総括して次のように述べた。「アメリカ政府のオファーにもかかわらずロッキード社の最新の提案を拒絶することは深刻な結果を生むであろう。RB211計画からの撤退がもたらす国際的政治的影響に鑑みるならば，キャリントン国防相の勧告を受け入れるより他に現実的な選択肢はな

い。」[47]

　同日，キャリントン国防相は，駐米イギリス大使クローマーとの電話会談で，アメリカ政府がロッキード社に対する追加融資への保証を行うという条件付きで，エンジン価格5000万ポンド増加というロッキード社の修正提案に応じると伝えた。[48]

4　アメリカ銀行団・ロッキード社・米財務省合意（6月4日）
①　ロッキード救済法案をめぐるアメリカ議会

　4月6日，コナリー財務長官は，バンカーズ・トラストとバンク・オブ・アメリカに次のようにロッキード社に対する融資問題について語った。銀行は，コナリーに対して次のように述べた。銀行はロッキード社に対して既に3億5000万ドル貸し出しており，さらに1億5000万ドルの融資を検討しているが，その場合，ロッキード社に対する直接融資は5000万ドルで，トライスターを購入するエアラインに対する1億ドルの融資がその内訳である。コナリーは，さらに3億から3億5000万ドルの融資が必要ではないかと尋ねたところ，銀行側は，それほどは必要でないだろうし，そうした追加融資はアメリカ政府による債務保証が条件となると語った。コナリーは，そうした政府保証は，議会の承認が必要であるし，この件についてはニクソン大統領に進言し，同意を得ている。その前に必要なのは，エアラインが，エンジン価格上昇をふまえたうえで，トライスターを発注することである。この条件が満たされたうえで，ニクソン大統領の最終的な承認が得られるであろうと述べた。トライスター/RB211計画の完了に向けて，4月中旬，次の3段階からなる打開策がコナリー財務長官から打ち出された。[49] 第一に，ロウルズ-ロイス（1971）社とロッキード社との間で契約条件について合意が成立する。第二に，銀行団が，ロッキード社に対する現在の融資を継続するだけでなく，さらに1億5000万ドルの追加融資をアメリカ政府の保証抜きで実行すること。第三に，エアラインが以前に発注していた機数を新しい契約価格で発注する確約を得ること，であった。[50]

　4月28日，キャリントン国防相はホートンと会談し，銀行・エアラインとの交渉の進捗状況を尋ねた。ホートンは交渉状況を次のように伝えた。銀行は，5000万ドルの追加融資に合意したが，これ以上の融資については政府保証を

要求している。ホートン自身の感触では，議会は，政府保証を認める見込みだ。エアラインについては，TWAとイースタンは契約に調印する見込みである。デルタは，金融的支援が見込めるならば調印するであろう。エア・カナダは困難な見通しである。エアラインの主な疑念は，技術的側面よりも，ロウルズ－ロイス（1971）社の財務状況に対する懸念にある。[51]

4月29日の閣議で，キャリントン国防相は，アメリカ政府は，銀行団がロッキード社に対して必要な融資を約束し，エアラインが計画を実効性のあるものにするのに十分な発注を行うことを条件に，債務保証法案を議会に送る姿勢を示したと説明した。5月5日，イースタン航空は，ロッキード社とのトライスター購入契約を政府の債務保証が成立するという条件付きで調印した。翌6日，TWAも，政府の債務保証が成立するという条件付きでロッキード社とのトライスター購入契約に調印した。同6日，コナリー財務長官は，ニクソン政権はロッキード社に対する債務保証について議会の承認を求めると発表した。コナリー財務長官は，次のようにロッキード社への連邦政府による債務保証を説明した。「トライスター計画には，総計14億ドル，銀行から4億ドル，下請業者から3億5000万ドルが，エアラインから2億4000万ドルが，残りはロッキード社の株主から投入されている。また，ロッキード社には3万5000社の下請会社があるが，これらは大部分，中小企業である。もし，ロッキード社が破産すると，14億ドルの投資が全損となるだけでなく，国内経済への被害も甚大である」と。[52]

5月10日，コーフィールド航空供給相は下院で次のように発言した。「8月8日までにアメリカ議会がアメリカ政府に2億5000万ドルの保証権限を与え，同日までにエアラインが新条件に合意するならば，政府はロウルズ－ロイス社に財政支出する方針である」と。5月11日，ロウルズ－ロイス（1971）社は，アメリカ政府のトライスター計画への債務保証を条件として，ロッキード社にRB211エンジンを新価格で供給する新契約を締結した。同日，キャリントン国防相と，イースタン航空・TWAなどの主要エアラインの会合がもたれ，エアライン側のトライスター/RB211発注の意思が確認された。[53]この日を境に，GE社の債務保証法案への攻撃が始まった。GE社は，ロッキード社に対する債務保証を，アメリカ製エンジンが使われないならば反対するという書簡をニ

クソン大統領とコナリー財務長官に送付した。GE社はロッキード社への債務保証そのものに反対したのではなく「アメリカ的解決」(アメリカ製エンジンの採用)を求めた。[54]

② アメリカ銀行団・ロッキード社・米財務省合意 (6月4日)

5月13日, ニクソン政権は, 議会に2億5000万ドルの銀行債務に対する政府保証を求める法案を送った。連邦政府による特定企業救済を意味する保証法案への反発も根強かった。下院で法案を審議する銀行通貨委員会の委員長パットマン (Wright Patman) は債務保証法案に反対の姿勢を示した。上院で法案を審議する銀行・住宅・都市問題委員会でも, プロキシマイア (William Proxmire) 議員が, 失敗した大企業救済への原則的反対の立場から法案に反対した。[55]

6月4日, コナリー財務長官とホートン・ロッキード社会長は24銀行からなるアメリカ銀行団と連邦債務保証を条件とした新規融資について合意に達した。アメリカ財務長官コナリーとロッキード社会長ホートンは, 24銀行団代表であるムーア・バンカーズ・トラスト会長, メドベリー (Chauncey J. Medberry III) バンク・オブ・アメリカ会長と, 1971年緊急債務保証法 (Emergency Loan Guarantee Act of 1971——ロッキードに対する債務保証法案) が成立することを条件として, ロッキード社に対する24銀行からの6億5000万ドルの融資を実行する約定を取り結んだ。つまり, 既に融資した4億ドルを越える2億5000万ドルについては政府による保証を条件としたのである。[56]

ムーアを代表とするアメリカ銀行団は法案成立に精力を注いだ。7月15日, ムーア・バンカーズ・トラスト会長は, 下院銀行通貨委員会公聴会において, 「何十億ドルの金額を多年にわたって必要とする今日の航空機事業の巨大さからすると, いかなる銀行, 銀行集団でも, それがどんなに巨大であろうとリスクを背負うことはできない」と証言し, 債務保証法案の成立を促した。7月中旬になるとパットマン下院銀行通貨委員長が, ロッキード社の破産は雇用悪化を招くとして, 法案への態度を反対から賛成に変え, 法案成立の見通しがついた。債務保証法案は, 7月30日, 米下院で, 192票対189票の僅差で, 8月2日, 上院において49票対48票のさらに僅差で可決された。9月14日, ロウルズ-ロイス (1971) 社とロッキード社の新契約が発効し, ロウルズ-ロイス社・ロッキード社の連鎖倒産危機は回避された。[57]

おわりに

　1970年秋における6000万ポンドの経営危機第一段階では，ヒース政権とシティが負担を分け合うことによりロウルズ-ロイス社を救済した。その代償として，ピアスンは退陣し，同社は，会計コンサルティング会社クーパー・ブラザーズの監査の下に置かれた。BAC311/A300B問題では，ヒース政権は，『公共支出白書』の目標における予算制約から，シティの主張するBAC311/RB211-61開発支援路線を棄却し，仏独との摩擦が少なく政府負担の少ないBAC311/A300B双方を支援しないという決断をした。

　1億5000万ポンドの経営危機第二段階では，ヒース政権は，自国政府・金融機関による救済を諦め，ロウルズ-ロイス社を破産させ，管財人に任せた。同時に，ロウルズ-ロイス社の軍用部門を国有化し国防問題への波及をくいとめた。このため，RB211計画続行は暗礁に乗り上げ，ロッキード社の連鎖倒産の危険が現実化した。バンカーズ・トラストを代表とするアメリカ銀行団は，ヒース政権のRB211計画続行へのコミットメントを求めた。

　イギリス政府・ロッキード社間のエンジン価格引き上げ幅をめぐる妥協は成立したが，この妥協は，アメリカ政府による債務保証を条件としていた。また，ロッキード社とトライスター購入予定エアライン間の交渉も，政府による債務保証を条件としていた。コナリー財務長官はアメリカ議会に対する政府保証を要請し，ホートン・ロッキード会長とコナリー財務長官連名によるアメリカ銀行団（バンカーズ・トラストとバンク・オブ・アメリカが代表）の，2億5000万ドル政府保証に関する議会法案成立を条件とする6億5000万ドルの融資合意（6月4日）の画期を経て，ロウルズ-ロイス社・ロッキード社連鎖危機は一応の解決をみた。

　上の事例を通じて，経営者の経営判断・事業計画の失敗に対して政府（ヒース政権）がどのように対処したか検討しよう。6000万ポンドの経営危機第一段階においては，ヒース政権のロウルズ-ロイスの経営危機対処のスキームは，無制限の財政的コミットメントによる「救済（bail out）」ではなく，シティの「巻き込み（bail in）」を引き出す点にあった。1億ポンドをこえる経営危機第

第8章　ロウルズ-ロイス社・ロッキード社救済をめぐる米英関係

二段階では，1971年2月3日時点においてはロウルズ-ロイスを破産させRB211計画に対するイギリス政府の責任を放棄し，トライスター/RB211計画遂行に対するロッキード社の「巻き込み（bail in）」を引き出した。しかし，アメリカ金融界・政府はRB211計画へのイギリス政府の責任を要請した。ヒース政権は，RB211計画への責任を認める一方，ロッキードが違約金を請求しないことを認めさせ，さらにはエンジン引渡し価格引き上げ（5000万ポンド）を通じてロウルズ-ロイス社の財務危機をロッキード社へ転嫁することによって，アメリカ政府・議会・金融機関の問題解決を促した。この「巻き込み」の過程は，直接的にヒース政権のRB211計画への財政支出を最小化したという点にとどまらず，一政府の手を越えて巨大化する航空プロジェクトのリスクを，アメリカ政府を含めて利害関係者に分散させていくという効果を果たしたと評価できるであろう。イギリス帝国の最重要の軍事産業基盤であったロウルズ-ロイス社のアメリカ国家信用による救済は，イギリス帝国の軍事産業基盤のアメリカ主導のグローバリゼーションによるテイク・オーバーの最終的画期であったといえる。

1　*Fortune*, June 1971, "The Salvage of the Lockheed 1011," p.68.
2　スティグリッツは，IMFが，2000年前後，破産国に対する救済措置（bail out）政策が行き詰まり，民間セクターが救済計画に加わる「巻き込み（bail in）」計画を試みたと指摘している。Stiglitz, Joseph E., *Globalization and Its Discontents* (New York: W. W. Norton & Company, 2002), pp. 203-205. ジョセフ・E.スティグリッツ（鈴木主税訳）『世界を不幸にしたグローバリズムの正体』（徳間書店，2002年），289ページ。
3　Department of Trade and Industry, *Rolls-Royce Limited* (London: HMSO, 1973), paras. 416-417, appendix 11; TNA, CAB134/3447, "Events Leading up to £60 million Support for Rolls-Royce," May 14, 1971.
4　TNA, PREM15/2, "Note of a Meeting Held at 10 Downing Street at 10.45 a.m. on Friday October 2 to Discuss the Future of Rolls Royce."
5　TNA, CAB129/152, CP（70）74, "Airbuses and the RB211-61 Engine," Note by Secretary of Cabinet, October 8, 1970.
6　TNA, CAB128/47, CM（70）30th Conclusions, October 15, 1970.
7　TNA, CAB128/47, CM（70）31st Conclusions, October 19, 1970.
8　TNA, CAB128/47, CM（70）33rd Conclusions, October 27, 1970.
9　TNA, PREM15/3, "Note of a Meeting at 10 Downing Street on Wednesday, October 28, 1970 at 4.30 p.m."; TNA, CAB128/47, CM（70）34th Conclusions, October 29, 1970; TNA,

CAB134/3447, "Events Leading up to £60 million Support for Rolls-Royce".
10　TNA, PREM15/230, "£42M Additional Launching Aid for Rolls Royce: Qualifying Conditions"; TNA, CAB134/3447, "Events Leading up to £60 million Support for Rolls-Royce"; Department of Trade and Industry, *Rolls-Royce Limited*, op. cit., para. 427.
11　TNA, CAB128/47, CM（70）35th Conclusion, November 3, 1970; TNA, PREM15/230, "£42M Additional Launching Aid for Rolls Royce: Qualifying Conditions"; Department of Trade and Industry, *Rolls-Royce Limited*, op. cit., para.427.
12　TNA, CAB134/3447, "Events Leading up to £60 million Support for Rolls-Royce."
13　*Ibid*. ミッドランド銀行とロイズ銀行は，各々1000ポンドを新規融資すると同時に，従来の2500万ポンドの当座貸越枠を2000万ポンドに減額することにより差し引き500万ポンドの新規融資を行った。大河内暁男『ロウルズ-ロイス研究』（東京大学出版会，2001年），22ページ。
14　Department of Trade and Industry, *Rolls-Royce Ltd and the RB211 Aero-Engine*, (London: HMSO, 1972) para. 9.
15　TNA, PREM15/230, "Heads of Agreement on Additional Facilities"; TNA, CAB130/481, GEN16（70）2nd Meeting, November 10, 1970; Department of Trade and Industry, *Rolls-Royce Limited and the RB211 Aero-Engine*, op. cit., para. 13.
16　TNA, CAB129/154, CP（70）112, Memorandum by Minister of Aviation Supply, November 25, 1970; TNA, CAB128/47, CM（70）42nd Conclusions, December 1, 1970.
17　TNA, T225/3673, "Crisis Timing"; TNA, T225/3675, "Rolls-Royce"; Department of Trade and Industry, *Rolls-Royce Limited*, op. cit., paras. 474-475. 1月19日，ロウルズ-ロイス社の「1971-75年5カ年計画」が作成された。それによると，1970年10月14日付け「1970-74年5カ年計画」では，1971年の資金需要8600万ポンド，銀行・手形引受商社の融資額7000万ポンド（資金不足1600万ポンド），6000万ポンド融資パッケージから手当される額3770万ポンド，残額2170万ポンドの黒字であったのに対し，1970年1月19日付け「1971年-75年5カ年計画」では，資金需要1億2190万ポンド，提案されている融資額8800万ポンド（資金不足3390万ポンド）で，財務状態は，1970年10月14日の2170万ポンドから1971年1月19日の-3390万ポンドへと，5560万ポンド悪化していた。
18　Department of Trade and Industry, *Rolls-Royce Limited*, op. cit., para. 476.
19　TNA, T225/3675, "Rolls-Royce,"; TNA, CAB130/504, GEN16（71）1, January 28, 1971.
20　TNA, PREM15/228, "Rolls-Royce Limited Minutes of a Meeting of Directors in London on 26th January 1971"; TNA, CAB128/49, CM（71）6th Conclusions, February 2, 1971. ロウルズ-ロイス社は，同社の危機的状態をロッキード社に伝えることを検討したが結局伝達しなかった。Department of Trade and Industry, *Rolls-Royce Limited*, op. cit., para. 491.
21　TNA, PREM15/228, "Note for the Record," January 28, 1971.
22　TNA, CAB130/504, GEN16（71）1, "Memorandum by Minister of Aviation," January, 28, 1971; TNA, CAB130/504, GEN17（71）1st Meeting, 29 January 1971 at 10.45 a.m.
23　TNA, PREM15/228, Prime Minister to President.
24　Newhouse, John, *The Sporty Game* (New York: Alfred A. Knopf, 1982), p.176. J. ニューハウス（航空機産業研究グループ訳）『スポーティゲーム』（学生社，1988年），399-400ページ。
25　TNA, CAB130/504, GEN16（71）5th Meeting, February 2, 1971 at 6.15 p.m.; TNA, PREM15/229, "Rolls Royce and Lockheed: Summary Note of a Meeting at 4.30 p.m. on 2.2.71."

第8章 ロウルズ-ロイス社・ロッキード社救済をめぐる米英関係

26　TNA, CAB130/504, GEN16 (71) 6th Meeting, February 3, 1971 at 11.30 a.m.; TNA, CAB128/49, CM (71) 7th Conclusions, February 3, 1971, "Report by Sir Henry Benson. Read to, and Accepted by, both Rolls-Royce Board and Lockheed Representatives."
27　TNA, PREM15/229, "Note for the Record," February 5, 1971.
28　TNA, CAB128/49, CM (71) 7th Conclusions, February 3, 1971.
29　TNA, PREM15/229, "Record of Telephone Conversation between the Prime Minister and President Nixon on Wednesday 3rd February, 1971 at 12.15 p.m."
30　TNA, CAB128/49, CM (71) 7th Conclusions, February 3, 1971.
31　TNA, CAB129/155, CP (71) 18, February 5, 1971.
32　TNA, PREM15/229, "Note for the Record," February 11, 1971.
33　キースは，1960年代にマーチャントバンク Hill Samuel をシティの有力マーチャントバンクに押し上げたことにより英米金融界で信用を得たマーチャントバンカーである。1972年よりロウルズ-ロイス社会長をつとめた。Aris, Stephan, *Close to the Sun: How Airbus challenged America's domination of the Skies* (London: Aurum Press, 2002), p. 108.
34　TNA, PREM15/230, "Record of Conversation between Mr. Robert Armstrong and Sir Kenneth Keith at 2.45 p.m. on Friday, 12 February." ロッキード社のトライスター計画に対する総額4億ドルの協調融資をしていたのは，バンク・オブ・アメリカ，バンカーズ・トラスト，チェイス・マンハッタンなど24行であった。この4億ドルの協調融資について，松井和夫は，①巨大企業の融資の場合，銀行融資は多数の銀行による協調融資の形をとり，メインバンクが借手の企業との折衝役になり，融資シンジケートの編成等において主導的な役割を果たす，②大手航空宇宙企業，なかでもトップ企業であるロッキード社クラスになると，単一の金融資本グループに属する金融機関のみでその資本需要を賄うことは到底不可能であり，たとえ賄うことができたとしてもリスクがあまりにも大きい，と分析している。松井和夫『アメリカの主要産業と金融機関』(財団法人日本証券経済研究所大阪研究所，1975年)，28-32ページ。シティ・バンクはボーイング社の，チェイス・マンハッタン・バンクはマクダネル・ダグラス社のメイン・バンクだったため，バンカーズ・トラストが，バンク・オブ・アメリカと並んでアメリカ銀行団の共同幹事銀行となった。West, James, *The End of an Era: My Story of the L-1011* (United States: Xlibris Corporation, 2001), pp. 120-121.
35　TNA, PREM15/230, Cromer to FCO, February 13, 1971; USNA, RG59, E (A1) 5603, Box 1, AV Rolls Royce 1971-1972, "Memorandum for the Files - #4, Subject: Rolls Royce Problems," February 16, 1971.
36　TNA, PREM15/230, "Personal from the Prime Minister."
37　TNA, T225/3677, "Note for Record," February 19, 1971.
38　TNA, CAB129/155, CP (71) 24, "Aircraft Industry: The RB-211," Note by Secretary of State for Defence, February 24, 1971; TNA, CAB128/49, CM (71) 11th Conclusions, February 25, 1971.
39　イギリス政府がロウルズ-ロイス社の航空エンジン事業を購入し，新会社ロウルズ-ロイス (1971) 社が，2月23日発足していた。大河内『ロウルズ-ロイス研究』(前掲)，23ページ。
40　TNA, PREM15/230, "RB211 Engine: British Proposal," March 4, 1971; TNA, CAB134/3446, "Record of a Meeting with Representatives of the Lockheed Corporation at 1530 Hours, 3rd March, 1971."

41 TNA, PREM15/230, "Note of a Meeting at 10 Downing Street, S.W.1 on Thursday, 4th March, 1971, at 2.15 p.m."; TNA, CAB128/49, CM (71) 12th Conclusions, March 4, 1971.
42 TNA, CAB128/49, CM (71) 15th Conclusions, March 18, 1971.
43 TNA, CAB134/3447, "Record of a Fifth Meeting with Representatives of the Lockheed Corporation 0900 Hours, 19th March, 1971"; TNA, CAB134/3447, "Record of a Sixth Meeting with Representatives of the Lockheed Corporation 1900 Hours 19 March 1971"; TNA, PREM15/231, "RB211: The State of Negotiations."
44 TNA, PREM15/231, Cromer to FCO, March 22, 1971.
45 TNA, CAB128/49, CM (71) 17th Conclusions, March 25, 1971; TNA, PRE15/231, "Meeting of Defense Secretary and Attorney General with Lockheed Corporation in Washington, 25th March, 1971"; TNA, CAB129/156, CP (71) 41, March 26, 1971; Memorandum by Secretary of State for Defence, March 26, 1971. 1967年の第二次ポンド切り下げにより米英為替レートは、1￡＝2.4＄となった。5000万ポンドは1億2000万ドル，8000万ポンドは2億ドル弱に相当する。
46 TNA, PREM15/231, "Meeting of Defense Secretary and Attorney General with the US Secretary of Treasury in Washington, 25th March, 1971."
47 TNA, CAB129/156, CP (71) 41, Note by Secretary of Defence, March 26, 1971; TNA, CAB128/49, CM (71) 18th Conclusions, March 29, 1971; TNA, PREM15/232, "Record of Telephone Conversation between the Defense Secretary & Lord Cromer, 29th March, 1971."
48 TNA, T225/3685, "Record of Telephone Conversation between the Defence Secretary & Lord Cromer, 29th March, 1971."
49 USNA, RG59, E (A1) 5603, Box 1, AV Rolls Royce 1971–1972, "Memorandum for the Files - #9, Subject: Rolls Royce Problem," April 8, 1971.
50 TNA, PREM15/232, Sir Alec Douglas-Home to Washington, April 15, 1971; TNA, PREM15/232, Cromer to FCO, April 19, 1971.
51 TNA, T225/3559, "Note of Meeting of the Defence Secretary and the Minister for Aerospace with the Chairman of the Lockheed Aircraft Corporation, 28th April, 1971."
52 TNA, CAB128/49, CM (71) 23rd Conclusions, April 29, 1971; Ingells, Douglas J., *L–1011 TriStar and The Lockheed Story* (California: Aero Publishers, Inc., 1973), p.210; TNA, T225/3687, Cromer to FCO, May 6, 1971.
53 Department of Trade and Industry, *Rolls-Royce Ltd and the RB211 Aero-Engine*, op. cit., paras. 49, 51; TNA, PREM15/232, "Meeting of the Defence Secretary with US Airlines - 11th May 1971."
54 Congressional Quarterly Inc., *Congressional Quarterly Almanac, 1971* (Washington, D.C: Congressional Quarterly Inc., 1972), p. 154; TNA, T225/3687, Franklin to FCO, May 5, 1971.
55 *CQ Almanac, 1971*, op. cit., pp. 152, 156.
56 TNA, T225/3691, "Summary of Terms of Proposed Bank Loan to Lockheed Corporation."
57 Ingells, *op. cit.*, pp. 210–213; TNA, T225/3691, Cromer to FCO, July 16, 1971; *CQ Almanac, 1971*, op. cit., pp. 152–154.

終　章

イギリスの「新しい役割」

1　各章の要約と時期区分

第Ⅰ部　帝国再建期のイギリス航空機産業（1943-1956年）
「第1章　戦後イギリス航空機産業と帝国再建（1943-1956年）」　第二次大戦中の米英協定により，航空機生産において，イギリスは戦闘機と爆撃機の生産に集中し，アメリカが連合国の輸送機の生産を一手に引き受けていた。そのため，チャーチル戦時内閣は，イギリスのジェット技術の優位を競争力としたジェット旅客機開発計画（ブラバゾン計画）を立案する。この政策は，戦後，アトリー労働党政権にも引き継がれ，フライ・ブリティッシュ（イギリス機運航）政策・空軍調達を柱とした航空機産業育成策が遂行された。

トルーマン政権は，NSC-68に基づく西側再軍備を推進し，ジェット戦闘機配備についてのリスボン目標を策定する。しかし，アメリカを盟主とする西側諸国のジェット戦闘機配備計画は遅延していた。そのため，トルーマン政権は，イギリス空軍近代化計画（プランK）に対してMSA（相互軍事援助）を通じて財政援助をするとともに，西側第二の航空機生産国であるイギリスのジェット戦闘機を，アメリカ以外の国から調達する域外調達政策を通じて購入した。しかし，世界初のジェット旅客機コメットの就航，ターボプロップ機ヴァイカウントのアメリカ航空会社による購入にみられるように，イギリスのジェット旅客機はアメリカ航空機産業に対してリードしていた。これを懸念したアメリカ議会は，トルーマン政権以来の対イギリス軍事援助がイギリスのジェット旅客

終　章　イギリスの「新しい役割」

機開発に使用されたという非難をアイゼンハワー政権に向けた。フーバー委員会の指示でアメリカ軍がイギリス戦闘機ジャベリンの性能の審査を行った結果,アメリカ群の要求水準に達していないとして,同機に対するアメリカの支払いは停止された。ブラバゾン計画は,航空機産業をキー・インダストリーとして維持する姿勢と,それによるイギリス帝国再建の方向性を示す計画であった。しかし,戦後イギリス帝国の軍事的基礎であるV型爆撃機(バルカン,ヴァリアント,ヴィクター)は,アメリカの軍事援助に支えられたものであり,アメリカに対する依存性を有していた。

「第2章　アメリカ航空機産業のジェット化をめぐる米英機体・エンジン部門間生産提携の形成(1950-1956年)」　朝鮮戦争期の爆撃機・輸送機を契機として,機体メーカーとエンジンメーカーの生産提携関係が形成された。コメット・ショックに対しても,当時の二大旅客機メーカー,ダグラス社とロッキード社の反応は鈍く,エアラインの開発に対する躊躇もあり,ピュアジェット旅客機を開発しなかった。一方,ボーイング社は,爆撃機・軍用輸送機開発・生産で培った大型ジェット機体開発力を背景としてピュアジェット旅客機707を開発した。パンナムによる大量発注を契機として「ジェット旅客機獲得競争」が始まった。多数のエアラインは,ボーイング707・ダグラスDC8などのジェット旅客機を発注するが,購入資金のファイナンスの目処がたっていなかった。米国政府は,ジェット輸送機配備の購入資金を補助するCRAF (Civil Reserve Air Fleet, 民間旅客機備蓄)計画を通じてエアラインのジェット旅客機購入資金ファイナンスを支援し,ジェット旅客機時代が始まった。当初,経済的に困難だと考えられていたピュアジェット旅客機就航は,旅客・貨物の大量輸送時代を招き,事業採算が成立するようになった。BOACも大西洋航路での競争のため,ボーイング707の緊急購入を余儀なくされた。その際には,ロウルズ－ロイス・コンウェイ・エンジンが搭載され,ロウルズ・コンウェイ・エンジン搭載の707はイギリス航空機産業が影響力をもつ第三国のエアラインへも輸出された。

　第I部で検討した時期においては,イギリスはアメリカの軍事援助により軍事産業基盤を自国国内で維持していた。軍事産業基盤とは,①独自核抑止力,②イギリス空軍への装備供給,③BOACの主要機材供給(フライ・ブリティッ

シュ政策）であり，②・③を通じて航空機産業を維持していた。それを可能にしていたのはジェット技術における優位性であった。しかし，第1章にみたように，アメリカによる軍事援助が停止し，第2章にみたように，アメリカとイギリスのジェット技術の優位が逆転するとイギリス航空機産業は困難に陥っていった。この状況に，1956年のスエズ危機と1957年のスプートニク・ショックが大きなインパクトを与え，第Ⅱ部にみるように『1957年国防白書』によるイギリス帝国防衛体制の根本的見直しが行われる。

第Ⅱ部　スエズ危機後における帝国再編策とイギリス航空機産業(1957-1965年)

「**第3章　スエズ危機後におけるイギリス航空機産業合理化（1957-1960年)**」民間部門においてはアメリカ・ジェット旅客機が世界市場を支配し，軍事分野においては，『1957年国防白書』による有人航空機開発の縮小により，イギリス航空機産業は危機に陥った。ジョーンズ供給相は，多数の航空機メーカーを集約化し，政府資金を少数の集約化されたメーカーに集中することにより航空機産業の危機打開を図った。デハビランド社などの名門メーカーは経営の独立性保持のため政府の集約化政策に抵抗した。そのため，ジョーンズは，BEA（英国ヨーロッパ航空）の次世代中距離機発注を梃子に機体部門におけるホーカー・シドレー・グループとエンジン部門におけるブリストル・シドレー・エンジンの成立を図った。続いて，サンズ航空相は，民間機開発に政府援助を導入する「1960年政策」を立案し，民間旅客機VC10への政府支援を通じてBAC（British Aircraft Corporation) 社を成立させた。サンズは，この「1960年政策」を通じて，長距離ジェット旅客機VC10，中距離ジェット旅客機トライデント・BAC111，スペイ・エンジンなど民間プログラムに対する政府補助金制度を創設し，BOACにVC10発注を促すことにより，アメリカ航空機産業に対抗しうるイギリス航空機産業の維持を図った。アメリカの軍事援助停止により，イギリス航空機予算の効率的運営の必要性が生じ，政府調達と国営エアラインの発注を軸とする産業合理化政策が推進された。産業合理化政策は，スエズ危機，スプートニク・ショック後のイギリス帝国縮小再編策の一環であった。

「**第4章　BOAC経営危機とフライ・ブリティッシュ政策の終焉（1963-1966年)**」　BOACは，北大西洋航路でのパンナムとの競争により，1962年・

終　章　イギリスの「新しい役割」

　1963年と2年続けて大幅な赤字を計上していた。会計コンサルタント・コルベットは，政府の要請により，BOACの経営実態を調査した結果，コメット墜落・ブリタニアの技術的トラブルなど，イギリス機のローンチ・カスタマー（最初の顧客）となっていたことが赤字の主な原因であると分析した。エイメリー航空相は，ガスリー卿をBOAC会長に据え，同エアラインの経営改善にあたらせた。ガスリー卿は，発注していた30機スーパーVC10のキャンセルとボーイング707の新規購入を柱とするガスリー・プランを立案した。しかし，政府は，ガスリー・プランがイギリス航空機産業に与えるダメージを憂慮し，BOACに17機のスーパーVC10購入をうながし，10機のスーパーVC10についてはキャンセルするかどうかの決断を保留したが，BOACの将来のアメリカ機購入の可能性を認めた。BOACは，次世代長距離ワイドボディ機発注においては，イギリス機でなく，ボーイング747を購入することが許可された。これにより，BOAC以外にローンチ・カスタマーをもちえないイギリス機体メーカーは，長距離旅客機開発から撤退することになった。一方，BOACは，アメリカ製機体を主要機材とすることによって経営を改善していった。BOACは従来の「帝国責務（エンパイア・ルート運航，フライ・ブリティッシュ政策）」から解放されることになった。

　「第5章　イギリス主力軍用機開発中止をめぐる米英機体・エンジン間生産提携の成立（1965-1966年）」　マクミラン保守党政権の主力軍用機開発計画の中心はTSR2計画であった。しかし，オーストラリア空軍への配備をめぐるTSR2とアメリカF111の受注競争はF111の勝利に終わり，TSR2の予定生産機数は縮小し，1機当たりの開発コストは高騰していった。ウィルソン労働党政権は，保守党の航空プログラムを見直し，最先端技術の開発を要する主力軍用機の自主開発停止を決断する。代替機としては，アメリカ機とフランス機が可能性として存在したが，米英V/STOLエンジン共同開発，アメリカF111購入の際には，サウジアラビアへの兵器売り込み・アメリカ軍へのイギリス・スペイ・エンジン納入などによるオフセットという好条件からアメリカ機購入を決断した。

　BOACによる長距離ジェット旅客機VC10調達削減と次期主力戦闘爆撃機TSR2の開発中止によって，1950年代末の産業集約化によって修正を受けた

イギリス航空機産業育成策はさらなる転換期を迎える。アメリカ航空機産業は，イギリスのエンジン産業部門と生産提携関係を取り結ぶことによって，イギリスの軍事市場・エアライン市場への進出を果たし，民需・軍需からなる国際航空機市場の再編が進行した。イギリス機体部門の国際市場からの撤退により，ブラバゾン委員会招集以来の航空機産業育成策は頓挫し，イギリス空軍中心の軍事戦略，BOACによるイギリス連邦航空路網の建設と連携をもちながら推進されてきたイギリスの戦後航空政策は転回を遂げた。イギリス政府は，核抑止戦略としては海軍中心の戦略を策定し，BOACの「エンパイア・ルート（帝国航空路）」も，旧英連邦諸国の相次ぐ政治的独立とともに，徐々にその意味を失っていった。こうして，イギリスは軍事産業基盤を，自主開発による最先端技術によって支えることを放棄した。ここにおいて，イギリスは，軍事産業基盤を，①アメリカとの共同と，②大陸ヨーロッパとの共同のどちらを選択するかの岐路に立たされることになった。

第Ⅲ部　帝国からの撤退期における国際共同開発先のアメリカかヨーロッパかの選択（1966-1971年）

「**第6章　帝国からの撤退期におけるイギリスの軍用機国際共同開発の特質（1965-1970年）**」　プルーデン委員会（航空機産業調査委員会）は，イギリスが①アメリカとの共同，②大陸ヨーロッパとの共同，のいずれを選択すべきかの結論を得るため，アメリカ・フランス・ドイツの各国政府との折衝，イギリスの航空機メーカーからのヒアリングを行った。その結果，軍民の単一欧州航空機産業創設を提言するプルーデン報告を公表する。しかし，プルーデン報告における「フランスとの共同に基づく欧州航空機産業創設路線」は，「本心（whole hearted）」ではなかった。それは，米英共同開発がうまくいかなかった場合の保険，対米交渉のバーゲニング・パワーの一要素として追求したにすぎなかった。「イギリスは，自らプルーデン・ドクトリンを追求したにもかかわらず，欧州共同開発から離脱した」とみるよりも，「プルーデン報告にすでに欧州共同開発より対米関係を優先するロジックが内在していた」と考えるべきである。対米協調を通じたグローバル・マーケットへのアクセスを，欧州共同による限定された市場より優先させるという戦後イギリス産業再生の道筋がそ

終　章　イギリスの「新しい役割」

こに示されていた。フランスとのAFVG共同開発は，フランスの財政難により流産し，イギリスは新たに英独トルネード戦闘機の共同開発により，ヨーロッパを基盤とした軍事産業基盤の維持に成功する。また，アメリカに対してもハリアーV/STOL戦闘機を納入し，比較優位をもつ製品によるアメリカ軍事市場参入を果たした。

「第7章　ワイドボディ旅客機開発をめぐる米英航空機生産提携の展開（1967-1969年）」　ロウルズ-ロイス社は，P&W社がボーイング747の，GE社が軍用輸送機C5Aのエンジン契約を獲得したのに対し，次世代高バイパスエンジンを搭載する機体の受注が確保できていなかった。そのため，英仏独の欧州エアバスA300への自社エンジン搭載が急務であり，イギリス政府もフランス政府との1967年開発了解覚書をめぐる交渉において，ロウルズ・エンジン搭載を最重要の交渉課題とした。しかし，ロウルズ社は，ロッキード社トライスター・エアバスへの搭載契約を確保すると欧州エアバスA300への関心を低下させた。仏シュド社を中心とするA300開発コンソーシアムは，アメリカ機との競合を避けるためA300をスケール・ダウンし，同時にアメリカ・エンジンを搭載できるようにA300Bに設計変更した。欧州エアバスへのロウルズ・エンジン搭載の確約がなくなったため，イギリス政府は欧州エアバス計画から撤退したものの，長距離型トライスターの欧州エアラインへの売り込みのためには，中距離機と長距離機のエンジンの共通性確保の観点から，A300Bにロウルズ・エンジンを搭載する必要があった。イギリス政府は，BAOR（駐ドイツイギリス軍）の駐留費用の支払い金を欧州エアラインがロウルズ社RB211を搭載した長距離型トライスターを購入する際の補助金としてオフセットする案を薦めるが，アメリカ政府の反対に遭い，失敗する。そのため，欧州エアラインはGEエンジンを搭載したA300B（中距離機）と長距離機DC10を購入した。

「第8章　ロウルズ-ロイス社・ロッキード社救済をめぐる米英関係（1970-1971年）」　1970年秋における6000万ポンドに及ぶ経営危機第一段階では，ヒース政権とシティ（イギリス金融界）が負担を分け合うことによりロウルズ-ロイス社を救済した。その代償として，ロウルズ-ロイス社ピアスン会長は退陣し，同社は，会計コンサルティング会社クーパー・ブラザーズの監査の下に

置かれた。1971年初頭の1億5000万ポンドの経営危機第二段階では，ヒース政権は，自国政府・金融機関による救済を諦め，ロウルズ−ロイス社の軍用部門を国有化し国防問題への波及をくいとめるとともに，ロウルズ−ロイス社を破産させ，管財人に任せた。このため，RB211計画続行は暗礁に乗り上げ，RB211を搭載するトライスター旅客機を運営していた米ロッキード社の連鎖倒産の危険性が現実化した。バンカーズ・トラストを代表とするアメリカ銀行団は，ヒース政権のRB211計画続行へのコミットメントを求め，イギリス政府―ロッキード社間のエンジン価格引き上げ幅をめぐる妥協は成立したが，この妥協は，アメリカ政府による債務保証を条件としていた。また，ロッキード社とトライスター購入予定エアライン間の交渉も，政府による債務保証を条件としていた。コナリー財務長官はアメリカ議会に対する政府保証を要請し，ホートン・ロッキード会長とコナリー財務長官連名によるアメリカ銀行団の，2億5000万ドルの政府保証に関する議会法案成立を条件とする6億5000万ドルの融資合意の画期を経て，ロウルズ−ロイス社・ロッキード社連鎖危機は一応の解決をみた。つまり，イギリス・ハイテク企業の象徴ロウルズ−ロイス社の倒産とアメリカ国家財政の保証による再建であった。ロウルズ−ロイス社倒産と再建は，航空機プロジェクトがイギリス政府の財政力をこえて大型化したことを意味した。

　イギリス帝国終焉の画期を振り返ると，「第Ⅰ部　帝国再建期のイギリス航空機産業（1943-1956年）」においては，アメリカの軍事援助を受けながらイギリスは軍事産業基盤である航空機産業の育成を通じて第二次大戦後も帝国再建を企図していたといえる。スエズ危機後においても「第Ⅱ部　スエズ危機後における帝国の縮小再編策とイギリス航空機産業（1957-1965年）」にみたように，『1957年国防白書』とそれにひき続く航空機産業の合理化を通じて，航空機産業維持の姿勢を堅持した。しかし，BOACの経営危機を経たフライ・ブリティッシュ政策の終焉と主力軍用機の開発中止によって，歴代イギリス政府の航空機産業育成は破綻し，ここに軍事産業基盤からみたイギリス帝国は終焉を迎えた。軍事産業基盤の視角から分析するとイギリス帝国終焉の画期は，第二次大戦・スエズ危機ではなく，ウィルソン政権期における主力軍用機開発中止であったということができる。「第Ⅲ部　帝国からの撤退期における国際共同開

終　章　イギリスの「新しい役割」

発先のアメリカかヨーロッパかの選択（1966-1971年）」は，ポンド切り下げとスエズ以東撤退という経済・軍事面でのイギリス帝国の最終局面で，イギリスが従来の外交ドクトリンである「3つの円環」（大英帝国・英米特殊関係・対欧州関係）の残された2つの方向性である対米関係と対欧州関係のどちらに重心を置くかを検討した。その結果，軍用機部門においては，当初計画したフランスとの共同ではなくドイツとの共同開発によって先端的軍用機開発技術の維持を実現し，民間機部門においては，欧州共同開発機A300ではなく，アメリカとの米英機体・エンジン部門間生産提携であるトライスターを選択した。

2　結　論

　1962年12月，米英ナッソー会談の直前，アメリカのアチソン元国務長官は演説の中で「イギリスは帝国を失い，まだ新しい役割を見出せていない」と述べた。帝国の終焉とイギリスの「新しい役割」において，イギリス航空機産業は，欧州共同開発による確保された市場より，アメリカ企業との生産提携を通じた，アメリカが支配するグローバル・マーケットへの進出を選択したといえよう。これこそが，「なぜ，どうやって，イギリス機体部門の競争力喪失にもかかわらず，ロウルズ-ロイス社は，エンジン部門において米P&W社・GE社と並ぶビッグ3の位置を保持できたのか？」という本書冒頭の問いに対する答えである。表1をみていただきたい。

　表1は，1943年から1971年にかけて，米欧で開発された軍民の航空機を搭載するジェットエンジンの推進力から世代を，代表的な機体・エンジンの組み合わせを例示しつつ，整理した表である。この分類に従って，以下に，イギリス航空機産業のジェット化進展の軌跡を整理しよう。

　表2は，イギリスの，第二次大戦後から1950年代にかけての軍用機の，生産機数と輸出機数を示したものである。表2から，グロスター社ミーティアが生産機数3784機のうち800機，デハビランド社バンパイアが生産機数3268機のうち1043機，イングリッシュ・エレクトリック社キャンベラが生産機数1079機のうち354機，ホーカー社ハンターが生産機数1525機のうち480機と，イギリスの主力機が同時に多くを輸出していることがみてとれる。ミーティ

2 結　論

表1　ジェットエンジンの世代にみた機種

世代	イギリス		アメリカ	
	エンジン	機体	エンジン	機体
1) 非軸流	Derwent Goblin Ghost	ミーティア ヴァンパイア コメット1	J47 J48 J67	B47 F94 F84, B57
2) 軸流	Avon	コメット4，ハンター，ライトニング，キャンベラ，ヴァリアント	J57（JT3）	F100, B52, 707-120, DC8 series10
3) 15000lbs 前後	Conway	707-420，DC8 series40，VC10，スーパーVC10	J75（JT4） J79	707-320, DC8 serIes30 B-58, F104, F4
4) 20000-40000lbs	Spey Olympus	BAC111，トライデント，F4，コルセアII	TF30 JT8	F111 DC9, 727
5) 40000lbs 以上	RB207 RB211	A300 トライスター，BAC311	CF6 JT10	DC10, A300 747

出典）著者作成。網掛けは英エンジン部門と米機体部門の生産提携機。

　ア・バンパイアは当時のイギリス航空機産業のジェット技術における優位性に支えられて世界市場でシェアを確保した。つまり，表1の分類でいう第1世代においては，イギリス軍用機は生産数・輸出数を確保したことになる。ハンターはアメリカの域外調達政策に支えられて輸出を伸ばしたものの，ジャベリンは，アメリカ政府の域外調達停止によって，輸出は伸び悩んだ。全体として，1940年代から1950年代にかけて，表1の分類でいうと第2世代において，イギリス軍用機の生産数・輸出数が漸減していった様子が看取しうるだろう。

　表3は1956年から1979年にかけてのジェット旅客機の生産数を米英で比較したものである。表3は，表1の分類におけるジェット第2・3世代であるアメリカのボーイング社707/720，ダグラス社DC8，ロッキード社エレクトラ，GD社880/990，イギリスのデハビランド社コメット4，ヴィッカーズ社ヴァイカウント，ブリストル社ブリタニア，ヴィッカーズ社ヴァンガードと第3・4世代のアメリカのボーイング727，ダグラスDC9，イギリスのヴィッカーズ社VC10，BAC社BAC111，ホーカー・シドレー社トライデントのうち，商業的に成功したのがアメリカのボーイング707/720，ダグラスDC8，ボーイ

終　章　イギリスの「新しい役割」

表2　イギリス・ジェット軍用機の生産機数

初飛行年	メーカー	機体名称	生産機数	内輸出機数
1944	グロスター社	ミーティア	3788	800
1946	デハビランド社	ヴァンパイア	3268	1043
1951	イングリッシュ・エレクトリック社	キャンベラ	1079	354
1952	デハビランド社	ベノム	840	102
1953	ホーカー社	シー・ホーク	538	104
1954	ヴィッカーズ社	スウィフト	174	0
1954	ホーカー社	ハンター	1525	480
1955	グロスター社	ジャベリン	428	0
1955	ヴィッカーズ社	ヴァリアント	104	0
1956	A.V.ロウ社	ヴァルカン	124	0
1957	ハンドレー・ページ社	ヴィクター	84	0
1958	イングリッシュ・エレクトリック社	ライトニング	338	0

出典）*Report of the Committee of Inquiry into the American Industry* (London; HMSO, 1965), cmnd. 2538, pp. 121-122; Hartley, Keith, *NATO Arms Co-operation: A Study in Economics and Politics* (London: George Allen & Urwin, 1983), p. 113.

ング727，ダグラスDC9のわずか4プログラムに過ぎなかったこと，つまり，ジェット化をめぐる機体部門での米英間の競争にアメリカが圧倒的に勝利したことを示している。マクミラン政権が産業集約化の中核として位置づけた長距離ジェット旅客機VC10も少数の生産機数にとどまり，失敗したプロジェクトに終わった。

　表4は大量報復戦略期から柔軟反応戦略期にかけての米英の主力軍用機の生産機数を比較したものである。表4は次の2点を示している。第一に，大量報復戦略期（技術的にはマッハ1クラスのジェット第2・3世代機）に開発されたノース・アメリカン社F100，ロッキード社F104が1960年代にNATO諸国およびカナダ，日本のようなアメリカの同盟国でライセンス生産，共同生産され生産機数を伸ばしたのに対し，イギリスのヴィッカーズ社ヴァリアント，A.V.ロウ社ヴァルカン，ハンドレー・ページ社ヴィクター，イングリッシュ・エレクトリック社ライトニングが，『1957年国防白書』による軍用機調達の縮小と海外市場に進出できなかったことによりいずれも生産機数が低迷し「習熟効果」を得られず商業的に失敗したこと。第二に，柔軟反応戦略期（技術的にはマッハ2をこえるクラスのジェット第4世代機）のアメリカ軍の主力機，GD社

2 結論

表3 ジェット旅客機の生産数の英米比較

イギリス			アメリカ		
デハビランド社	コメット4	56	ボーイング社	707/720	1095
ヴィッカーズ社	ヴァイカウント	440	ダグラス社	DC8	556
ブリストル社	ブリタニア	83	ロッキード社	エレクトラ	170
ヴィッカーズ社	ヴァンガード	44	GD社	990	37
ヴィッカーズ社	VC10	34			
BAC社	BAC111	230	ボーイング社	727	1720
ホーカー・シドレー社	トライデント	117	ダグラス社	DC9	1034

出典) Hayward, Keith, *Government and British Civil Aerospace: A Case Study in Post-War Technology Policy* (Manchester: Manchester University Press, 1983), p. 7 より作成。

表4 軍用機の生産機数の英米比較

イギリス			アメリカ		
機体メーカー	機体	生産機数	機体メーカー	機体	生産機数
大量報復戦略期 (1950年代まで)					
ヴィッカーズ社	ヴァリアント	108	ノース・アメリカン社	F100	2294
A.V.ロウ社	ヴァルカン	124	GD社	F102	938
ハンドレー・ページ社	ヴィクター	84	ロッキード社	F104	1958
イングリッシュ・エレクトリック社	ライトニング	338			
柔軟反応戦略期 (1960年代)					
BAC社	TSR2	開発中止	GD社	F111	586
ホーカー・シドレー社	P1154	開発中止	マクダネル社	F4	5195
ホーカー・シドレー社	HS681	開発中止	ロッキード社	C130	1600

出典) Hartley, Keith, *NATO Arms Co-operation, op. cit.*, p. 113.

F111, マクダネル社F4, ロッキード社C130がイギリス軍にも納入され生産機数を確保したのに対し, イギリスの1960年代開発計画に指定されたBAC社TSR2, ホーカー・シドレー社P1154, ホーカー・シドレー社HS681が開発中止されたこと, の2点である。

こうしたイギリス航空機産業の危機に際して, イギリス・機体部門とエンジン部門の対応は異なった。エンジン部門では, 第三世代のジェットエンジンであるファンエンジンの開発において, イギリス・メーカー (ロウルズ-ロイス社, ブリストル・シドレー社) がアメリカ・メーカーに対する技術的競争力を保持し

終　章　イギリスの「新しい役割」

ていた。こうした状況において，イギリスは，707-420・コルセアⅡ・トライスターのような米英機体・エンジン間生産提携の路線か，コンコルド・A300のような欧州共同開発の路線をとるか，選択を迫られた。

　表1を再びみていただきたい。戦後イギリス航空機産業の「再生」の路線は，欧州共同開発の方向性と対米協調の方向性の潜在的に相反する2つの要素のせめぎあいの中にあった。軍用プロジェクト・民間プロジェクトの個々のケース，時期により，どちらの方向性が主導的となるかはケースバイケースではあるが，イギリス航空機産業は，全体としては，対米関係を優先し，アメリカ航空機産業の部品（エンジン等）サプライヤーとしての役割を担ってきた。対米協調を通じたグローバル・マーケットへのアクセスを，欧州共同による限定された市場よりも優先させる。これが戦後イギリス航空機産業生き残りの路線であった。ロウルズ-ロイス社は，自国開発計画中止によりイギリス軍が購入するアメリカ機用のエンジン契約を受注し，さらには巨大なアメリカ・NATOの軍事市場にも進出していった。ロウルズ-ロイス社は，イギリス独自の航空プロジェクトの開発中止を契機として，アメリカが主導する巨大な航空機プロジェクトに参画することによって技術力を持続していったのである。他方，アメリカ航空機産業は第4世代機の開発の有力な競争者であったイギリス航空機産業の1960年代開発計画をキャンセルに追い込むことによって後方に抜き去り，イギリス・エンジン部門と生産提携を取り結ぶことによって，その技術力を開発計画に組み込むと同時に，イギリス政府，航空機産業が英仏共同開発に深く足を踏みいれるのを阻止したのである。

　1960年代，ジェット旅客機市場の拡大とそのアメリカ機体部門による制圧が進むにつれて，アメリカ機体部門とイギリス・エンジン部門との生産提携はいちじるしく本格化するが，この生産提携を促進する諸契機が誰の目にもはっきりと分かるようになる。すなわちそれは，第一には，アメリカ機体部門の，第二には，イギリス・エンジン部門の，市場拡大戦略である。

　第一の契機は，アメリカ機体部門の市場拡大戦略である。アメリカの機体メーカーにとって，イギリスのエンジン・メーカーと生産提携関係を結ぶことは，二重のメリットを有していた。なぜなら，イギリスのエンジンを搭載することにより，BOACやイギリスのエンジン・メーカーの他の顧客に売り込み，販

売量を拡大することが可能になると同時に，イギリスのエンジン・メーカーを，生産提携によって自らの陣営に取り込むことにより，イギリスのエンジン・メーカーが欧州共同開発に参加することを食い止め，ひいては，機体メーカーを含めたイギリス航空機産業全体を，欧州共同開発から手を引かせることができるのである。アメリカの機体メーカーは，イギリスのエンジンを搭載することによって，イギリス航空機産業の顧客であるエアラインへの売り込みと，競争相手である欧州メーカーの機体開発の阻止を図ったのである。

第二の契機は，イギリス・エンジン部門の市場拡大戦略である。一方，イギリスのエンジン・メーカーにとっても，アメリカの機体メーカーにエンジンを供給することは，死活的な意味をもっていた。たとえ優秀なエンジンを開発，生産しようと，そのエンジンの販売数は，それが搭載される機体の販売数に制約されるのであり，イギリスのエンジン・メーカーが政府により供給を義務づけられたイギリス製の機体は，旧英連邦のエアライン以外には売り込めなかったからである。

イギリスのエンジン・メーカーにとって，イギリスの機体メーカーにエンジンを供給しなくてはならないことは，企業としての発展を阻害する条件となっており，企業として存続していくためには，世界市場を制圧しているアメリカの機体メーカーにエンジンを供給することが，不可欠の条件となったのである。商業的成功の可能性の低い，イギリスあるいは欧州共同開発の機体にエンジンを供給することは，イギリスの機体部門とエンジン部門の共倒れの可能性を含んでいた。イギリスのエンジン・メーカーは，それよりは，世界の旅客機のほとんどを生産しているアメリカ機体メーカーのジェット旅客機にエンジンを供給し，世界最大の旅客機市場である米国に進出を指向したのである。

ロウルズ−ロイス社のこうした能動性は，戦後イギリス産業の展開を「衰退」として把握する従来の見方とは異なるイギリスの経済像を示唆している。1968年1月，ウィルソン首相は，イギリス軍のスエズ以東撤退を宣言し，ここにチャーチル＝イーデン＝マクミランら戦後の保守党政権が目指したイギリス帝国再編維持政策は終焉を迎える。アチソンのいう「新しい役割」について，ケイン＝ホプキンスは，「スターリングというよい船が沈んでしまった後，シティは航海にはるかに適した新しい船，ユーロダラーに乗り込むことができた」と

終章　イギリスの「新しい役割」

述べるように，シティがスターリング圏の終焉とともに，ユーロダラー市場・ユーロボンド市場での取引に新たな活動の機会を見出したことをもって，脱植民地体制的グローバリゼーションの「受け入れ国であり代理人（host and agent）」という役割を見出したと述べている。これはアメリカ主導のグローバリゼーション下におけるイギリス資本主義像を提起しているといえる。これに対して，本書で検討した米英機体・エンジン間生産提携は，イギリス航空機産業が，アメリカ主導の航空機産業のグローバルな市場構造に組み込まれることを余儀なくされると同時に，そこで部品（エンジン）サプライヤーとしての新しい役割を能動的に担っていったことを指し示している。これは同時に，アメリカ航空機産業の最大の対抗者であったイギリス航空機産業のアメリカ航空機産業のジュニア・パートナー化を意味すると同時に，欧州共同開発がアメリカの想定を超えて強大化することを防ぐ意味をももっていた。

　最後に，本書冒頭に提起した3つの問題を再考しよう。第一に，英米間覇権移行の画期は第二次大戦期か？第二に，イギリスは，欧州統合という船に乗り遅れたのか？第三に，帝国の終焉とともに，イギリスは帝国からヨーロッパへシフトしたのか？第一の英米間覇権移行の画期は，先にみたように，軍事産業基盤の視角からみると，ウィルソン政権による1965年の主力軍用機開発中止が最大の転機であった。第二の「イギリスは，欧州統合という船に乗り遅れたのか」という論点についていえば，イギリスは，民間部門においては，欧州エアバスに参加するのではなく，アメリカのメーカーと国際生産提携を結ぶことによってグローバル市場でのシェア獲得を目指した。つまり，欧州エアバスへの不参加には一定の経済合理性があった。他方，軍事部門では，西ドイツ・イタリアとのトルネード戦闘機の共同開発にみられるように，この点においては，「欧州統合」において，欧州共同開発から除外されたフランスより，「先端技術開発における欧州統合」の主導権を握ったといえる。第三に，帝国の終焉とともに，イギリスは帝国からヨーロッパへシフトしたのかという論点を考えてみよう。帝国の終焉後のイギリス再生の道筋について，次の2つの見方がある。1つは，オーウェン（Geoffrey Owen）が，「帝国からヨーロッパへ」として強調した，イギリス産業は，帝国志向からヨーロッパ志向に転換することで，再生の道を歩み始めたとする見方である。他方，オッテ（T. G. Otte）は，ヨーロ

ッパへのコミットメントと大西洋主義(対米志向)のバランスから説明した。[2] これらの見方について,著者は,本書で分析した軍事産業基盤の分析からすると,イギリス再生の道筋は,アメリカが主導するグローバル市場が軸で,欧州共同は米英共同路線が成功しなかった場合の代替的選択肢であったと結論づける。第7章で検討したワイドボディ旅客機開発・欧州エアバス開発に際して,仏独関係者が危惧したとおり,イギリスはヨーロッパとアメリカという「同時に2頭の馬」に乗ろうとしたといえるであろう。[3]

---

1 Cain, P. J. and A. G. Hopkins, *British Imperialism, 1688-2000*, 2nd edition (London: Longman, 2002), p.678.

2 Owen, Geoffrey, *From Empire to Europe: The Decline and Rebirth of British Industry since the Second World War* (London: Harper Collins Publishers, 1999). ジェフリー・オーエン(和田和夫監訳)『帝国からヨーロッパへ——戦後イギリス産業の没落と再生』(名古屋大学出版会,2004年); Otte, T. G., "British Foreign Policy from Malplaquet to Maastricht," in T. G. Otte, *The Makers of British Foreign Policy: From Pitt to Thacher* (Basingstoke: Palgrave, 2002), p. 26.

3 第7章第1節を参照せよ。

補　論

核不拡散レジームと軍事産業基盤——1966年NATO危機をめぐる米英独核・軍事費交渉
——1966年3月〜1967年4月——

はじめに——核不拡散レジームと「ドイツ問題」

　1966年3月7日，ドゴール仏大統領（Charles De Gaulle）が，ジョンソン米大統領（Lyndon B. Johnson 以下，LBJ）に送付したフランスのNATO統合軍事機構からの離脱通告を旨とする書簡は，1966年NATO危機（NATO Crisis of 1966）を引き起こした。フランスの西側同盟からの離脱は，第一に，大陸ヨーロッパにおける西ドイツに対するカウンター・バランスの喪失，第二に，来るべきフランス領内からの米英軍撤退，フランス軍の西ドイツ領内からの撤退後における大陸ヨーロッパにおける西側同盟兵力の全面的再検討とその費用負担問題をもたらすことを意味していた。ハフテンドルン（Helga Haftendorn）は，この危機の根底には，第一にアメリカの核抑止力に対する西側同盟国の信頼性の危機，第二にアメリカの大西洋主義と欧州側主導国である仏独の役割の相克，第三に米ソ・デタント進捗とドイツ問題にあると分析した。1966年NATO危機は，未解決であった西側同盟内の核共有（Nuclear Sharing）問題——西側同盟国のアメリカ核抑止力へのアクセス——を前面に押し出すことになった。トラクテンバーグ（Marc Tractenberg）は，『構築された平和——1945から1963年における欧州安定構築』（1999年）により，冷戦史の文脈を米ソ対立からドイツ問題（German Problem/Question）にシフトすることに成功した。同書は，1963年部分的核実験停止条約成立をもって，西ドイツが「非核国」

補　論　核不拡散レジームと軍事産業基盤――1966年NATO危機をめぐる米英独核・軍事費交渉

としての地位を受け入れ，ドイツ問題は基本的に解決したと結論づけている。しかし，1966年NATO危機は，「1963年デタント（détente of 1963）」が米ソ交渉のスタート地点としての意味をもつものの，ドイツ問題が部分的にしか解決されていなかったことを示している。1963年デタントにおいては，西ドイツの核武装要求はMLF（Multilateral Force：アメリカ軍人であるNATO最高司令官が管理する核搭載潜水艦隊）への西ドイツ参加を通じて満たされるはずであったが，MLF創設交渉は，西側同盟内の合意が得られず暗礁にのりあげ，ソ連もMLFを通じた西ドイツの核兵器へのアクセスを認めないことが米ソ間核不拡散条約（Nuclear Non-Proliferation Treaty 以下，NPT）交渉の中で明らかになってきたからである。

　ドイツ問題は，ドイツ統一を究極的課題とする米ソ欧州諸国間の多様な争点の集合体であるが，アメリカの対欧州政策立案上の争点に限定して考察すると，西ドイツ復興・軍事力増強と在欧（中心は西ドイツ）米軍撤退のトレードオフ問題として現れる。つまり，在欧米軍を削減すれば，アメリカの財政支出を抑制するのに効果的であるが，西ドイツの軍事力増強をうながす結果となる。西ドイツの軍事力増強は，西側周辺国とソ連のドイツ脅威論をもたらす。このトレードオフを管理しながら，対ソ軍事力をいかに維持するか。このトレードオフ問題は，ジョンソン政権期においては，国際収支問題の悪化により，ますます困難になっていた。さらに，米ソ間で進展していたNPTをアデナウアー前西ドイツ首相が「モーゲンソー・プラン（アメリカの初期戦後構想であるドイツの農業国化案）」になぞらえたように，ドイツ世論の一定部分は，NPTを，ドイツの頭越しの米ソ協議によるドイツ封じ込めととらえていた。1966年NATO危機の収束は，アメリカ軍のドイツ駐留経費の西ドイツ負担をめぐるオフセット交渉と，これと交錯して進行したNPT交渉という2つの関連する交渉を通じて，ドイツ問題――在欧米軍撤退と西ドイツ核武装問題――の解決が必要とされていた。この解決には，イギリスの協力が不可欠であった。フランスの西側同盟離脱という状況下で，NATO安定化のために英独関係の強化が必要だっただけでなく，イギリス自身も，スエズ以東からの撤退を模索する中で駐独イギリス軍（British Army on Rhine，以下，BAOR）撤退を検討していたからである。1967年3月に合意した米英独3国オフセット交渉について，ジマーマン

(Hubert Zimmerman)，ギャビン（Francis J. Gavin）が，「マネーと安全保障（money and security）」の視角から，オフセット交渉を考察したが，本稿は，西ドイツが，オフセット交渉・NPT交渉を通じて，軍事産業基盤（defense-industrial base）——核弾頭を製造する原子力産業（原子炉製造部門・核燃料サイクル部門）と核弾頭運搬手段を製造する航空機産業——確立をいかに達成しようとしたかを検討する。[2]

第1節　1966年NATO危機と核・軍事費問題

　スプートニク・ショック（1957年）からキューバ危機（1962年）にいたる米ソ核危機の時期におけるアメリカのヨーロッパ核戦略には次の3つのアプローチがあった。第一の『NATO軍事委員会報告』第70号（MC-70）は，1958年4月NATO国防相会議で承認されたもので，ソ連が大陸間弾道ミサイルをもちアメリカが大陸間弾道ミサイルをもたない「ミサイル・ギャップ」に対処するため，NATO欧州諸国領土内での地上発射中距離弾道ミサイル基地建設と核貯蔵計画を内容とし，NATO内での核共有を重視した。MC-70路線は，西ドイツ領域内への中距離核ミサイル配備を意味することから，ソ連・東欧諸国の反発が必至であった。第二のボーウィ構想（後のMLF構想）は，中距離弾道ミサイルを搭載した艦船（ポラリス潜水艦）によるNATO核艦隊を創設するという案で，1960年12月のNATO理事会で，ハーター（Christian A. Herter）米国務長官が提案した。ボーウィ構想・MLF構想は，欧州諸国の核防衛への参加要求を満たしつつ，米ソ間の最大の争点となる西ドイツ領土内への中距離ミサイル配備を回避するものであった。第三のアテネ・ガイドラインは，1962年5月NATO理事会でマクナマラ国防長官（Robert S. McNamara）が示したもので，アメリカの大陸弾道ミサイル開発により「ミサイル・ギャップ」は克服されたとの認識に立ち，西側核はアメリカに一元的に管理されるべきだとした。第一のMC-70路線と第三のアテネ・ガイドラインは，即時大量報復戦略と柔軟反応戦略という核戦略，欧州諸国の核武装を認めるかどうかという2つの点で相反するアプローチであったが，アテネ・ガイドライン発表後，MC-70に基づく核計画を推進してきたノースタッド（Lauris Norstad）NATO最高

補　論　核不拡散レジームと軍事産業基盤——1966年NATO危機をめぐる米英独核・軍事費交渉

司令官が辞任したことで，アメリカ政府のヨーロッパ核防衛政策は，第二のアプローチ——MLF——と，第三のアプローチ——アテネ・ガイドライン——に収斂した。西ドイツは，MLFを，核防衛へのアクセスの好機ととらえ，1963〜65年のMLF交渉において，MLF創設に向けて積極的な姿勢を示した。1965年12月20日，ワシントンでの米独首脳会談においても，エアハルト (Ludwig Erhard) 独首相は，LBJに対して，西ドイツは国家により管理または所有される核兵器は求めていない，しかし，「なんらかの多国間で統合された核システム」が必要であると述べ，あらためて，西ドイツの核兵器へのアクセスを訴えた。

1965年，米ソ間でNPT協議が進行するが，合意に向けての米ソの決定的な齟齬は，NATO核共有を通じた西ドイツの核兵器へのアクセスをめぐる問題であった。1966年1月11日，コスイギン (Aleksei N. Kosygin) ソ連首相は，LBJに次のような書簡を送った。ソ連は，非核兵器国（NPTで定義された非核兵器保有国）がいかなる形式でも——直接的にも間接的にも——核兵器にアクセスすることに反対する。現在，NATOで進行中の核共有をめぐる交渉は，西ドイツを含む非核兵器国に核兵器へのアクセスを許容することになるNPTの重大な例外であり，これがNPTをめぐる米ソ間の決定的な意見の相違である。「マクナマラ委員会」——NATOの核戦略・計画をめぐる協議機関——は，西ドイツの核要求に対する新たな譲歩である。ソ連は，西ドイツがいかなる形式——MLF，「マクナマラ委員会」創設——であろうと，西ドイツの核兵器へのアクセスを可能にすることに決して同意しない。

コスイギン書簡にある「マクナマラ委員会」とは，1965年11月に第1回会合が開催されたNATO特別委員会で，各国国防相をメンバーとしてNATO核計画を討議するものであった。この時点において，NATOで進行していた核共有は，①MLFなどNATO核戦力創設を目標とするなんらかの「ハードウェア的解決」，②「マクナマラ委員会」形式のNATO核防衛計画討議，③NATO諸国に配備されたアメリカ核兵器の発射に対するアメリカと受け入れ国の取り決め，の3点であった。西ドイツは，この核共有の3形式を通じて核兵器への「アクセス」を要求していたのに対し，ソ連は，NPTにおいて，3形式のいかなる形式においても西ドイツへの核兵器への「アクセス」は認めな

いとの姿勢を示しており，この問題が NPT をめぐる米ソ合意成立への最大の障害であった[5]。

　以上のような核管理・安全保障をめぐる軍事力の問題は，軍事力の財政的側面である軍事費の西側同盟内での負担をめぐる問題と表裏の関係にあった。1966 年 NATO 危機をめぐる米英独交渉においても，核問題と軍事費負担問題は交錯して進行した。ここで，こうした軍事費交渉の背景となる，米独間・英独間・米英間の軍事費をめぐる構図を整理しよう。

　アメリカ軍・イギリス軍の西ドイツ駐留は，対ソ防衛の最大の兵力であると同時に，西ドイツの軍事大国化の歯止めであり，その意味でソ連・ドイツの「二重の封じ込め」の象徴であった。西ドイツ政府は，米英の駐留費用を，占領期には占領費として，建国後 1950 年代後半は「サポート費用」の名目で負担してきたが，1961 年 10 月 24 日に締結された 1961 年 7 月からの 2 年間をカバーする第一次米独オフセット協定では，駐留費用として西ドイツが 14 億 2500 万ドルのアメリカ兵器を購入する新方式——兵器オフセット——が採用された。西ドイツ政府のアメリカ兵器購入は，民間部門での西ドイツの黒字を，政府部門によるアメリカ商品購入でオフセットする役割を担った。当時，アメリカの国際収支が悪化する反面，西ドイツは，逆に，国際収支黒字国として経済成長を続けていた。アメリカの国際収支悪化は，同時に，国際収支黒字国の中央銀行にドルが蓄積されることを意味していた。ブレトンウッズ協定の下で，アメリカ政府は，ブレトンウッズ協定加盟国中央銀行に対してドルの金への兌換請求に応ずる義務を負っていた。そのため，国際収支ポジション悪化は，ブレトンウッズ体制の根幹であるアメリカ金保有の減少を招くものであった。1958 年に始まり，1960 年代にベトナム戦争とともに本格化したアメリカの国際収支悪化状況において，西ドイツによる駐留費用とアメリカ兵器とのオフセットは国際収支改善のための重要な経路であった。1963 年の国際収支状況を見ると，西ドイツは，EEC 諸国に対して 11 億ドル，EFTA 諸国に対して 15 億ドルの黒字を，アメリカに対しては 9 億ドルの赤字，合計で 15 億ドルの黒字となっていた。ドイツの対米赤字の大きな部分を兵器オフセットが占めていることから，ドイツが，EEC 諸国・EFTA 諸国との交易で蓄積された黒字が，アメリカに環流する回路として米独オフセット協定は機能し，ドル体制の安全

補　論　核不拡散レジームと軍事産業基盤——1966年NATO危機をめぐる米英独核・軍事費交渉

弁の役割を担っていたことがみてとれる。[6]

　米独間だけでなく、英独間でも、第一次米独オフセット協定にならい、1962年4月、1962年4月からの2年間をカバーする最初のオフセット協定が締結された。この協定で、ドイツは2年間で予想されるBAOR支出4億ドルに対して、3億ドルをイギリスに支出する（75%カバー）ことを約束し、1964年7月にも、同様の2年間の協定が結ばれた。しかし、米独協定と異なり、西ドイツは、これらの2つの協定においての目標額を達成できなかった。西ドイツ側は、イギリス兵器に技術的魅力がないからだと説明したが、このBAORオフセット未達成問題は1960年代前半における英独関係における最大の軋轢要因となった。イギリス政府の海外支出は、1950年代後半以降の10年間で、年間5億8000万ドル水準から13億ドル水準に増加していた。1966年4月20日のイギリス閣議において、キャラハン（James Callaghan）蔵相は2億8000万ドル規模の海外政府支出の削減を提案した。イギリスがとりうる国際収支対策は、①ポンド切り下げ、②スエズ以東の軍事基地撤退、③BAOR撤退の選択、ないし組み合わせであった。①・②の選択は、イギリス帝国の最終的解体を意味するため、内閣はキャラハン提案を承認したが、達成のための手段は、イギリス政府の海外支出の約半額である軍事支出のさらに半分を占めるBAOR外貨支出削減に注がれた。[7]

　米英間の軍事費問題は、イギリスのアメリカ兵器購入をめぐるオフセットを通じて進行した。1966年2月14日のイギリス閣議は、スエズ以東への「核の傘」として、アメリカ製F111戦闘爆撃機購入を決定した。候補にはフランス機も挙がっていた、イギリス内閣がアメリカ機を選択した主たる要因は、イギリスの外貨支出問題にあった。アメリカ政府には、フランスと異なり、F111購入に必要な外貨7億2500万ドルを、サウジアラビアへの米英共同兵器輸出4億ドルとアメリカ政府のイギリス兵器購入3億2500万ドルを約束することでカバーする用意があった。つまり、イギリスは、スエズ以東への「核の傘」を、外貨負担なく入手する目処をつけたのである。この米英F111購入協定で合意されたアメリカ政府のイギリス兵器購入約束は、英米独オフセット交渉で重要な意味をもつようになる。[8]

　以上、1966年NATO危機前夜において、米独・英独・米英は、軍事費をめ

282

ぐる2国間協定をそれぞれ締結していた。これらの軍事費オフセット関係は，米英の駐留費用を西ドイツが兵器購入でオフセットするという点が中軸であった。この中軸は，西ドイツ政府の軍事予算に依存していたため，西ドイツ国会での予算審議に影響されるという脆弱性をもっていた。フランスのNATO軍事機構離脱は，この中軸を大きく揺さぶった。フランスのNATO軍事機構離脱は，フランス領域内からのアメリカ軍撤退と西ドイツからのフランス軍撤退を意味するが，これらは，第一に，中央ヨーロッパにおける兵力水準と配置の再編およびその経費負担問題，第二に西側同盟団結の危機をもたらした。これらの事態は，BAOR削減，およびNATO諸国の軍備縮小という連鎖的危機を惹起しかねなかったのである。

第2節　LBJ＝エアハルト・サミット（1966年3月～10月）

1966年3月のNATO危機発生後の米独関係の懸案は，核問題ではNPTとNATO核共有の関係，オフセット問題では，1965年7月から1967年6月の2年間に西ドイツが購入を約束した13億5000万ドルのオフセット協定の達成の2点であった。1964年5月11日に締結された米独オフセット協定において，ドイツはアメリカ兵器を，1965年7月1日から1967年6月30日の2年間において，13億5000万ドル分購入することを約束していた。しかし，1966年5月のマクナマラ＝ハッセル（Kai-Uwe von Hassel）米独国防相会談で，ハッセルは，マクナマラに対して，現在のドイツの予算状況からすると，13億5000万ドルの購入約束に対して，発注額で7億ドル・支払い額で11億3000万ドル不足する見込みであることを伝えた。7月5日付けの書簡で，エアハルトは，LBJに対して，米独間の二大懸案事項であるNPT・核共有問題とオフセット問題についての意向を以下のように説明した。NPTについては，アメリカ側NPT草稿において，将来のNATO統合核戦力創設――「ハードウェア」――の余地を残すよう要請した。他方，オフセットについては，アメリカが受け入れ可能な解決策を見出すよう全力を尽くすとのエアハルトの意思を示した。つまり，エアハルト書簡は，オフセットについて貢献するかわりに，NPT・核問題における西ドイツの要求を打ち出す「オフセット―核問題」リンケージ

補　論　核不拡散レジームと軍事産業基盤——1966年NATO危機をめぐる米英独核・軍事費交渉

の姿勢を示したといえる。

　7月中旬のポンド危機は英独オフセット・BAOR撤退問題を焦眉の課題に引き上げた。7月20日，ウィルソン（Harold Wilson）英首相は，政府海外支出を2億8000万ドル削減することを下院で誓約するとともに，西ドイツ政府がBAOR駐留費用の追加負担に同意しないなら，BAORを撤退することを表明した。7月28〜29日，ワシントンでのLBJ＝ウィルソン・サミットで，ウィルソンはイギリスの国際収支問題を訴えるとともに，ありうる解決策であるポンド切り下げ・スエズ以東撤退・BAOR撤退のうち，ポンド切り下げとスエズ以東撤退は考えていなことをLBJに告げた。LBJはこの会談で，アメリカ空軍戦闘機用エンジンとして1億ドル相当のイギリス製エンジン購入によるイギリス国際収支支援を約束した。この取引は，F111オフセット協定で合意されたアメリカ軍による3億2500万ドルのイギリス兵器購入約束の最初の大規模な履行であった。

　LBJ＝ウィルソン・サミット後，LBJは，9月に予定されているLBJ＝エアハルト・サミットを前にして，保留していた先のエアハルト書簡（7月5日）への返答——核問題・オフセット問題についてのアメリカの方針決定——を迫られていた。しかし，アメリカ政府部内は，核・オフセットをめぐる対西ドイツ方針をめぐって分裂していた。第一の争点である核共有・NPT問題について，ベイター（Francis M. Bator）安全保障担当大統領補佐官らは，エアハルトに対して，将来の核戦力創設——「ハードウェア的解決」——の保証を与えてはならないという方針を主張した。対して，ラスク＝ロストウ（Walt W. Rostow）大統領特別補佐官は，将来の核戦力創設の余地を残す路線を主張していた。第二の争点であるオフセットについては，マクナマラ＝ラスクは，オフセット協定の履行を促す「強硬路線」の立場をとっていた。これに対して，ボール（George Ball）国務副長官・マギー（George McGhee）駐独アメリカ大使は，これに反対した。NPT・オフセット双方でエアハルト政権を追いつめることは，ドイツの国内政治状況からみて得策ではないとの配慮であった。アメリカ政府部内の意見対立に加え，イギリスとアメリカ議会という2つの要因により事態はさらに切迫した。BAOR費用をめぐる英独交渉は進展せず，8月19日，イギリス政府は英独オフセット交渉の不成立を理由として，BAORの大規模

第2節　LBJ＝エアハルト・サミット（1966年3月～10月）

削減を行うと発表した。さらに，8月30日，マンスフィールド（Mike Mansfield）上院議員ら13人の有力民主党上院議員が，欧州諸国が米軍駐留に見合う貢献をしていないことを不満として，西欧駐留米軍の削減決議案の共同提案者になることに合意した。イギリスがBAORを撤退した場合，他の欧州諸国の連鎖的な兵力削減，アメリカ議会の駐欧米軍撤退圧力強化が予想された。このため，LBJ政権は，自国の西ドイツとのオフセットだけでなく，英独間のオフセットについても関与することを余儀なくされた。上院民主党の西欧駐留米軍削減の動きを抑えるには，西ドイツがオフセット問題で明確な成果を出すことが必要であった。LBJは，西ドイツに対して100％オフセットを求める「強硬路線」の立場を固めた。LBJは，8月25日付けエアハルト宛書簡では，核問題には触れず，オフセットについて，米英独3国で打開策を検討するべきではないかとエアハルトに打診した。[11]

9月19日付けのメモランダムで，キッシンジャー（Henry Kissinger）が，NPTに対するソ連側の姿勢の変化を，LBJ政権に伝えてきた。メモランダムは，何よりソ連が，NPT締結を強く求めていると述べていた。NPT合意の唯一最大の障害は，集団的核戦力――「ハードウェア」――を可能にする条項にある。ソ連は，NATOに現存する核戦略についての協議機構を損なおうとする意思をもたない。マクナマラ委員会についても，それが「ドイツによる核兵器の物理的な所有」につながらないのであれば問題としないとあった。9月22日および24日，ニューヨークで開催された国連総会の会議終了後，ラスク国務長官はグロムイコ（Angrei A. Gromyko）ソ連外相と，NPTについて会談をもち，次の3原則――99％の問題――について合意した。第一に，米ソ（核兵器保有国）は，いかなる非核兵器国に対しても直接的・間接的に核兵器を移転しない。第二に，米ソは，いかなる非核兵器国に対してもその国が核兵器国になるためのいかなる支援もしない。第三に，米ソは，自国の核兵器を発射する権限を自国以外の他者に委譲しない。しかし，「残る1％」として，非核兵器国の同盟内の核兵器への「アクセス」の解釈の問題が残った。グロムイコは，現存するNATO核共有の取り決めは，非核兵器国の核兵器への「間接的な」移転にあたると論じた。[12]

9月26日，ワシントンで，LBJ＝エアハルト会談が開催された。エアハル

補　論　核不拡散レジームと軍事産業基盤――1966年NATO危機をめぐる米英独核・軍事費交渉

トは，オフセットについて，3億5000万ドルの兵器購入約束とアメリカの戦後対ドイツ貸与2億1400万ドルのブンデスバンク（ドイツ中央銀行）による返済を約束した。同日のエアハルト＝ラスク会談で，ラスクはエアハルトに，ニューヨークでのグロムイコとの会談でのNPT交渉の状況を伝え，ソ連がNATO諸国の核兵器へのアクセスについて断固として受け入れない見通しであることを伝えた[13]。

　10月10日，ワシントンでの会談で，ラスク＝グロムイコは，NPTについての米ソ間の「残る1％」について，合意を探った。ラスクは，ソ連側の残るNATO核共有への懸念について次のように確約した。アメリカの核兵器がアメリカの同意なく西ドイツ政府の命令により西ドイツ軍人により発射されることは決してない。この確約に対して，グロムイコは，次のように答えた。過去にMLFのような共同核戦力を創設する協議があったが，これらの計画がもし実現すれば，西ドイツの核戦力への参加を意味するので，ソ連は受け入れることができない。しかし，西ドイツの核防衛計画への「声（ヴォイス）」はソ連の懸念材料にならない。このグロムイコの発言は，ソ連が，MLF型の核戦力――ハードウェア――は認めないが，マクナマラ委員会のような核計画グループへの西ドイツの参加は認めることを意味していた。このラスク＝グロムイコ合意により，NATO核共有の3形式について，①NATO核戦力創設を目標とするいかなる「ハードウェア的解決」もとらない，②NATO核防衛計画討議は認められる，③NATO諸国に配備されたアメリカ核兵器の発射権限はアメリカ大統領にのみにあり核兵器受け入れ国は決して関与しない，の3点が米ソ間の合意となった。1966年9月，MLF交渉は最終的に打ち切られ，代わりに，マクナマラ委員会を引きつぐNATO核計画グループが，1966年12月の開催以降，常設化された[14]。

第3節　米英独3国交渉（1966年11月〜1967年4月）

　10月27日，エアハルトが，9月のLBJ＝エアハルト・サミットでのアメリカ兵器購入を履行するため，増税を提案すると，副首相メンデ（Erich Mende）が辞任し，エアハルト政権は崩壊した。その後の混乱を経て，12月にはキー

第3節　米英独3国交渉（1966年11月〜1967年4月）

ジンガー連立政権が成立した。連立政権には，副首相・外相としてブラント（Willy Brandt）が，財務相としてシュトラウス（Franz Josef Strauß）が入閣した。10月に行われた英独交渉で，イギリスの対独オフセット要求2億1500万ドルに対するドイツの提示額は9000万ドルにとどまり，英独間に1億2500万ドルのギャップがあることが明らかになっていた。ドイツ政局の混乱により，英独オフセット交渉はストップし，ウィルソン内閣はBAOR撤退の意向を強めた。LBJは，11月4日付けの書簡で，ウィルソンに対して，BAOR撤退を思いとどまるよう訴えるとともに，アメリカ軍によるイギリス兵器購入約束を，F111オフセット協定で約束した3億2500万ドルとは別に3500万ドルを追加することを提案した。11月末，この3500万ドルの見返りに，ウィルソン内閣は，1967年6月まではBAORを撤退しない猶予期間をとることを認めた。[15]

LBJは，オフセット問題の難局打開のためのネゴシエーターに，マックロイ（John T. McCloy）元西ドイツ高等弁務官を任命し，オフセット問題を打開する新たなアプローチの検討を求めた。11月21日，マックロイは『NATO中央地域におけるアメリカ兵力』と題する報告書（以下，マックロイ報告）をLBJに提出した。マックロイ報告は，まず，兵力水準について，中欧地域における現時点でのNATO軍の兵力は柔軟反応戦略を支えるのに十分な水準であることを検証した。その一方，万一，アメリカ軍が削減された場合には，同盟国軍の連鎖的な兵力削減を招き，ソ連の脅威を招くと警告した。アメリカ軍の中欧での兵力維持に必要なオフセットについて，西ドイツでのアメリカの支出が国際収支に与える影響を中和するような「新たな協定」が必要であると勧告した。在独米軍維持に必要な年間オフセット額は6億ドルである。しかし，兵器販売についていえば，エアハルトが9月に約束した3億5000万ドルを超えることは期待できない。そのため，マックロイは国際収支問題を解決するためその兵器販売以外の手段を検討したが，その結果，なんらかの金融的取引が有望であると考えるにいたった。具体的には，西ドイツが，アメリカに単純に貸し付けるか，封鎖された勘定においてドル資産をもてばよいのである。その際に，ブンデスバンクに，ドルを金に交換しない現在の政策を継続するという非公式の約束をとりつければよい。つまり，ブンデスバンクが米軍駐留経費に見合う額をドル資産として保有し，それを金に交換しなければ，国際収支問題

補　論　核不拡散レジームと軍事産業基盤——1966 年 NATO 危機をめぐる米英独核・軍事費交渉

は緩和されアメリカからの金流出も起こらない。マックロイ報告は，従来の兵器オフセットから，中央銀行金不換ドル保有オフセットへの転換を提言するものであった。ブンデスバンクの活用は，エアハルトの対米オフセット姿勢を批判していたシュトラウスが財務相となりドイツの財政権限を握っている以上，米独オフセット合意のための現実的処方箋でもあった。[16]

　1967 年 1 月 10 日，シュトラウスは，ロバーツ（Sir F. Roberts）駐独イギリス大使と会談し，英独間の新たな協調関係構築の意向を伝えた。シュトラウスは，「米独兵器オフセットによりドイツの軍事調達の 4 分の 3 をアメリカ兵器が占めている事態は，アメリカが欧州を支配しようとする動機と結びついている。もしドイツからの兵力の撤退があるとしたら，イギリス軍よりもアメリカ軍が撤退するほうが望ましい。財政面での条件さえ整えばドイツ空軍による英仏共同開発のジャガー練習機・AFVG 戦闘機の調達もありうる」と述べ，英独協調に基づく欧州諸国による独自の技術基盤維持を訴えた。[17]

　発足したキージンガー政権は，NPT についての米ソ間での討議状況と合意点について，アメリカの説明を求めた。LBJ 政権は，10 月 10 日のラスク＝グロムイコ会談での米ソ間合意についての「アメリカ解釈」を口頭で，ブラント独外相に伝えた。この「アメリカ解釈」は，後にソ連に渡された Q＆A からすると以下のような内容である。第一に，NPT の下での核兵器の「移転」について，NPT は，何を禁じるかを定めただけであって，何を認めるかは取り扱っていない。つまり，禁じられていないことは認められる。まず，NPT は，核運搬手段およびその管理権の移転を，その移転が核弾頭に関わらないかぎりは関与しない。第二に，核防衛に関する NATO 諸国間の協議・計画については，NPT は，核防衛計画・協議が，核兵器およびその管理権の移転を伴わないかぎり，関与しない。第三に，アメリカが管理・所有する核の NATO 諸国領国内に配備するための米欧間の取り決めについては，NPT は，交戦状態に突入する決定がなされる以前においては，関与しない。また，そのような交戦状態に突入した場合，NPT は機能しない。第四に，核兵器国が統合欧州国家の構成国になった場合については，NPT は，欧州統合問題について関与しない。また，新たな欧州連邦による構成国の核兵器国としての地位を制限しない。NPT に対する「アメリカ解釈」は，従来の NATO 核共有が NPT 条約の下で

第3節　米英独3国交渉（1966年11月～1967年4月）

も，ほぼ維持されることを意味していた。2月3日付けのブラントからラスクへの覚書は，ブラントがNPTの「アメリカ解釈」により，多くの疑念は取り除かれたことを表明するとともに，NPTの保証措置（平和的核開発の軍事転用を監視する措置）に関する西ドイツの要求を述べた。1967年2月8日，ワシントンでのラスク国務長官・ブラント独外相会談は，NPTの保証措置条項が主な議題となった。ブラントは，NPTの基本的な考え方に異論はないとしながらも，①核による威嚇（nuclear blackmail），②NPTによるドイツ民生原子力産業への悪影響，③IAEA（国際原子力機関）査察の3点について，ドイツの懸念を表明した。第一は，非核兵器国であるドイツが核兵器国ソ連から核による恫喝を受ける危険性への不安である。第二に，NPTにより，西ドイツの原子炉輸出企業が，アメリカ等核兵器国の原子炉輸出企業に対して競争上不利になる可能性を指摘した。原子炉輸出には，核燃料供給の保証が必要であるが，アメリカ企業が核燃料を安定的に供給する保証を輸出先に与えうるのに対し，ドイツ企業にはその保証を輸出先に与えることができず，競争上不公平である。第三に，ソ連はユーラトム（欧州原子力共同体）による保障措置ではなく，IAEAによる保障措置を要求するであろう。IAEAによるドイツ民生原子力産業に対する管理がされた場合，ドイツ原子力産業の技術的優位がIAEAを通じてソ連に筒抜けになってしまう（産業スパイ問題）。これらのブラントの懸念に対してラスクは，次のように回答した。核恫喝については，NATO諸国は懸念する必要はない，また，NPTは，核爆発のみに適用されるのであって民生用原子力開発に関わる心配は無用である，と述べ，前の2点について保証した。ただし，ユーラトムとIAEAの関係については検討を要する重大な問題であると述べた。ブラントは，さらに，アメリカの西ドイツに対する核燃料供給の保証について要求した。ブラント＝ラスク会談後，西ドイツ側はアメリカに対して，既存の2国間・多国間の同盟内核協力関係の継続，米独間の技術開発協力，NPTがドイツと外国との協力関係を妨げないこと，NPTの条項を使いソ連が欧州統合に介入することを排除することなどを要求した[18]。

　アメリカ議会の在欧米軍撤退圧力はさらに高まっていた。在欧米軍撤退を求めるマンスフィールド提案の共同提案者には，ラッセル，フルブライトなどを含む上院の半数近い41人が名を連ねた。オフセットをめぐる3国交渉に向け

補　論　核不拡散レジームと軍事産業基盤――1966 年 NATO 危機をめぐる米英独核・軍事費交渉

たアメリカ政府方針は，西ドイツ駐留米軍（6師団）の今後の必要兵力水準をめぐって紛糾していた。必要兵力水準は，軍事的観点，ソ連との兵力削減交渉の可能性，同盟国間政治関係，とりわけ米独関係，英独関係，国際収支などの多くの側面からなる問題であるが，これをめぐってアメリカ政府部内では次の3つの案があった。第一に，削減なしというマックロイ案，第二に，1師団削減というラスク国務長官案，第三に，2師団削減というマクナマラ国防長官案の3案があった。マックロイ案は，同盟国間政治関係を重視し，アメリカ軍撤退がもたらす政治的・心理的な影響を懸念するとともに，新オフセット方式――中央銀行金不換ドル保有オフセット――により国際収支問題を解決しうるとの提案であった。マクナマラ案は，純粋に軍事的観点からの判断であり，西ドイツのオフセット額に応じて削減するべきだとの見解であった。ラスク案は，マックロイ案・マクナマラ案の折衷であった。ベイター大統領補佐官は，LBJが3案のうちマクナマラ案を選択するのであれば，マックロイは交渉から降りるであろうとの見解をLBJに伝えた。[19]

3月4日，シュトゥットガルドで，マックロイは，キージンガーと会談をもった。マックロイが，アメリカ議会での駐欧米軍撤退を求める動き――マンスフィールド提案――を説明し，オフセット問題へのキージンガーの理解を求めたのに対し，キージンガーは，NPT問題をもちだした。マックロイは，NPTについてのキージンガーの関心についてアメリカが応える用意があることを保証するとともに，オフセット合意成立へのアメリカの強い希望を伝えた。また，オフセット問題の解決方法として，アメリカはエアハルト期における兵器購入によるオフセット政策からブンデスバンクを通じた金融取引による解決へ転換するつもりであることを説明した。[20]

3月初旬，西ドイツのNPTによる民生用原子力開発への悪影響に対する懸念を抑えるべく，アメリカ政府部内でNPT草稿，とりわけ民生用原子力開発の軍事転用を規制する保障措置の再検討がはじまった。改訂版草稿は，第一に，輸出に対するIAEAの保障措置は核分裂性物質にのみ，および核分裂性物質を製造する機器の輸出はIAEAの保障措置の管理下に置かれないこと，第二に，NPT第3条（保障措置）の目的が核兵器への転用を防ぐことにあり，非核兵器国が核の平和利用の権利を有すること明記された。この2つの改訂は，産

第3節　米英独3国交渉（1966年11月～1967年4月）

業スパイ問題，民生分野での科学技術育成に対する懸念を取り除き，西ドイツのNPT批准の決め手になるはずであった。この2つの草稿改訂に加え，IAEAがユーラトムの実施した保障措置を有効であるとみなすような草稿改定（ユーラトム査察）も検討された。[21]

3月8日，LBJ＝ラスク＝マクナマラ＝マックロイ会談がもたれた。マックロイは，交渉の進捗状況を報告し，交渉の主要な障害は，BAORオフセット額をめぐる英独間のギャップ（4000万ドル）にあると指摘した。イギリスが主張する2億6320万ドルの駐留費用に対して，ドイツの提示額は1億1480万ドルにとどまり，約1億ドルの乖離があり，イギリス政府による経費節約，1旅団撤退，米軍のフランスからイギリスへの配置換え等による経費節減を勘定に入れてもなお約4000万ドルのギャップが残っていた。LBJは，アメリカ1師団削減，イギリス1旅団削減，英独間で4000万ドルの溝を埋める，という妥協が成り立たないか尋ねたが，マックロイは，英独間で4000万ドルのギャップを調整するのは不可能であり，アメリカが穴埋めをする必要があるであろうと応えた。LBJは，アメリカが4000万ドルすべてを穴埋めすることには同意できないとの見解を示した。[22]

3月11日，LBJは，キージンガー首相に対して，オフセット交渉に向けたアメリカの3原則と新オフセット方式を説明する書簡を送付した。アメリカの3原則は次の通りである。第一に，駐欧兵力水準は，純粋に軍事的観点から決定されなければならない。第二に，ドイツの軍事調達の内容はドイツ政府が決定できる。第三に，同時に，アメリカ軍のドイツ駐留に必要な外貨は埋め合わせがなされなければならない。この原則にたったうえで，従来のオフセット方式——兵器オフセット——は，新たな軍事・金融協定に変わらなければならない。この「新たな軍事・金融協定」は，ブンデスバンクを活用するというマックロイ報告の提言を意味していた。LBJは，書簡を，NPTについてのドイツの要求に応えるよう協議中であると締めくくった。[23]

3月15日のドイツ閣議は，紛糾の末，LBJの示した3原則に基づく米独オフセット案を受け入れ，金額を明示しないアメリカ兵器購入約束とともにブンデスバンクとアメリカ連邦準備銀行間の取引について承認した。新たなオフセットは以下の内容であった。ブンデスバンクは，1967年7月から1968年6月

補　論　核不拡散レジームと軍事産業基盤——1966年NATO危機をめぐる米英独核・軍事費交渉

にかけて，総額5億ドルの中期アメリカ財務省証券（4年6ヵ月満期）に投資する。この証券は，非交換（non-convertible）・非移転（non-transferable）証券であり，ブンデスバンクの外貨準備が危殆に瀕したときにのみ買い戻されうる。この投資は，アメリカへの純粋な長期資本流入を意味する。また，満期時においても投資の更新を妨げられるものではない。この投資は，アメリカ軍のドイツ駐留外貨支出を中和する役割をもつ。ブンデスバンクは，西ドイツの国際収支黒字により増加したドルを，アメリカ財務省からの金購入でなく，ドルのまま保有する現下の政策を維持する。残る米独間の4000万ドルのギャップについては，3月15日の米英交渉で，アメリカとイギリスがほぼ半分ずつを埋めることが合意された。まず，アメリカが，1966年3月のF111購入協定での3億2500万ドルおよび1966年12月時点での追加の3500万ドルのアメリカ軍によるイギリス兵器購入約束に加え，1960万ドルのイギリス兵器を新たに購入することを約束した。他方，イギリスは，アメリカによるイギリス兵器追加購入措置を前提として，1680万ドルのギャップを引き受けることに合意した。3月20・21日，ワシントンの3国会談で，上の米独間・米英間の合意が確認された。英独間では，1967年4月から1968年3月の期間におけるBAORオフセットとして，西ドイツは，5000万ドルの軍事調達と6250万ドルの非軍事政府調達（合計1億1250万ドル）の実施を約束した。対して，イギリスは，BAOR撤退を1旅団（5000人規模）にとどめ，現状の兵力をほぼ維持することを約束した。3国会談後，西ドイツは，NPT下でユーラトムの機能および核燃料供給の保証についてアメリカとの交渉が続いた。4月17日，LBJは，キージンガーに，核燃料の安定的供給を保証する書簡を送った。LBJは，キージンガーに次のように説明した。「NPTは，核燃料の移転を妨げるものではない。この機会に，私は，アメリカの供給能力とアメリカ・ユーラトム協定の枠内で，ドイツの国内原子炉計画の要請に応じて，濃縮ウランの供給と，ドイツ原子炉輸出に必要な物質・サービスを，アメリカと最終消費国との適切な燃料供給協定の下で供給することを保証する。」4月28日，ブンデスバンクの米財務省証券購入の詳細を取り決めた米独間合意文書が最終的に取り交わされた。[24]

　3国オフセット交渉終結後，トレンド（Burk Trend）英内閣顧問は，ウィルソン首相に対して，在独米軍外貨支出オフセットについてのアメリカ新方針

——ブンデスバンクによるアメリカ財務省証券購入——は，イギリスにとっても新たな状況であると指摘した。新オフセット方式は，アメリカが駐独外貨支出の全体をドイツへのアメリカ兵器販売でカバーしようとする政策を放棄したことを意味するが，これは長期的にはイギリスにとってチャンスである。今後5年のうち，ドイツ軍は，F104戦闘機を含め装備を更新する予定であるが，その更新時に，イギリスが西ドイツ軍備の主要供給者の地位をアメリカにとってかわる可能性が生じたといえる。西ドイツへの兵器販売の際の問題は，イギリス兵器がドイツ軍の要求に見合うかどうかであるが，この点について，駐独イギリス大使ロバーツが英独オフセットに関して次のような新方針——先端科学技術分野での西ヨーロッパ諸国による共同開発プロジェクト——を提案している。この共同開発方針は，1970年代のビッグ・プロジェクトであるトルネード戦闘機の英独共同開発の出発点となった。また，核燃料サイクル部門においても英独間の技術提携が進行した。1970年3月，イギリス・西ドイツ・イタリアは，ウラン濃縮施設を共同で建設する条約に調印した。この濃縮施設を運営するUrenco (Uranium-enrichment company) 社は，マンハッタン計画以来のガス拡散方式ではなく，革新的な遠心分離方式を開発し，核燃料サイクル部門において主導的企業になっていった。原子炉製造部門では，1968年10月，米ウェスティングハウス社の加圧水型炉技術ライセンスをもつ独ジーメンス社と米GE社の沸騰水型炉技術ライセンスをもつ独AEG社が共同子会社クラフトワーク・ユニオン (Kraftwork Union) 社を設立した。クラフトワーク・ユニオン社は，沸騰水型・加圧水型の両原子炉技術を入手し，さらに，1970年6月，ウェスティングハウス社との技術ライセンス契約を打ち切ることで，加圧水型炉についてウェスティングハウス社ライセンスに縛られない国際入札を進めていった。1970年代以降，西ドイツ原子力産業は，核燃料サイクル部門・原子炉製造部門双方で，アメリカの商業的・技術的独占状況を打破していった。[25]

おわりに——「ハードウェア」をめぐる攻防

1966年NATO危機収束過程において，アメリカは，核問題・軍事費問題双方において，従来の「ハードウェア・ソリューション」から新たなアプローチ

補　論　核不拡散レジームと軍事産業基盤――1966年NATO危機をめぐる米英独核・軍事費交渉

に転換した。米ソNPT交渉を通じて、西ドイツがMLF（NATO核戦力）方式により核兵器にアクセスすることを、ソ連が認める可能性がないことが明らかになった。そこで、ソ連が許容可能なNATO核計画グループを通じた核防衛計画協議によりドイツのアメリカ核戦略への参加を保障し、同時にNPT第1・2条に対するアメリカ独自の解釈により、NPT体制下での既存のアメリカのNATO領域への核兵器配備を継続した。軍事費問題については、アメリカ軍のドイツ駐留に伴う外貨支出をドイツによるアメリカ製兵器購入で相殺する方式は、エアハルト政権の崩壊（1966年10月）で限界に直面した。そのため、第一に、国会審議を伴うドイツ政府の予算ではなく、ブンデスバンクがアメリカ財務省証券を、金に交換しないとの誓約つきで保有することで、アメリカ軍のドイツ駐留に伴う外貨支出を「中和」することに米独政府は合意した。

　LBJ政権は、フランスのNATO統合軍事機構離脱を契機とするNATO1966年危機の修復を通じて、ドイツ問題を「建設的に」克服するだけでなく、この克服を通じて、新たな国際政治経済秩序構築の手がかりをつかんだといえる。NPT発足により、アメリカは1946年バルーク案挫折以来念願であった原子力国際管理体制にソ連・ドイツを組み込み、軍事面において国際体制を安定化させた。そうした軍事面でのアメリカの国際体制のアキレス腱は、海外軍事支出に伴う国際収支問題であったが、この問題についても、最大の国際収支黒字国である西ドイツが、金不換米財務省証券を保有する道筋をつけ、アメリカ政府は海外軍事支出拡大が可能になった。

　西ドイツは、NPTの下で、非核兵器国として、核兵器製造・保有を禁じられた反面、オフセット交渉を通じてアメリカの譲歩を引き出し、非軍事領域での核開発・輸出の権利を確保し、これに必要なアメリカの核燃料供給に対する保証をとりつけた。また、非軍事領域での核能力の軍事転用を監視するNPT第3条保障措置において、ドイツを含むユーラトム諸国は、ユーラトム諸国自身による自己査察を可能にすることにより、IAEAによる査察を回避する「ユーラトム特権」を確保した。これらの結果、西ドイツは、「非核兵器国」であるが「核供給国」であるという独特の核外交における地位を築いた。また、オフセット交渉の結果、西ドイツ政府は、アメリカ軍のドイツ駐留経費をアメリカ兵器購入により100％オフセットする義務から解放され、自国軍装備品を自

おわりに――「ハードウェア」をめぐる攻防

国の方針で決定する権利がアメリカから確認された。これはドイツ産業によるドイツ軍主要装備品開発に道を開いた。イギリスは，国際収支問題解決のため，①ポンド切り下げ，②BAOR削減，③スエズ以東撤退の3選択肢の組み合わせを余儀なくされていた。1966年7月のポンド危機後，ウィルソン内閣は，②BAOR削減に傾いていたが，1967年3月の米英独オフセット合意によりBAOR維持を確約した。したがって，ウィルソン内閣は，1967年ポンド危機に対して，BAOR削減を除いた選択肢のなかで対応しなければならなかった。その意味で，イギリスは，スエズ以東での役割とヨーロッパでの役割の選択を，1966～67年オフセット交渉を通じてすでにしていたといえる。イギリス・西ドイツは，フランスの西側同盟離脱・英独オフセット問題の解決により，NATO枠内での欧州防衛の中軸としての役割を担うようになっていった。こうした英独協調の枠組の下，イギリスと西ドイツは，原子力産業・航空機産業の共同開発・共同事業を通じて軍事産業基盤の連携を進めた。この点からすると，1966年NATO危機は，イギリス・西ドイツによるアメリカから相対的に独立した欧州独自の軍事産業基盤というハードウェアを生み出したといえる。

---

1 Haftendorn, Helga, *NATO and the Nuclear Revolution: A Crisis of Credibility, 1966-1967* (Oxford: Oxford University Press, 1996), p. 4; Trachtenberg, Marc, *A Constructed Peace: The Making of the European Settlement, 1945-1963* (New Jersey: Princeton University Press, 1999), pp. 382-383; Bluth, Christopher, *Britain, Germany and Western Nuclear Strategy* (Oxford: Oxford University Press, 1995), pp. 101-103；齋藤嘉臣『冷戦変容とイギリス外交――デタントをめぐる欧州国際政治　1964～1975年』（ミネルヴァ書房, 2006年), 72-73ページ。

2 Gavin, Francis J., *Gold, Dollar, & Power: The Politics of International Monetary Relations, 1958-1971* (Chapel Hill and London: University of North Carolina Press, 2004), p. 137; Zimmermann, Hubert, *Money and Security: Troops, Monetary Policy, and West Germany's Relations with the United States and Britain, 1950-1971* (Cambridge: Cambridge University Press, 2002), pp. 171-233. 藤木は，フランス原子力産業を原子炉製造部門・核燃料サイクル部門双方から分析することにより，NPTレジームにおけるフランス独自核抑止力の位置を明らかにした。藤木剛康「1960年代におけるアメリカの核不拡散政策とフランス原子力開発の展開」『和歌山大学経済学会・経済理論』275（1997年）。

3 Department of State, *Foreign Relations of the United States, 1964-1968, XIII, Western Europe Region* (Washington D.C.: USGPO, 1995), No. 119, Memorandum of Conversation, Washington, December 20, 1965; 坂出健「NATO核武装計画と英米特殊関係」『富大経済論集』

補論　核不拡散レジームと軍事産業基盤――1966年NATO危機をめぐる米英独核・軍事費交渉

42-1, 1996年, 41-42ページ；Bluth, *Britain, op. cit.*, pp.95-104;

4　Department of State, *Foreign Relations of the United States, 1964-1968, XI, Arms Control and Disarmament* (Washington D.C.: USGPO, 1997), No. 108, Kosygin to LBJ, undated.

5　Bluth, *Britain, op. cit.*, pp. 180-182；川嶋周一『独仏関係と戦後ヨーロッパ国際秩序』（創文社，2007年），140-141ページ。

6　USNA, RG59, Central Files, Box 862, FN12, "Summary Balance of Payment Table."

7　USNA, RG59, E5178, Box 1, "Effect on UK Balance of Payments of New UK-German Military Offset Agreement"; Dockrill, Saki, *Britain's Retreat from East of Suez: The Choice between Europe and the World?* (New York: Palgrave Macmillan, 2002), p. 162.

8　第5章を参照せよ。

9　Department of State, *Foreign Relations of the United States, 1964-1968, Volume XV, Germany and Berlin* (Washington D.C., USGPO, 1999), No. 135, Erhard to LBJ, July 5, 1966; Zimmermann, *Money and Security, op. cit.* pp. 164-173; Gavin, *Gold, op. cit.* pp. 142-143.

10　USNA, RG59, E (A1) 5603, "The USAF Rolls-Royce Contract," August 2, 1966; Zimmermann, *Money and Security, op. cit.* pp. 188-189; Dockrill, *Britain's Retreat, op. cit.* pp. 164-168; Gavin, *Gold, op. cit.* p. 144.

11　*FRUS 1964-1968, XIII*, No. 193, Bator to LBJ, August 11, 1966; *FRUS 1964-1968, XV*, No. 162, Depertment of State to the Embassy in Germany, August 25, 1966; Gavin, *Gold, op. cit.* pp. 144-145; Zimmermann, *Money and Security, op. cit.* pp.194-199；ドン・オーバードファー（菱木一美・長賀一哉訳）『マイク・マンスフィールド――米国の良心を守った政治家の生涯（下）』（共同通信社，2005年），41ページ。

12　USNA, RG59, Central Files, Box 1594, DEF18-6, Harriman and McNamara to Rusk, September 19, 1966; *FRUS 1964-1968, XI*, No. 153, Memorandum of Conversation, New York, September 24, 1966.

13　USNA, RG59, Central Files, Box 863, FN12, Treasury to Blaser, "Debt Prepayment Exchange of Notes," December 20, 1966; *FRUS 1964-1968, XIII*, No. 207, Memorandum of Conversation, Washington; Gavin, *Gold, op. cit.* pp. 148-151; Zimmermann, *Money and Security, op. cit.* p. 201-205.

14　*FRUS 1964-68, XI*, No. 158, Memorandum of Conversation, Washington, October 10, 1967; Bluth, *Britain, op. cit.*, p. 103.

15　McGhee, George, *At the Creation of a New Germany,* (New Haven and London: Yale University Press, 1989), p.199; Zimmermann, *Money and Security, op.cit.* p. 213; Dockrill, *Britain's Retreat, op.cit.*, p.180; USNA, RG59, E (A1) 5603, Box 2, "US-UK Financial Arrangement," September 14, 1967; USNA, RG59, Central Files, Box 1539, DEF1 EUR, Katzenbach to Department of State, February 18, 1967.

16　USNA, RG59, Central Files, Box 1570, DEF4 NATO, "Report to the President: US Forces for the NATO."

17　TNA, PREM13/1525, Sir F. Roberts to Foreign Office, January 10, 1967.

18　USNA, RG59, Central Files, Box 1729, DEF18-6, Memorandum of Conversation, February 3, 1967; USNA, RG59, Central Files, Box 1729, Memorandum of Conversation, February 22, 1967; *FRUS 1964-68, XI*, No. 180, Memorandum of Conversation, Washington, February

8, 1967,; *FRUS, 1964–68, XI*, No. 232, Katzenbach to Clifford, April 10, 1968.
19　*FRUS 1964–1968, XIII*, No. 237, Bator to LBJ, February 23, 1967; Gavin, *Money and Security, op. cit.*, pp. 158–159; オーバードファー『マイク・マンスフィールド』(前掲), 43 ページ.
20　*FRUS 1964–1968, XIII*, No. 239, Rostow to LBJ, March 6, 1967; Gavin, *Gold, op. cit.*, p.162.
21　*FRUS 1964–1968, XI*, No. 188, Fisher to Rusk, March 4, 1967; *FRUS 1964–1968, XI*, No. 189, Fisher to Rusk, March 5, 1967.
22　USNA, RG59, Central Files, Box 1539, DEF 1 EUR W, American Embassy London to Department of State, "Tripartite Talks," March 14, 1967; *FRUS 1964–1968, XIII*, No. 240, Record of Meeting, Washington; Gavin, *Gold, op. cit.*, p.161.
23　*FRUS 1964–1968, XIII*, No. 241, Department of State to the Embassy in Germany, March 11, 1967.
24　USNA, RG59, Central Files, Box 757, FN12 Ger W, Katzenbach to the German Federal Bank, April 26, 1967; USNA, RG59, Central Files, Box 1539, DEF 1 EUR W, Department of State to American Embassy Bonn, London, Paris, March 21, 1967; USNA, RG59, Central Files, Box 1539, DEF 1 EUR, American Embassy London to Secretary of State, March 14, 1967; USNA, RG59, Central Files, Box 1731, DEF18-6, Rusk to American Embassy Bonn, April 17, 1967; *FRUS 1964–1968, XIII*, No. 243, Department of State to the Embassy in Bonn, March 21, 1967; Gavin; *Gold, op. cit.*,pp.162–164.
25　TNA, PREM13/1526, Trend to Wilson, July 27, 1967; TNA, PREM13/1526, Sir Frank Roberts to Brown, July 13, 1967; Langewiesche, William, *The Atomic Bazar: The Rise of the Nuclear Poor*（New York: Farrar, Straus and Giroux, 2007), pp. 112–113. 1968 年初頭に米ソと西ドイツの間で、ユーラトム査察について合意が成立し、NPT 第 3 条条文「IAEA 憲章および IAEA の保障措置制度に従って（in accordance with）」は、ユーラトムによる「自己査察」の根拠となった。今井隆吉『国際査察』（朝日新聞社、1971 年）、108–110 ページ。川上幸一「核不拡散をめぐる協調と対立」（垣花秀武・川上幸一編著『原子力と国際政治』白桃書房、1986 年、47–50、282 ページ）。日本エネルギー経済研究所『ヨーロッパ原子力産業の再編成の動向』（日本エネルギー経済研究所、1971 年）、8–14 ページ。

参考文献

I 1次資料

1 未公刊史料

① イギリス国立公文書館（The National Archives, Kew, England）
　AIR　　　空軍関連文書
　AVIA　　航空関連文書
　CAB　　　内閣関連文書
　FCO　　　外務省関連文書
　PREM　　首相官邸関連文書
　T　　　　大蔵省関連文書

② ケンブリッジ大学チャーチル・アーカイブ・センター（The Churchill Archives Centre, Churchill College, Cambridge University, England）
　Edwin Plowden Papers（エドウィン・プルーデン関係文書）

③ アメリカ国立公文書館（The National Archives at College Park, Maryland）
　RG56　　財務省関連ファイル
　RG59　　国務省関連ファイル

2 政府刊行史料・議会資料

① イギリス

Hansard: Parliamentary Debates, House of Commons, 5th Series（London: HMSO, yearly）.

Ministry of Civil Aviation, British Air Services（London: HMSO, 1945）, cmnd. 6712.

Defence: Outline of Future Policy（London: HMSO, 1957）, cmnd. 124.

Ministry of Aviation, *The Financial Problems of the British Overseas Airways Corporation*（London: HMSO, 1963）.

参考文献

Report of the Committee of Inquiry into the Aircraft Industry (London: HMSO, 1965), cmnd. 2538.
Productivity of the National Aircraft Effort (London: HMSO, 1969).
Department of Trade and Industry, Rolls-Royce Ltd. and the RB211 Aero-Engine (London, HMSO, 1972), cmnd. 4860.
Department of Trade and Industry, Rolls-Royce Limited (London, HMSO, 1973).

② アメリカ

Department of State, Foreign Relations of the United States, 1964-1968, Volume XI, Arms Control and Disarmament (Washington D.C.: USGPO, 1997).
Department of State, Foreign Relations of the United States, 1964-1968, Volume XII, Western Europe (Washington D.C.: USGPO, 2001).
Department of State, Foreign Relations of the United States, 1964-1968, Volume XV, Germany and Berlin (Washington D.C.: USGPO, 1999).
Department of State, Foreign Relations of the United States, 1964-1968, Volume XIII, Western Europe Region (Washington D.C.: USGPO, 1995).
The President's Air Policy Commission, Survival in the Air Age (Washington, D.C.: USGPO, 1948).
U.S. Congress, House Report 1112, Committee on Government Operations, Military Air Transportation (Executive Action to Committee Recommendations), 86th Cong., 1st Session (Washington D.C.: USGPO, 1959).
U.S. Congress, Senate Report No.1924, Aircraft Loan Guarantees, Committee on Commerce, 87th Congress, 2nd Session (Washington D.C.: USGPO, 1962).
Congressional Quarterly Inc., Congressional Quarterly Almanac, 1971 (Washington D.C.: Congressional Quarterly Inc., 1972).

3　回顧録・日記

Crossman, Richard, The Diary of a Cabinet Minister, Volume 1 (London: Hamish Hamilton and Jonathan Cape, 1975).
Healy, Denis, The Time of My Life (London: Penguin, 1990).

Jenkins, Roy, *A Life at the Centre* (London: Macmillan, 1991).
McGhee, George, *At the Creation of a New Germany* (New Haven and London: Yale University Press, 1989).
Pearce, Edward, *Denis Healey, A Life in Our Times* (London: Little Brown, 2002).
Slessor, John, *The Central Blue: The Autography of Sir John Slessor, Marshal of RAF* (New York: Frederick A. Praeger, 1957).
Stonehouse, John, *Death of Idealist* (London: W. H. Allen, 1975).
Wilson, Harold, *The Labour Government, 1964–1970* (London: Weidenfels and Nicolson and Michael Joseph, 1971).
Zuckerman, Solly, *Monkeys Men and Missiles: An Autobiography, 1946–1988* (London: Collins, 1988).
オーバードファー，ドン（菱木一美・長賀一哉訳）『マイク・マンスフィールド——米国の良心を守った政治家の生涯（下）』（共同通信社，2005年）。

4　航空専門雑誌・ジャーナリストによる航空機産業記録・社史

Aviation Week
Aviation Week & Space Technology
Flight International
Interavia
『航空情報』
日本航空宇宙学会編『航空宇宙工学便覧（第2版）』（丸善，1992年）。

Aris, Stephen, *Close to the Sun: How Airbus Challenged America's Domination of the Skies* (London: Aurum Press, 2002).
Bender, Marylin and Selig Altschul, *The Chosen Instrument: Pan Am, Juan Trippe, the Rise and Fall of an American Entrepreneur* (New York: Simon and Schuster, 1982).
Birtles, Philip, *Lockheeed L1011 Tristar* (England: Airlife Publishing Ltd., 1998).
Boeing Airplane Company, *Annual Report*, 1960.
Douglas Aircraft Company, *Annual Report*, 1953.
Eddy, Paul, Elaine Potter and Bruce Page, *Destination Disaster* (New York:

Quadrangle and New York Times Book Co., 1976). P. エディ＝E. ホッター＝B. ペイジ（井草隆雄・河野健一訳）『予測された大惨事（上下）』（草思社、1978年）。

Endres, Gunter, *Airbus A300* (England: Airlife Publishing Ltd., 1999).

Endres, Gunter, *McDonnell Douglas DC-10* (England: Airlife Publishing Ltd., 1998).

Fausel, Robert W., *Whatever Happened to Curtiss-Wright?* (Manhattan, Kan.: Sunflower University Press, 1990).

Fernandez, Ronald, *Excess Profits: The Rise of United Technologies* (Reading, Mass.: Addison-Wesley, 1983).

Gardner, Charles, *British Aircraft Corporation* (London: B. T. Batsford Ltd., 1981).

Garvin, Robert, *Starting Something Big? The Commercial Emergence of GE Aircraft Engines* (Virginia: American Institute of Aeronautics and Astronautics, Inc., 1998).

Hastings, Stephan, *The Murder of TSR-2* (London: Macdonald, 1966).

Ingells, Douglas J., *L-1011 TriStar and The Lockheed Story* (California: Aero Publishers, Inc., 1973).

Lynn, Matthew, *Birds of Prey*, Rev. ed. (New York: Four Walls Eight Windows, 1998). マシュー・リーン（清谷信一監訳）『ボーイングvsエアバス──旅客機メーカーの栄光と挫折』（アリアドネ企画、2000年）。

Newhouse, John, *The Sporty Game* (New York: Alfred A. Knopf, 1982). ジョン・ニューハウス（航空機産業研究グループ訳）『スポーティゲーム──国際ビジネス戦の内幕』（学生社、1988年）。

Phipp, Mike, *The Brabazon Committee and British Airliners, 1945-1960* (Gloucestershire: Tempus Publishing, 2007).

Reed, Arthur, *Britain's Aircraft Industry* (London: J. M. Dent & Sons Ltd., 1973).

Sampson, Anthony, *The Arms Bazaar* (London: Coronet Books, 1987).

West, James, *The End of an Era: My Story of the L-1011* (United States: Xlibris Corporation, 2001).

Wood, Derek, *Project Cancelled*, Rev. ed. (London: Jane's, 1986).

安達鶴太郎「再びヨーロッパへ接近」『世界週報』1965年3月9日号。

石川潤一『旅客機発達物語』（グリーンアロー出版社、1993年）。

機械振興協会経済研究所『世界航空用エンジンの歴史と現況』（機械振興協会経済研究所，1967 年）．

鈴木五郎『フォッケウルフ戦闘機』（光人社 NF 文庫，2006 年）．

田村俊夫「大西洋にかけた夢——ブリストル・ブラバゾン」『航空情報』1975 年 5 月号．

日本エネルギー経済研究所『ヨーロッパ原子力産業の再編成の動向』（日本エネルギー経済研究所，1971 年）．

II　2 次資料

1　研究書

Barnett, Correlli, *The Audit of War: The Illusion & Reality of Britain as a Great Nation*（London: Macmillan, 1986）．

Barnett, Correlli, *The Lost Victory: British Dreams, British Realities, 1945–1950*（London: Macmillan, 1995）．

Bartlett, C. J., *'The Special Relationship': A Political History of Anglo-American Relations since 1945*（London; New York: Longman, 1992）．

Baylis, John, *Anglo-American Defence Relations 1939–1980: The Special Relationship*（London: Macmillan, 1981）．ジョン・ベイリス（佐藤行雄訳）『同盟の力学——英国と米国の防衛協力関係』（東洋経済新報社，1988 年）．

Bluth, Christopher, *Britain, Germany and Western Nuclear Strategy*（Oxford: Oxford University Press, 1995）．

Cain, P. J. and A. G. Hopkins, *British Imperialism, 1688–2000*, 2nd ed.（London: Longman, 2002）．

Cain, P. J. and A. G. Hopkins, *British Imperialism: Crisis and Deconstruction 1914–1990*（Longman, 1993）．P. J. ケイン = A. G. ホプキンス（木畑洋一・旦祐介訳）『ジェントルマン資本主義の帝国 II——危機と解体 1914–1990』（名古屋大学出版会，1997 年）．

Corke, Alison, *British Airways: The Path to Profitability*（London: Pinter, 1986）．

Davies, R. E. G., *A History of the World's Airlines*（London: Oxford University Press, 1964）．

Dockrill, Saki, *Britain's Retreat from East of Suez: The Choice between Europe and the World? (Basingstoke: Palgrave Macmillan, 2002).

Dumbrell, John, *A Special Relationship: Anglo-American Relations in the Cold War and After* (New York: St. Martin's Press, 2001).

Edgerton, David, *England and the Aeroplane: An Essay on a Militant and Technological Nation* (London: Macmillan Academic and Professional Ltd, 1991).

Edgerton, David, *Science, Technology and the British Industrial 'Decline', 1870–1970: The Myth of the Technically Determined British Decline* (Cambridge: Cambridge University Press, 1996).

Edgerton, David, *Warfare State: Britain, 1920–1970* (Cambridge, UK: Cambridge University Press, 2006).

Gamble, Andrew, *Between Europe and America: The Future of British Politics* (Basingstoke; New York: Palgrave Macmillan, 2003).

Gavin, Francis J., *Gold, Dollar, & Power: The Politics of International Monetary Relations, 1958–1971* (Chapel Hill and London: The University of North Carolina Press, 2004).

Gilpin, Robert, *The Political Economy of International Relations* (Princeton: Princeton University Press, 1987). ロバート・ギルピン（大蔵省世界システム研究会訳）『世界システムの政治経済学——国際関係の新段階』（東洋経済新報社，1990年）。

Gold, Bonnie, *Politics, Markets, and Security* (MD: University Press of America, 1995).

Haftendorn, Helga, *NATO and the Nuclear Revolution: A Crisis of Credibility, 1966–1967* (Oxford: Oxford University Press, 1996).

Hartley, Keith, *NATO Arms Co-operation: A Study in Economics and Politics* (London: George Allen & Unwin, 1983).

Hayward, Keith, *Government and British Civil Aerospace: A Case Study in Post-war Technology Policy* (Manchester: Manchester University Press, 1983).

Hayward, Keith, *The British Aircraft Industry* (Manchester: Manchester University Press, 1989).

Hitch, Charles J. and Roland N. McKean, *The Economics of Defense in the Nuclear Age* (Cambridge: Harvard University Press, 1960). C. J. ヒッチ＝R. N. マッキーン（前田寿夫訳）『核時代の国防経済学』（東洋政治経済研究所，

1967年), 413-416ページ。

Kindleberger, Charles P., *The World in Depression, 1929-1939* (London: Allen Lane, 1973). チャールズ・P. キンドルバーガー (石崎昭彦・木村一朗訳)『大不況下の世界——1929-1939』(東京大学出版会, 1982年)。

Langewiesche, William, *The Atomic Bazar: The Rise of the Nuclear Poor* (New York: Farrar, Straus and Giroux, 2007).

Leigh-Phippard, Helen, *Congress and US Military Aid to Britain: Interdependence and Dependence, 1949-56* (New York: St. Martin's Press, 1995).

Louis, William Roger, *Imperialism at Bay: The United States and the Decolonization of the British Empire, 1941-1945* (New York: Oxford University Press, 1978).

Magaziner, Ira and Mark Patinkin, *The Silent War*, (New York: Random House, 1989). アイラ・マガジナー＝マーク・パティンキン (青木榮一訳)『競争力の現実』(ダイヤモンド社, 1991年)。

Mansfield, Harold, *Vision: The Story of Boeing: A Saga of the Sky and the New Horizons of Space* (New York: Popular Library, 1966).

Mearsheimer, John J., *The Tragedy of Great Power Politics* (New York, London : W.W. Norton, 2001). ジョン・J. ミアシャイマー (奥山真司訳)『大国政治の悲劇——米中は必ず衝突する!』(五月書房, 2007年)。

Miller, R. and D. Sawers, *The Technical Development of Modern Aviation*, (New York: Prager Publishers, 1970).

Milward, Alan, *The Rise and Fall of a National Strategy, 1945-1963* (London: Whitehall History Publishing in association with Frank Cass, 2002).

Owen, Geoffrey, *From Empire to Europe: The Decline and Revival of British Industry since the Second World War* (London: Harper Collins, 1999). ジェフリー・オーウェン (和田一夫監訳)『帝国からヨーロッパへ——戦後イギリス産業の没落と再生』(名古屋大学出版会, 2004年)。

Porter, A. N. and A. J. Stockwell, *British Imperial Policy and Decolonization, 1938-64*, Volume 2, 1951-64 (London: Macmillan, 1989).

Rae, John B., *Climb to Greatness: The American Aircraft Industry, 1920-1960* (Cambridge, Mass.: MIT Press, 1968).

Sanders, David, *Losing an Empire, Finding a Role: British Foreign Policy since 1945* (Basingstoke: Macmillan, 1990).

Segell, Glen, *Royal Air Force Procurement: The TSR.2 to the Tornado*, Rev.

ed. (London: Glen Segell, 1998).

Stiglitz, Joseph E., *Globalization and Its Discontents* (New York: W. W. Norton & Company, 2002). ジョセフ・E. スティグリッツ（鈴木主税訳）『世界を不幸にしたグローバリズムの正体』（徳間書店, 2002 年）。

Simonson, G. R. (ed.), *The History of the American Aircraft Industry: An Anthology* (Cambridge, Mass: MIT. Press, 1968). G. R. シモンソン編（前谷清・振津純雄共訳）『アメリカ航空機産業発展史』（盛書房, 1978 年）。

Taylor, Trevor and Keith Hayward, *The UK Industrial Base* (London: Brassey's, 1989).

Thayer, George, *The War Business* (New York: Simon and Schuster, 1969). ジョージ・セイヤー（田口憲一訳）『戦争商売』（日本経済新聞社, 1972 年）。

Thornton, David Weldon, *Airbus Industrie: The Politics of an International Industrial Collaboration* (New York: St. Martin's Press, 1995).

Todd, Daniel and Jamie Simpson, *The World Aircraft Industry* (Dover, Mass.: Auburn House Pub., 1986).

Todd, Daniel, *Defense Industries: A Global Prospective* (London: Routledge, 1988).

Trachtenberg, Marc, *A Constructed Peace: The Making of the European Settlement, 1945–1963* (New Jersey: Princeton University Press, 1999).

Tyson, Laura D'Andrea, *Who's Bashing Whom?: Trade Conflict in High-technology Industries* (Washington, DC: Institute for International Economics, 1992), pp. 165, 184–185. ローラ・D. タイソン（竹中平蔵監訳・阿部司訳）『誰が誰を叩いているのか——戦略的管理貿易は，アメリカの正しい選択？』（ダイヤモンド社, 1993 年）。

Williams, Frank Gregory and John Simpson, *Crisis in Procurement: A Case Study of the TSR-2* (London: RUSI, 1969).

Worcester, Richard, *Roots of British Air Policy*, (London: Hodder and Stoughton, 1966).

Young, Hugo, *This Blessed Plot: Britain and Europe from Churchill to Blair* (London: Macmillan, 1998).

Zimmermann, Hubert, *Money and Security: Troops, Monetary Policy, and West Germany's Relations with the United States and Britain, 1950–1971* (Cambridge: Cambridge University Press, 2002).

今井隆吉『国際査察』（朝日新聞社, 1971 年）。

参考文献

ウィーナ，マーティン・J.（原剛訳）『英国産業精神の衰退——文化史的接近』（勁草書房，1984年）。

小川浩之『イギリス帝国からヨーロッパ統合へ』（名古屋大学出版会，2008年）。

大河内暁男『ロウルズ-ロイス研究』（東京大学出版会，2001年）。

カウフマン（桃井真訳）『マクナマラの戦略理論』（ぺりかん社，1968年）。

垣花秀武・川上幸一編著『原子力と国際政治』（白桃書房，1986年）。

川嶋周一『独仏関係と戦後ヨーロッパ国際秩序』（創文社，2007年）。

齋藤嘉臣『冷戦変容とイギリス外交——デタントをめぐる欧州国際政治 1964～1975年』（ミネルヴァ書房，2006年）。

坂井昭夫『国際財政論』（有斐閣，1976年）。

坂井昭夫『軍拡経済の構図』（有斐閣選書R，1984年）。

サンドラー，T.＝ハートレー，K.（深谷庄一監訳）『防衛の経済学』（日本評論社，1999年）。

サンプソン，アンソニー『最新英国の解剖——民主主義の危機』（同文書院，1993年）。

佐々木雄太『イギリス帝国とスエズ戦争——植民地主義・ナショナリズム・冷戦』（名古屋大学出版会，1997年）。

佐藤千登勢『軍需産業と女性労働——第二次大戦下の日米比較』（彩流社，2003年）。

シュムペーター，J. A.（塩野谷祐一・中山伊知郎・東畑精一訳）『経済発展の理論——企業者利潤・資本・信用・利子および景気の回転に関する一研究』（岩波書店，1977年）。

スローン，Jr., A. P.（田中融二訳）『GMとともに——世界最大企業の経営哲学と成長戦略』（ダイヤモンド社，1967年）。

チャンドラー，Jr., アルフレッド・D.（鳥羽欽一郎・小林袈裟治訳）『経営者の時代——アメリカ産業における近代企業の成立（上・下）』（東洋経済新報社，1979年）。

西川純子『アメリカ航空宇宙産業——歴史と現在』（日本経済評論社，2008年）。

ハリソン，ロイドン（松村高夫・高神信一訳）『産業衰退の歴史的考察——イギリスの経験』（こうち書房，1998）。

パーロ，V.（清水嘉治・太田譲訳）『軍国主義と産業——ミサイル時代の軍需利潤』（新評論，1967年）。

益田実『戦後イギリス外交とヨーロッパ政策』（ミネルヴァ書房，2008年）。

松井和夫『アメリカの主要産業と金融機関』（日本証券経済研究所，1975年）。

リヒトハイム，G.（香西純一訳）『帝国主義』（みすず書房，1980 年）。

2 研究論文

Dobson, Alan, "The Years of Transition: Anglo-American Relations 1961–67," *Review of International Studies,* Vol. 16, 1990.

Edgar, Alistair, "The MRCA/Tornado: The Politics and Economics of Collaborative Procurement," in David G. Hauglund, ed., *The Defence Industrial Base*(London: Routledge, 1989).

Hartley, Keith, "The Mergers in the UK Aircraft Industry," *Journal of the Royal Aeronautical Society*, LXIX (Dec. 1965).

Lynch, Francis and Lewis Johnman, "Technological Non-Co-operation: Britain and Airbus, 1965–1969," *Journal of European Integration History*, Vol. 12, No. 1, 2006.

Mowery, David and Nathan Rosenberg, "The Commercial Aircraft Industry," in Richard Nelson, ed., *Government and Technical Progress: A Cross-Industry Analysis*(New York: Pengamon Press, 1982).

Otte, T. G., "British Foreign Policy, from Malplaquet to Maastricht," in T. G. Otte, *The Makers of British Foreign Policy: From Pitt to Thacher*(Basingstoke, Palgrave, 2002).

Straw, Sean and John W. Young, "The Wilson Government and the Demise of TSR-2, October 1964–April 1965," *The Journal of Strategic Studies*, Volume 20, No.4, December 1997.

Tomlinson, Jim, "The Decline of Empire and the Economic 'Decline' of Britain," *Twentieth Century British History*, Vol.14, No.3, 2003.

小川浩之「第一次 EEC 加盟申請とその挫折 1958-64 年」（細谷雄一編『イギリスとヨーロッパ』勁草書房，2009 年，第 4 章）。

オブライエン，パトリック・カール・（秋田茂訳）「パクス・ブリタニカと国際秩序 1688-1914」（松田武・秋田茂編『ヘゲモニー国家と世界システム』山川出版社，2002 年）

川上幸一「核不拡散をめぐる協調と対立」（垣花秀武・川上幸一編著『原子力と国際政治』白桃書房，1986 年）。

坂出健「NATO 核武装計画と英米特殊関係」『富大経済論集』第 42 巻第 1 号，

1996年。
坂出健「ケネディ『大構想』とナッソー協定」『富大経済論集』第43巻第3号，1998年。
島恭彦「軍事費」（島恭彦『国家独占資本主義』島恭彦著作集第5巻，有斐閣，1983年）。
西川純子「下請生産関係」西川純子編『冷戦後のアメリカ軍需産業』（日本経済評論社，1997年）。
橋口豊「苦悩するイギリス外交 1957-79年」（佐々木雄太・木畑洋一編『イギリス外交史』有斐閣，2005年）。
橋口豊「米欧間での揺らぎ 1970-79年」（細谷雄一編『イギリスとヨーロッパ』勁草書房，2009年，第6章）。
藤木剛康「1960年代におけるアメリカの核不拡散政策とフランス原子力開発の展開」『和歌山大学経済学会・経済理論』275号，1997年。
藤木剛康「冷戦論研究と軍事経済：島恭彦『軍事費』の検討」（和歌山大学経済学部『現代資本主義の多様化と経済学の効用』（和歌山大学経済学部，1998年）。
マコーミック，トマス（松田武訳）「アメリカのヘゲモニーと現代史のリズム 1914-2000」（松田武・秋田茂編『ヘゲモニー国家と世界システム』山川出版社，2002年，第3章）。
益田実「超国家的統合の登場 1950-58年――イギリスは船に乗り遅れたのか？」（細谷雄一編『イギリスとヨーロッパ』勁草書房，2009年）。
南克巳「戦後世界資本主義世界再編の基本性格――アメリカの対西欧展開を中心として」『経済志林』第42巻第3号，1974年。
油井大三郎「帝国主義世界体制の再編と『冷戦』の起源」『歴史学研究』別冊，1974年。
油井大三郎「アメリカン・ヘゲモニー論への疑問」（松田武・秋田茂編『ヘゲモニー国家と世界システム』山川出版社，2002年）。
横井勝彦「南アジアにおける武器移転の構造」（渡辺昭一編『帝国の終焉とアメリカ――アジア国際秩序の再編』山川出版社，2006年，第3章）。
渡辺昭一「帝国の終焉とアメリカ」（渡辺昭一編『帝国の終焉とアメリカ――アジア国際秩序の再編』山川出版社，2006年，序章）。

おわりに──飛べなかった翼，TSR2 と FSX

　著者が大学院に進学し航空機産業研究を始めたときに念頭にあったのは，日米 FSX（次期支援戦闘機）摩擦とその決着の意味合いであった。FSX 摩擦とは，1980 年代半ばまで国産をめざしていた FSX がアメリカの圧力により，1980 年代末，アメリカ製 F16 をベースにした日米共同開発に帰着した 1980 年代の日米ハイテク技術摩擦の一環である。このケースをめぐっては，当時，航空機産業というアメリカ製造業の「最後の砦」「聖域」に日本が進出すること自体がアメリカの「虎の尾」を踏んだと評されていた。このアメリカの「聖域」である航空機産業とはいかなる特性をもつのか？これが著者の航空機産業史研究の初発の問題意識であった。この問題意識を米英の航空機産業関係に投影したのが本書第 5 章のウィルソン政権による TSR2 など主力軍用機開発中止をめぐる意思決定分析であった。TSR2 については，ケンブリッジ大学チャーチル図書館に史料収集に行く際に，当時グラスゴー大学で航空工学を研究されていた村上曜氏（JAXA）の勧めで，ケンブリッジ郊外のダックスフォード航空博物館を訪問し，TSR2 の現物を拝見することができた。この TSR2 が実戦配備されていたらイギリスの歴史はどうなっていただろうかとの印象を抱いた。TSR2 と FSX，時代は異なるが，イギリスと日本が自国戦闘機を国産開発しようとして挫折した事例である。アメリカは，同盟国のセンシティブ・テクノロジーの開発をどこまで許容するのか，同盟国はどこまで自力開発を追求しうるのか，その政治経済的分析が本書の主眼であった
　以下，初出誌および研究を進めるうえでお世話になった方々をご紹介する。
　書き下ろしを除く本書所収論文の初出誌は以下の通りである。
　　第 2 章 「アメリカ航空機産業のジェット化における機体・エンジン部門間関係」『富大経済論集』第 43 巻第 3 号，1998 年 3 月。
　　第 5 章 「プロジェクト・キャンセルをめぐる米英航空機生産提携の形成」『アメリカ経済史研究』第 2 号，2003 年 9 月。
　　第 7 章 「ワイドボディ旅客機開発をめぐる米英航空機生産提携の展開

おわりに

　　（1967—1969 年）」『アメリカ経済史研究』第 8 号，2009 年 10 月．
　第 8 章　「救済（Bail Out）か，巻き込み（Bail In）か？――ロウルズ-ロイス社・ロッキード社救済をめぐる米英関係」『経営史学』第 45 巻第 1 号，2010 年 6 月．
　補論　「核不拡散レジームと軍事産業基盤――1966 年 NATO 危機をめぐる米英独核・軍費交渉（1966 年 3 月―1967 年 4 月）」『アメリカ研究』第 42 号，2008 年 3 月．

　若干，著者の研究の歩みを振り返ることにもなるが，本書の執筆に影響を与えた方々をご紹介する．著者が京都大学経済学部在学当時は 3 回生から演習へ所属することになっていたが，著者が迷わず選択したのは国際経営史・多国籍企業論をテーマにしていた西牟田祐二先生（京都大学）のゼミであった．ゼミでは，チャンドラー『経営戦略と組織』，ウィルキンス『多国籍企業の成熟』を輪読し，企業・産業研究の基礎を学んだ．西牟田ゼミには後輩に，藤木剛康氏（和歌山大学），藤田直樹氏（名城大学），菅原歩氏（東北大学），西村成弘氏（関西大学），河﨑信樹氏（関西大学）がおり，活発なゼミであった．大学院進学後は，尾﨑芳治先生（京都大学名誉教授）が主宰される経済史研究会に参加し，本多三郎氏（大阪経済大学名誉教授）をはじめ諸先輩に厳しく研究を研磨された．また，京都大学経済研究所に所属されていた坂井昭夫先生（京都大学名誉教授）のゼミに参加し，国際経済論・軍事経済論の視点から研究のご指導を受けた．坂井ゼミには，河音琢郎氏（和歌山大学）・中西泰造氏（愛媛大学）・松本俊哉氏（和歌山大学）・田村考司氏（桜美林大学）・吉田健三氏（松山大学）・長谷川千春氏（立命館大学）が所属しており，研究上の多くの刺激を受けた．博士課程を中途で終え，富山大学経済学部に助手・講師として赴任後は，武暢夫先生（富山大学名誉教授）をはじめ，鈴木基史氏（富山大学，会計学）・吉田竜司氏（龍谷大学，社会学）といった異分野の先輩に恵まれ，充実した環境の下，研究に専念した．その後，京都大学経済学部に着任後も，学会活動を通じて種々の刺激を受けた．アメリカ経済史学会では，自由闊達な雰囲気の中，アメリカを中心とした世界秩序について考察を深めた．政治経済学・経済史学会「兵器産業・武器移転史フォーラム」では，アカデミズムではなかなか認知されにくい兵器産業史について共同で研究する機会を得た．双方の学会で，航空機産業史研究の先達であ

る西川純子氏（獨協大学名誉教授）から重要な示唆をいただいた。同僚でもある今久保幸生氏（京都大学）からは，社会経済史学会近畿部会で本書第6章の原型に当たる報告をさせていただいた後に，「英独トルネード戦闘機の問題が入っていないじゃないか」と，マニアックかつ正鵠を射る苦言をいただいた。この問題に応えるために，第6章の改稿と，米英独3国オフセット交渉の分析をする補論所収の新たな論文執筆に取り組んだ。渡邉尚先生（京都大学名誉教授）からは，学者としての背筋の通った基本的姿勢を学んだ。紀平英作先生（帝京大学）には，アメリカを中心とした20世紀史という基本的問題関心を学んだ。また，本書の完成までに，草稿を，藤木剛康氏・河﨑信樹氏に読んでいただき，課題設定等の再考が可能となった。また，林貴志氏（テキサス大学）からは草稿に貴重なコメントをいただいた。

　本書執筆に当たっては，いうまでもなく，大学の多くの図書専門職員，出版社のお力添えをいただいた。とりわけても，学部生・大学院生・教員の時代を通じて，京都大学の経済学部・法学部・文学部の充実した図書室を活用できたことは幸いであった。何よりお世話になったのが経済学部図書室で，櫻田志津子氏をはじめとする歴代の閲覧掛・整理掛の職員の方々に感謝申し上げたい。法学部図書室には，アメリカ議会資料・イギリス議会資料のマイクロ資料があり，これらは著者が修士論文を執筆する際の基礎資料となった。伊藤七惠子氏から専門的知識に基づくアドバイスを受けて，これらの議会資料にアクセスし得た。文学部図書室では，現代史講座の豊富な書物に助けられただけでなく，イギリスの閣議史料もたいへん役に立った。秋山講二郎氏（有斐閣）・鹿島則雄氏（有斐閣アカデミア）には，初めての単著の出版であたふたする著者をしっかりとサポートしていただいた。妻・陽子は，数回にわたった米英での史料収集を支援してくれた。それだけでなく，彼女は，本書の大部分の初稿の「最初の読者」として，著者の誤りの多い原稿を改善してくれた。感謝したい。また，長男・綱，次男・晨の笑顔は，執筆に行き詰まった著者に幾度となくブレーク・スルーを与えてくれた。

　本研究は，科学研究費補助金（2006年度〜2007年度，若手研究（B））「航空機産業における国際産業政策調整の経済史的研究」（研究課題番号：18730231）の支援を受けた。また，本書の出版に当たっては，京都大学経済学会の出版助成

おわりに

が不可欠であった。

　最後になるが，本書を，著者の学業をあたたかく見守り，励まし続けてくれた両親，坂出茂・きよ子および祖父，故浅井正義に捧げたい。

　　2010年7月

吉田の研究室にて

坂 出　健

索　引

● あ 行

「新しい役割」　3, 135, 222, 261, 268, 273
アメリカ主導のグローバリズム　160, 274
域外調達　37, 38, 40, 46, 48, 269
イギリス機運行政策　→　フライ・ブリティッシュ政策
イギリス衰退論　26
イギリス衰退論争　15
V/STOL　137, 139, 148, 152-4, 158, 169, 171, 180, 182, 185, 188, 191, 193, 264, 266
英米特殊関係　6-8, 135, 197, 198, 268
NPT　278, 280, 283-6, 288-92, 294
MLF　278-80, 286, 294
エンパイア・ルート　9, 30, 265
欧州共同開発　158, 159, 193, 198, 200, 222, 265, 272, 274, 275
欧州軍事産業基盤論　14
欧州統合　6
オフセット交渉　187, 278, 279, 291

● か 行

海上覇権　8, 9, 16
過剰輸送能力　64, 68
可変翼　147, 148, 150, 152, 169, 171, 172, 193
基幹産業　16

北大西洋航路　33-5, 61, 70
規模と範囲の経済性　14
規模の経済（性）　14, 139, 168, 176
キャリントン, Lord　230, 242, 244-53
金融資本　13
quid pro quo　147, 155
軍産複合体　13, 53
軍事経済論　3
軍事産業基盤　5, 8, 16, 25, 46, 47, 79, 101, 159, 160, 167, 256, 262, 266, 267, 275, 295
軍事費　2, 3, 168, 169, 281, 282, 293, 294
ケイン＝ホプキンス　5, 159, 273
航空覇権　8-10, 15
攻撃的リアリズム　4
国際関係史的アプローチ　228
国際共同開発　136, 150, 167, 169, 171, 175, 177-9, 181, 192
コメット・ショック　61

● さ 行

サプライヤー　15, 158, 160, 222, 272, 274
産業合理化　263, 265
サンズ, D.　37, 41, 48, 90, 93-5, 101, 263
ジェット化　54, 56, 60, 61
ジェット獲得競争（rush to jet）　65, 66, 262
ジェット旅客機　31
ジェントルマン資本主義論　5, 25

索　引

習熟効果　14, 68, 69, 139, 176, 177, 270
柔軟反応戦略（路線）　59, 270
シュトラウス，F.　169, 287, 288
ジョーンズ，A.　80-4, 86, 88, 89, 93, 101, 173, 174, 176-8, 181, 182, 263
衰退論　15, 16, 273
スエズ危機　3, 6, 79
ズッカーマン，Sir S.　141, 153, 154, 207
生産提携　70, 265, 272
世界的地位　28
『1957年国防白書』　47, 48, 79, 80-4, 88, 89, 101, 263, 267, 270
「1960年政策」　80, 90, 263

● た　行

大量（核）報復戦略　39, 59, 270
大量生産・大量販売体制　68
TSR2　83, 100, 101, 136, 137, 139-41, 143-8, 158, 171, 172, 264, 265
帝国航空網　→　エンパイア・ルート
帝国航路　33-5, 47, 70, 265
帝国再建　26, 47
帝国（の）終焉　5, 6, 25, 135, 167, 198, 267, 274
ドイツ問題　1, 277, 278

● な　行

西ドイツ核武装問題　5
「二重の封じ込め」　281
20世紀的世界　1, 8, 9

● は　行

パクス・アメリカーナ　1
パクス・ブリタニカ　1
覇権　1, 2, 4, 6, 16, 25, 159, 274
範囲の経済性　14
反衰退論者（Anti-Declinist）　15, 26
ピアスン，D.　146, 202, 228, 267
ヒッチ＝マッキーン理論（分析）　14, 176, 177
ヒーリー，D.　140, 142, 145, 146, 152, 153, 155, 157, 183-7, 189-92
フライ・ブリティッシュ政策　31, 34-6, 45, 47, 105, 108, 120, 122, 123, 127, 130, 132, 261, 267
ブラバゾン委員会　27, 41, 44, 265
プランK　36, 37, 39, 46-8, 261
プルーデン，Sir E.　39, 170, 173, 174, 176-8
プルーデン，Lord E.　142
プルーデン委員会　136, 142, 148, 167, 168, 170, 173, 174, 178, 180, 265
米英生産提携　222
米欧帝国主義体制　2, 3
ベン，A.　200, 212, 214
ホートン，D.　207, 240, 241, 245-50, 252, 254, 255

● ま　行

マクナマラ，R.　139, 140, 143, 147, 149, 155, 157, 174, 175, 177, 178, 279, 290, 291
マクナマラ委員会　280, 286

マクナマラ改革　139
マックロイ, J,　287, 290, 291
「3つの円環」　3, 7, 135, 167, 197, 268

「冷戦」帝国主義　13

● ら 行

理想的基準（ideal standard）　88, 98

〈著者紹介〉

坂出　健（さかで　たけし）
　1969 年　千葉県市川市生まれ
　1992 年　京都大学経済学部卒業
　1994 年　京都大学大学院経済学研究科修士課程修了
　1995 年　京都大学大学院経済学研究科博士後期課程中退
　1995 年　富山大学経済学部助手
　1997 年　富山大学経済学部講師
　1998 年　京都大学大学院経済学研究科助教授
　現　在　京都大学大学院経済学研究科准教授
　主要著作
　　「スカイボルト危機と NSAM40」（『富大経済論集』第 42 巻第 2 号，1996 年）
　　「マーシャルプラン期におけるアメリカの欧州統合政策」（『調査と研究』第 22 号，2001 年）
　　「プロジェクト・キャンセルをめぐる米英航空機生産提携の形成」（『アメリカ経済史研究』第 2 号，2003 年）
　　「アメリカ民主主義の輸出――中東民主化構想を中心に」（紀平英作編著『アメリカ民主主義の過去と現在――歴史からの問い』ミネルヴァ書房，2008 年）
　　「救済（Bail Out）か，巻き込み（Bail In）か？――ロウルズ－ロイス社・ロッキード社救済をめぐる米英関係」（『経営史学』第 45 巻第 1 号，2010 年）

イギリス航空機産業と「帝国の終焉」
――軍事産業基盤と英米生産提携　　　　　　京都大学経済学叢書 12

The End of Empires and the British Aircraft Industry: Defence Industrial Base and the Anglo-American Industrial Collaboration

2010 年 9 月 5 日　初版第 1 刷発行
2015 年 11 月 15 日　初版第 2 刷発行

　　　　　　　　　　　　　　　　著　者　　坂　出　　　健
　　　　　　　　　　　　　　　　発行者　　江　草　貞　治
　　　発行所　　株式会社 有斐閣　東京都千代田区神田神保町 2-17
　　　　　　　　電話 (03)3264-1315〔編集〕　(03)3265-6811〔営業〕
　　　　　　　　郵便番号 101-0051　http://www.yuhikaku.co.jp/
　　　　　　　　印刷　株式会社理想社　製本　牧製本印刷株式会社

制作・株式会社有斐閣アカデミア
© 2010, Takeshi SAKADE. Printed in Japan
落丁・乱丁本はお取替えいたします
★定価はカバーに表示してあります
ISBN 978-4-641-16361-4

JCOPY　本書の無断複写（コピー）は，著作権法上での例外を除き，禁じられています．複写される場合は，そのつど事前に，(社)出版者著作権管理機構（電話03-3513-6969，FAX03-3513-6979，e-mail:info@jcopy.or.jp）の許諾を得てください．

京都大学経済学叢書

今久保幸生 著
19世紀末ドイツの工場 (品切)

堀　和生 著
朝鮮工業化の史的分析 (品切)
　　日本資本主義と植民地経済

小島專孝 著
ケインズ理論の源泉 (品切)
　　スラッファ・ホートリー・アバッティ

久本憲夫 著
企業内労使関係と人材形成 (品切)

西牟田祐二 著
ナチズムとドイツ自動車工業 (品切)

中居文治 著
貨幣価値変動会計

塩地　洋 著
自動車流通の国際比較
　　フランチャイズ・システムの再革新をめざして

若林直樹 著
日本企業のネットワークと信頼 (品切)
　　企業間関係の新しい経済社会学的分析

島本哲朗 著
情報化社会における中央銀行
　　情報集合の誤認という視点から

椙山泰生 著
グローバル戦略の進化 (品切)
　　日本企業のトランスナショナル化プロセス

宮崎　卓 著
国際経済協力の制度分析
　　開発援助とインセンティブ設計

坂出　健 著
イギリス航空機産業と「帝国の終焉」
　　軍事産業基盤と英米生産提携

渡辺純子 著
産業発展・衰退の経済史
　　「10大紡」の形成と産業調整